Web 开发经典丛书

Redux 实战

[美] 马克・加罗(Marc Garreau)
威尔・福罗(Will Faurot) 著

黄金胜 王冬阳 熊建刚 译

清华大学出版社

北 京

Marc Garreau, Will Faurot
Redux in Action
EISBN: 978-1-61729-497-6

北京市版权局著作权合同登记号 图字：01-2019-1495

图书在版编目(CIP)数据

Redux 实战 / (美)马克·加罗(Marc Garreau)，(美)威尔·福罗(Will Faurot) 著；黄金胜，王冬阳，熊建刚 译. —北京：清华大学出版社，2019
(Web 开发经典丛书)
书名原文：Redux in Action
ISBN 978-7-302-53033-6

Ⅰ. ①R… Ⅱ. ①马… ②威… ③黄… ④王… ⑤熊… Ⅲ. ①JAVA 语言－程序设计 Ⅳ. ①TP312.8

中国版本图书馆 CIP 数据核字(2019)第 094462 号

责任编辑：王　军
封面设计：孔祥峰
版式设计：思创景点
责任校对：牛艳敏
责任印制：沈　露

出版发行：清华大学出版社
网　　址：http://www.tup.com.cn，http://www.wqbook.com
地　　址：北京清华大学学研大厦 A 座　　邮　　编：100084
社 总 机：010-62770175　　邮　　购：010-62786544
投稿与读者服务：010-62776969，c-service@tup.tsinghua.edu.cn
质 量 反 馈：010-62772015，zhiliang@tup.tsinghua.edu.cn
印 装 者：三河市吉祥印务有限公司
经　　销：全国新华书店
开　　本：170mm×240mm　　印　　张：18　　字　　数：363 千字
版　　次：2019 年 7 月第 1 版　　印　　次：2019 年 7 月第 1 次印刷
定　　价：68.00 元

产品编号：081804-01

译者序

2015 年年中，我开始系统学习 React 与 Redux 技术栈。当时，前端技术领域的新技术层出不穷，React、Redux 等技术方兴未艾。

2012 年，我开始从后端开发转向前端开发工作，有幸见证了前端领域的发展、迭代与兴起。最令我感慨的是前端技术日新月异的发展速度，相信很多开发人员也有同感。因为我在工作中，学习过、也用到过很多前端技术。因此，亲身经历了很多前端技术的兴衰与淘汰。

由于前端技术的快速发展，前端开发人员也需要不断学习，而一些新技术刚出现时，学习材料仅有官方文档和一些博客文章，成体系又贴近实际开发工作的书籍资料相对缺乏。相信很多前端开发人员都有这样的经历：起初，踌躇满志、快速地学习了新技术的文档材料，但在公司实际的商业系统开发中，应用起来又困难重重，进展缓慢。

在最初学习 React 与 Redux 技术栈时，我也经历了一些困难和工作压力。彼时，我在国内某一线互联网公司工作。当时组内的前端技术栈以一套内部实现的 MVC 框架及相关衍生工具为主，框架已完成多年，经过几批不同维护者的迭代变更，已经变得陈旧、臃肿且难以学习和维护。所以，我最初学习 React 与 Redux 技术栈的目的之一，就是要在组内形成新技术的储备，并在新项目中试用积累。

然而，由于项目时间紧张且业务相对复杂，整个前端方向的推进遇到了很多困难。其中最大的困难，在于如何合理抽象相关业务，将它们与 Redux 很好结合起来。幸运的是，最终相关项目工作顺利完成。但在这个项目中经历的压力，也引发了我的一些思考：与传统的 MVC 型前端框架相比，Redux 和 React 技术栈在设计理念和实现上都有很大不同！只有深刻理解其精髓，才能不受经验束缚进而合理运用。

时至今日，使用 Redux 和 React 技术栈进行开发已经有几年时间了。期间不断学习思考，也不断在工作中实践，对 Redux 和 React 技术的理解自然也在加深。毫无疑问，Redux 这种前端数据(状态)管理技术的出现与流行，对前端开发领域具有重要意义，标志着前端开发更精细化，也更专业化。

回顾自己的学习历程，有经验也有教训。可以分享的经验是，新技术的学习要和实际的开发实践结合进行，尽可能做到学以致用，在实际中感受并验证所学，这样学习效果和效用才能最大化。个人的重要教训是，在开始学习尝试一项新技术时，最好能找到合适的学习资料，相对系统全面地学习了解一遍相关的知识点，中间遇到暂时不能理解的内容也没有关系，知道后可以略过继续。这样做的好处是，能够快速建立对新技术知识的整体结构。了解全局的知识结构后，后续的学习实践很多都是对局部知识点认知的加深与强化。对于 Redux 初学者或者有一定经验的开发者，本书就是很好的学习材料。

近两年工作变得异常繁忙，但接到翻译本书的邀请后仍欣然接受。初衷之一也是希望能梳理自己的技术知识点，弥补自己之前学习认知的不足。参与本书翻译的还有我的两位同事：王冬阳和熊建刚。从工作实践角度讲，我们都参与了非常多的基于 React 和 Redux 技术栈的项目开发，有丰富的一线开发经验。但图书翻译这个领域，之前的相关经验有限，对此我们也诚惶诚恐，虽已努力追求更好的翻译效果，但纰漏在所难免，希望读者海涵，具体问题也可以联系沟通，共同讨论学习。

本书能顺利翻译并出版涉及很多人的认真工作，特别感谢清华大学出版社以及相关编辑老师！感谢对我们翻译工作的耐心支持，以及细心的译稿校对工作！希望通过本书，读者朋友能对 Redux 有更好的认知，在技术上取得更大进步！

黄金胜

序　言

Redux 是一款神奇的小工具。如你所见，它并没有涵盖太多的内容。在你喝完一杯咖啡之前，就可以熟悉它的每个方法。

Redux 不仅维护良好，而且还是成品。你可能经常听说 Redux 没有路线图，没有项目经理或看板。提交仍然被添加到 GitHub 存储库，但这些提交通常是对文档或官方示例的改进。

这怎么可能呢？你可能会发现将 Redux 视为架构模式很有帮助。你从 npm 安装的软件包是该模式的一个实现，它为你提供足够多的功能，使你的应用程序能够实现。

关键在于你能用这几个方法完成多少。事实上，Redux 模式可以完全解开一个 JavaScript 应用程序，留下更可预测、更直观和更具性能优势的内容。由于采用相同的模式，开发者工具还可以提供对应用程序状态和数据流前所未有的深入洞察。

但是有什么收获呢？所有软件选择都需要权衡，Redux 也不例外。成本是巨大的灵活性。这可能听起来像另一个优势，但它带来了有趣的挑战。Redux 模式并不由库或任何其他工具严格执行，并且不能希望这个小的软件包可以教育或指导开发者有效地使用此模式。

最后，开发人员可以找到自己的方式。这就解释了为什么 GitHub 存储库中的文档行数远远超过实现代码的行数。与官方文档一样出色的是，开发人员通常会从网络内外的分散资源中收集上下文和最佳实践：博客文章、书籍、推文、视频和在线课程等。

Redux 所允许的灵活性还带来了丰富的附加组件生态系统：选择器、增强器和中间件等。你将很难找到使用完全相同工具集的两个 Redux 应用程序。虽然每个项目都可以根据自己的独特需求定制工具，但对于新引入的开发人员来说，这可能是产生困惑的根源。Redux 新手经常发现，当他们不仅要掌握 Redux，而且还要考虑补充包的复杂性时，他们会沿着一条具有挑战性的学习曲线前进。这是我们想要撰写本书的主要原因：将我们的个人经验和知识从几十个不同的来源提炼成一个整洁、易用的包。

我们相信本书的真正价值在于能够指导你一步步地体验丰富的 Redux 生态系统。

这并不是对所有补充工具的全面看法。相反，我们选择了一些最常见的附加组件，这些附加组件可能会在其他资源中看到并且足够强大，足以应对任何客户端项目。请带上本书，快乐地阅读！我们很高兴你选择与我们共度美好时光。

作 者 简 介

Marc Garreau 是以太坊(Ethereum)基金会 Mist 核心团队的一名开发人员，他长期思考和研究 Mist 浏览器中的应用状态管理。在这之前，他在 Cognizant 和 Quick Left 咨询公司使用 Redux 设计和开发应用程序。他撰写了许多流行的 Redux 博客文章，并在丹佛地区的几个 JavaScript 会议上发表过演讲。

Will Faurot 是 Instacart 的一名全栈开发人员，他在 Instacart 从事多个面向用户产品的开发。他酷爱所有关于前端的内容，擅长用 React 和 Redux 构建复杂的用户界面。在过去的生活中，他教过网球，还录制过复古和蓝草音乐。如果你在海湾区域的一个安静夜晚仔细聆听，可能会听到他弹奏班卓琴的声音。

致　　谢

撰写一本书是一项艰巨的任务。有很多人对这个过程至关重要，无论是直接的还是间接的，将他们全部署名可能需要占用本书太多篇幅。本书之所以得以顺利出版，是因为站在巨人的肩膀上。

强大的社区是所有成功软件的基础。Redux 社区非常强大，我们感谢所有在博客中分享自己技能的人，在 GitHub 上帮助 Redux 用户处理问题的人，以及在全球众多 Redux 用户经常访问的在线平台上回答问题的人。

首先最重要的是，如果没有 Redux 的创作者 Dan Abramov 和 Andrew Clark，本书是不可能出版的。除了花时间研究和实现 Redux 外，他们在过去几年里花了无数小时来支持开发人员。我们还要感谢 Redux 的现有维护者 Mark Erikson 和 Tim Dorr。除了定期维护之外，例如，回答问题和合并代码，他们还自愿在几个不同的平台上花时间。这些人一起为本书做了大量的研究，没有他们就没有本书。无论是权衡最佳实践、编写文档，还是向好奇的开发人员提供反馈，他们的价值不可估量。我们感谢他们。

感谢 Manning 的整个团队，包括我们所有的编辑，感谢他们的指导和支持。特别要感谢 Ryan Burrows 提供的宝贵反馈，帮助我们改进了本书的代码，以及 Mark Erikson 花时间整理了一篇精彩的前言。我们还想感谢那些花时间阅读和评论本书的评论家：Alex Chittock、Clay Harris、Fabrizio Cucci、Ferit Topcu、Ian Lovell、Jeremy Lange、John Hooks、Jorge Ezequiel Bo、Jose San Leandro、Joyce Echessa、Matej Strasek、Matthew Heck、Maura Wilder、Michael Stevens、Pardo David、Rebecca Peltz、Ryan Burrows、Ryan Huber、Thomas Overby Hansen 和 Vasile Boris。感谢大家。

特别感谢我们的 MEAP 读者和论坛参与者，他们的反馈和鼓励对本书的顺利出版至关重要。

—Marc Garreau 和 Will Faurot

首先感谢我的妻子 Becky，她做出了很大牺牲：和写书的人一起生活。我保证我可能不会再写书了。感谢我的家人真实地反映了我内心的兴奋，即使我写的书是关于小毛虫的。感谢我的朋友鼓励我，帮助我战胜冒名顶替症，并给我提供健康的娱乐方式。更要感谢 Jeff Casimir、JorgeTéllez、Steve Kinney、Rachel Warbelow、Josh Cheek

和 Horace Williams，他们为 Will 和我在这个行业打开大门。感谢 Ingrid Alongi 和 Chris McAvoy 帮助我在职业生涯里塑造情感技术领导力。

—Marc Garreau

首先感谢我的父母，没有你们给予的指导、热情和鼓励，我就不会成功。你们帮助我意识到这样的事情是可能的。你们教我如何相信自己。谢谢。

感谢我的家人，感谢你们的支持与关爱。

感谢 Instacart 的每个人，你们通过提供反馈或讨论想法为我提供帮助。特别要感谢 Dominic Cocchiarella 和 Jon Hsieh。

最后，感谢 Lovisa Svallingson、Alan Smith、Allison Larson、Gray Gilmore、Tan Doan、Hilary Denton、Andrew Watkins、Krista Nelson 和 Regan Kuchan，你们在整个写作过程中提供了非常宝贵的反馈和鼓励。你们是我遇见的最好的朋友和软件知己。

—Will Faurot

前　言

自 2015 年年中发布以来，Redux 引起了 JavaScript 世界的关注。从它作为会议演示的概念验证和“只是另一个 Flux 实现”标签的简单开端，已经发展成为 React 应用程序中使用最广泛的状态管理解决方案。它也被 Angular、Ember 和 Vue 社区采用，并启发了许多模仿品和衍生产品。

我最喜欢引用的一句话是，“Redux 是一个通用框架，它提供了足够结构化和足够灵活性的平衡。因此，它为开发人员提供了一个平台，可以让他们为自己的用例构建自定义状态管理，同时能够重用图形化调试器或中间件之类的东西。”[1]的确，Redux 提供了一组基本的工具以供使用，并概述了组织应用程序更新逻辑的一般模式，最终由你来决定如何围绕 Redux 构建应用程序。你可以设计应用程序的文件结构，编写 reducer 逻辑，连接组件，并确定要在 Redux 上使用多少抽象。

Redux 的学习曲线有时会很陡峭。对于来自面向对象语言的大多数开发人员来说，函数式编程和不可变性是不熟悉的概念。编写另一个 TodoMVC 示例并没有真正展示 Redux 的好处，也不能解决构建“真实”应用程序的问题。但最终的收益是值得的。能够清楚地追踪应用程序中的数据流并了解特定状态变更的位置/时间/原因/方式是非常有价值的，并且良好的 Redux 使用方式最终会让代码在长期内更易于维护和可预测。

我大部分时间都是 Redux 维护人员，通过回答问题、改进文档和撰写教程博客来帮助人们学习 Redux。在这个过程中，我看过数百种不同的 Redux 教程。有鉴于此，我非常乐意推荐将《Redux 实战》一书作为学习 Redux 的最佳资源之一。

通过《Redux 实战》一书，Marc Garreau 和 Will Faurot 写了我希望自己写的 Redux 书籍。它非常全面、实用，并且可以很好地为开发现实世界中的 Redux 应用程序讲授许多关键的主题。我特别欣赏本书所涵盖的领域，并不总是有明确的答案，如构建项目，通过列出利弊，让读者知道这是一个他们可能不得不自己决定的领域。

在当今快速发展的编程世界中，没有一本书可以包罗有关工具的所有知识。但是，

1　来自 Facebook 工程师 Joseph Savona(https://github.com/reactjs/redux/issues/775#issuecomment-257923575)。

《Redux 实战》将为你打下坚实的基础和对 Redux 基础知识的理解——各部分如何结合，如何将这些知识用于实际应用程序，以及在何处寻找更多信息。我很高兴看到本书出版，并期待你加入 Redux 社区！

Mark Erikon

Redux 核心维护者

关 于 本 书

Redux 是一个状态管理库，旨在简化复杂用户界面的构建。它通常与 React 一同使用，在本书中亦如此，但它也在其他前端库(如 Angular)中日趋流行。

在 2015 年，React 生态系统亟待 Redux 的到来。在 Redux 之前，Flux 架构模式是一次令人兴奋的突破，世界各地的 React 开发人员都在尝试实现。数十个库受到空前的关注和使用。最后，兴奋变得疲惫。React 应用程序中的状态管理方式让人眼花缭乱。

Redux 发布后立即开始飞速发展，并很快成为最受推荐的受 Flux 启发的库。它使用单一数据源，着眼于不可变性，以及令人惊叹的开发体验，都证明 Redux 是一个更简单、更优雅、更直观的解决方案，解决了现有 Flux 库所面临的大多数问题。对于复杂应用程序中的状态管理，虽然仍有多个选择，但是对于那些喜欢类似 Flux 模式的开发人员来说，Redux 已经成为默认选择。

本书将带你了解 Redux 的基本原理，然后再继续探讨强大的开发者工具。我们将一起逐步开发一个任务管理应用程序，在该应用程序中，将探索真实世界中 Redux 的使用，并关注最佳实践。最后，将回到测试策略和构建应用程序的各种约定。

本书读者对象

读者应该熟悉 JavaScript(包括 ES2015)，并且至少掌握一些 React 的基础知识。不过，我们也了解到，许多开发人员都是在接触 React 的同时投身于 Redux。我们尽了最大努力来适应这类读者，我们相信他们通过一点额外的努力就可以阅读本书。虽然如此，我们的建议是在阅读这本书之前牢固地掌握 React 的基础知识。如果没有任何 React 开发经验，请考虑阅读《React 实践》和《快速上手 React 编程》。

本书的组织结构：路线图

本书共包含 12 章和 1 个附录。

第 1 章介绍 Redux 的诞生环境及其产生原因。你将了解 Redux 是什么，它的用途，以及何时不应该使用它。该章总结了几种类似 Redux 的状态管理方法。

第 2 章直接开始开发第一个 React 和 Redux 应用程序。新功能的开发过程简单而快捷，如同旋风。你将从更高的角度了解其中每个角色：action、reducer 和 store 等。

第 3 章介绍强大的 Redux 开发者工具。Redux 开发者工具是 Redux 的最大亮点之一，本章将解释原因。

第 4 章最终将副作用引入从第 2 章开始的示例中。你将设置本地服务器，并在 Redux 模式中处理 API 请求。

第 5 章深入介绍一个更高级的特性：中间件。你将了解中间件在堆栈中的位置、它的功能以及如何构建自定义中间件。

第 6 章探讨用于处理更复杂的副作用的高级模式。你将学习如何使用 ES6 generator 函数，然后将学习如何使用 saga 管理长期运行的流程。

第 7 章重点介绍 Redux store 和视图之间的连接。你将了解选择器函数如何工作，然后使用 reselect 库实现一个健壮的解决方案。

第 8 章讨论一个常见问题——在 Redux store 中如何最好地构造数据。你将回顾到目前为止本书使用过的策略，然后探索另一种方法：范式化。

第 9 章回头讨论关于测试的所有内容。你将了解到一些流行的测试工具，如 jest 和 Enzyme，以及用于测试 Redux action、reducer 和 selector 等的策略。

第 10 章介绍如何保持应用程序精简和高效，涵盖了性能分析工具、React 最佳实践，以及用于提高性能的特定 Redux 策略。

第 11 章介绍组织 Redux 应用程序代码的几种策略。Redux 不介意内容的位置，所以你将学习已经成熟的常用惯例。

第 12 章提醒你，Redux 不仅仅可以管理 React Web 应用程序的状态。你将快速了解 Redux 可以在移动端、桌面端和其他 Web 应用程序环境中扮演的角色。

附录提供环境设置和工具安装的说明。

关于代码

大多数代码示例都是针对本书的示例应用程序Parsnip 的。这些示例以代码清单的形式呈现，其中多数都添加了注释，以保证代码清晰并说明某些代码选择背后的原因。正文中出现的代码以等宽字体显示，如 `like this`。

本书示例的源代码可从出版商网站 https://www.manning.com/books/redux-in-action 或 https://github.com/wfro/parsnip 下载。

一键安装脚本可用于 Mac OS X、Linux 和 Windows，它们与本书其他源代码放在一起。有关入门说明，请参阅附录。

软件需求

大多数代码示例，尤其是与示例应用程序相关的示例，都需要 Web 浏览器。我们推荐使用 Chrome，它完美支持 React 和 Redux 开发者工具。

我们用 create-react-app 构建示例应用程序，这不是严格要求，但强烈推荐。这是构建现代 React 开发环境最愉悦的方式。

本书使用以下 Create React App 和 Redux 版本：

- Redux：3.7.2。
- Create React App：1.0.17。

图书论坛

购买本书的读者能够免费访问 Manning Publications 运营的私人 Web 论坛，在这里可以对本书发表评论，提出技术问题，并获得作者和其他用户的帮助。要访问论坛，请访问 https://forums.manning.com/forums/redux-in-action。你还可以在 https://forums.manning.com/forums/about 上了解有关 Manning 论坛和行为规范的更多信息。

其他线上资源

Redux 社区在几个不同的平台上非常活跃。我们建议使用以下所有资源来了解更多信息，帮助巩固概念，并提出问题：

- Reactiflux 是讨论 React 和 Redux 的主要聊天室，位于 https://www.reactiveFlux.com/。
- Redux 文档中的术语表。尽管 Redux 有种种优点，但它确实需要相当数量的术语。特别是对于初学者而言，返回去查阅术语表是非常有用的。有关详细信息，请参阅 https://github.com/reactjs/redux/blob/master/docs/ Glossary.md。
- Redux 官方文档位于 https://redux.js.org/。
- Mark Erikson 的“实用 Redux”系列博客。对于中高级 Redux 用户来说，这是更好的选择，因为它提供了更多对Redux 使用的深入探索。有关详细信息，请参阅 http://blog.isquaredsoftware.com/2016/10/practical-redux-part-0-introduction/。

目　录

第1章

Redux 介绍

本章涵盖：

- 定义 Redux
- 了解 Flux 与 Redux 之间的差异
- 使用 Redux 和 React
- 介绍 action、reducer 和 store
- 学习何时使用 Redux

在 2018 年，如果你进入任何一个 React Web 应用程序，很有可能就会发现是 Redux 在管理其状态(state)。然而，能够如此之快地达到这个地步，是非常了不起的。几年前，Redux 还尚未创建，而同期 React 却拥有蓬勃发展的活跃用户群。React 的早期使用者认为，他们已经找到视图层(view layer)——MVC(Model-View-Controller)前端框架拼图中的“V”——的最佳解决方案。尚未能达成共识的是，一旦应用程序的大小和复杂度达到现实中所需的规模，应该如何管理它们的状态。最终，Redux 解决了这一争论。

在本书的整个讲解过程中，将会以一个 React 应用程序为“镜头”，来探索 Redux 及其生态系统。正如你将了解到的，可以将 Redux 插入各种风格的 JavaScript 应用程序中，但是由于一些原因，React 是理想的练习场景。最主要的原因是，Redux 是在 React 的背景下创建的。你最有可能在 React 应用程序中遇到 Redux，而 React 并不知道如何管理应用程序的数据层。下面不再赘述，让我们开始吧！

1.1 什么是状态

React 组件具有本地状态(Local State，又称组件状态)的概念。例如，在任何指定的组件中，可以用于跟踪输入字段的值，或者跟踪按钮是否被单击过。本地状态可以轻松管理单个组件的行为。然而，如今的单页面应用程序，通常需要同步复杂的状态网。层级嵌套的组件，可以基于用户已经访问过的页面、AJAX 请求的状态或用户是否已登录来呈现不同的用户体验。

让我们考虑一个涉及用户身份验证状态的用例。产品经理告诉你，当用户登录到一个在线商店时，导航栏应该显示用户的头像，该在线商店应首先展示离用户地址最近的商品，并且应该隐藏新闻邮件注册表单。在普通的 React 架构中，能做的仅限于在每个组件之间同步状态。最后，很可能会将用户身份验证状态和其他用户数据从一个顶级组件向下传递到每个嵌套组件。

这种架构存在几个缺点。在该过程中，数据可能在不需要它的组件间过滤，而非将其传递给组件的子级。在大型应用程序中，这可能会导致不相关的组件之间出现大量的数据移动，通过 props 向下传，或通过回调向上传。很可能，位于应用程序顶层的少数组件，最终会知道整个应用程序中用到的大多数状态。当达到一定规模后，维护和测试代码会变得难以为继。由于 React 并非旨在像其他 MVC 框架一样解决同样广泛的问题，因此，就存在弥合这些差别的机会。

考虑到 React，Facebook 最终推出了 Flux，这是一种用于 Web 应用程序的架构模式。Flux 在前端开发领域变得极具影响力，并开始转变人们对客户端应用程序中状态管理的看法。对于这种模式，Facebook 提供了自己的实现，但很快就出现十多个受 Flux 启发的状态管理库，争夺着 React 开发人员的注意力。

对于希望扩展应用程序的 React 开发人员，这是个混乱的时期。尽管已经看到 Flux 的亮点，但也应继续尝试，以寻找更优雅的方式来管理应用程序中复杂的状态。有段时间，新人遭遇了选择悖论，分裂的社区力量产生了如此多的选项，这诱发了焦虑。不过，令人惊讶和欣喜的是，一切已尘埃落定，Redux 成为其中明显的胜出者。

Redux 通过一个简单的前提，一份巨大的回报，以及一次令人难忘的介绍，彻底征服了 React 世界。这个前提是，使用纯函数将整个应用程序的状态存储在一个单独的对象中。这份回报则是，应用程序的状态将会是完全可预见的。对大多数早期用户而言，有关 Redux 的介绍来自于丹 • 阿布拉莫夫(Dan Abramov)在 2015 年 React 欧洲会议上的演讲，标题为 *Live React：Hot Reloading with Time Travel* (演讲视频可参考 https://www.youtube.com/watch?v=xsSnOQynTHs)。Dan 展示了打破已有工作流程的 Redux 开发经验，令与会者赞叹不已。一种称为热加载(hot loading)的技术，可在保持已有状态的同时让应用程序实时更新，并且新的 Redux 开发者工具能够在应用程序状态间进行时间旅行——只需要单击一下，就能倒回并重放用户操作。这种综合效果为开发人员提供了强大的调试能力，在第 3 章中将会详细介绍。

为了理解 Redux，首先要适当介绍一下 Flux，它是由 Jing Chen 为 Facebook 开发的一种架构模式(关于 Jing Chen，详见 https://facebook.github.io/flux/docs/ videos.html)。Redux 及其许多替代方案都是 Flux 架构的变体。

1.2　什么是 Flux

最重要的一点在于 Flux 是一种架构模式。它是作为主流的 JavaScript MVC 模式的替代品被开发的，JavaScript MVC 模式因现存框架(例如 Backbone、Angular 或 Ember)的流行而普及。尽管每个框架对 MVC 模式都有自己的实现，但许多框架都有类似的问题：通常，模型(model)、视图(view)和控制器(controller)之间的数据流可能会难以理解追寻。

许多这类框架使用双向数据绑定(two-way data binding)，其中视图的改变会更新相应的模型，并且模型中的更改会更新相应的视图。当任何给定的视图能够更新一个或多个模型，而这个或这些模型又可以更新更多的视图时，就会无法很好把握预期的结果，某种程度上这也无可指责。Chen 争辩说，尽管 MVC 框架适用于较小的应用程序，但这些框架所采用的双向数据绑定模型的扩展性，不足以满足 Facebook 的应用程序规模。由于害怕杂乱的依赖网会产生意想不到的后果，Facebook 的开发人员对做出的更改变得担心。

Flux试图解决状态的不可预知性，以及模型与视图紧密耦合的架构的脆弱性。Chen 废弃了双向数据绑定模型，转而采用单向数据流。Flux 要求对状态的所有修改遵循单一的路径，而不允许每个视图(view)与对应的模型进行交互。例如，当用户单击表单中的 Submit 按钮时，会向应用程序的唯一 dispatcher(调度程序)发送一个操作(action)。然后，该 dispatcher 将数据发送到合适的数据存储进行更新。一旦更新后，视图将会知道要渲染的新数据。图 1.1 对这种单向数据流进行了说明。

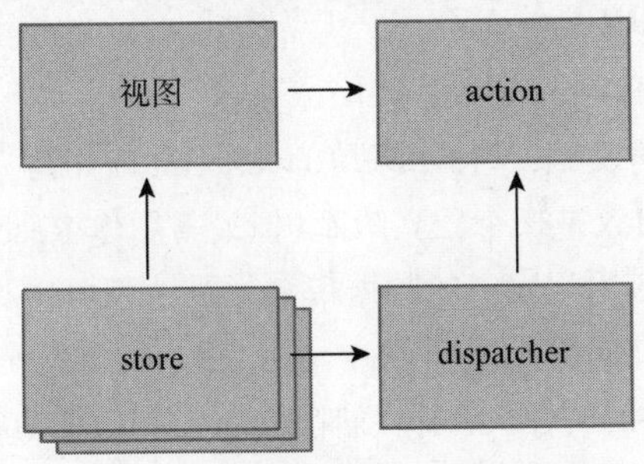

图 1.1　Flux 指定数据必须单向流动

1.2.1 action

状态的每一次改变都始于一个 action(参见图 1.1)，action 是描述应用程序事件的 JavaScript 对象。它们通常由用户交互或服务器事件(例如 HTTP 响应)产生。

1.2.2 dispatcher

Flux 应用程序中的所有数据流都通过单一的 dispatcher 进行汇集。dispatcher 自身的功能很少，因为其目的是接收所有的 action，并将它们发送到已注册的每个 store。每个 action 会被送到每个 store。

1.2.3 store

每个store 管理应用程序中一个域的状态。例如，在电子商务网站中，可能会找到一个购物车 store 和一个产品 store。一旦把一个 store 注册到 dispatcher，它就开始接收 action。当 store 接收到它关心的 action 类型时，它就会进行相应的更新。一旦 store 产生更改，就会广播一个事件，让视图使用新的状态进行更新。

1.2.4 视图

Flux 可能在设计时考虑了React，但视图并不需要 React 组件。对视图而言，它们只需要订阅要显示的数据的 store。Flux 文档鼓励使用“控制器-视图”模式，借助一个顶级组件处理与 store的通信，并将数据传递给子组件。让一个父组件和一个嵌套的子组件通过 store 通信，可能导致额外的渲染以及意想不到的副作用。

重申，Flux 首先是一种架构模式。Facebook 团队维护了这种模式的一个简单的实现方案，恰当地(或令人困惑地，取决于如何看待)命名为 Flux。自 2014 年以来，已出现许多替代实现方案，包括 Alt、Reflux 和 Redux。有关这些替代实现方案的更全面的列表请参见 1.6 节。

1.3 什么是 Redux

最好的解答来自官方文档：“Redux 是 JavaScript 应用程序的可预测状态的容器”(https://redux.js.org/)。Redux是一个独立的库，但最常用作 React 的状态管理层。与 Flux 一样，其主要目标是为应用程序中的数据带来一致性和可预测性。Redux 将状态管理职责划分成以下几个独立的单元：

- store将应用程序的所有状态都存储在单个对象中(通常将此对象称为对象树)。
- 只能使用 action 更新 store，action 是描述事件的对象。

- 被称作 reducer 的函数指定了如何转换应用程序的状态。reducer 是函数，它接收 store 中的当前状态和一个 action，然后返回更新后的下一个状态。

从技术上讲，Redux 可能不符合 Flux 的实现。它与 Flux 架构规定的若干构件有明显偏离，例如，完全移除了 dispatcher。最终，Redux 是类 Flux 的架构，而区别在于语义问题。

Redux 得益于源自 Flux 架构的可预测数据流，但它也找到了方法以降低 store 回调注册的不确定性。正如前面提到的，要调和多个 Flux store 的状态可能会很痛苦。相反，Redux 规定了一个单一的 store 来管理整个应用程序的状态。关于 Redux 的工作原理和相关的更多内容，后续章节将会有更多的介绍。

1.3.1 React 和 Redux

尽管 Redux 是基于 React 设计并开发的，但这两个库是完全解耦的。如图 1.2 所示，React 和 Redux 使用绑定进行连接。

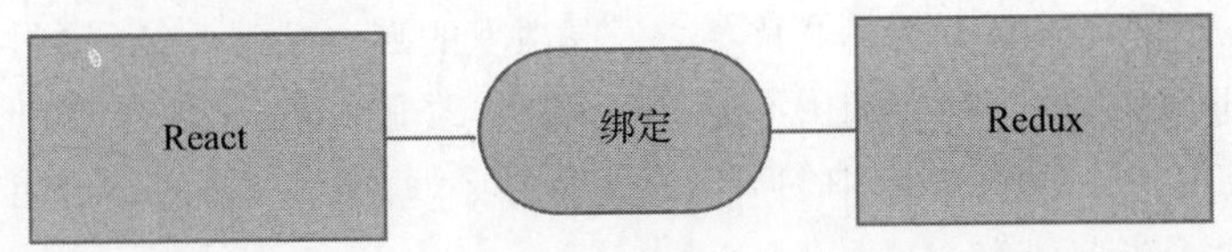

图 1.2　Redux 不是任何现有框架或库的一部分，但称为绑定的附带工具将 Redux 和 React 连接了起来，本书将使用 react-redux 包

事实证明，Redux 的状态管理范式可以与大多数 JavaScript 框架一起实施。Angular、Backbone、Ember 及很多技术都支持绑定。

虽然本书基本上是关于 Redux 的，但也会将 Redux 与 React 紧密联系。尽管 Redux 是一个独立的小型库，但它与 React 组件非常吻合。Redux 有助于定义应用程序做什么，而 React 将处理应用程序的外观。

本书将会编写的大部分代码，以及阅读期间要编写的 React/Redux 代码，将分为以下几类：

- 应用程序的状态和行为，由 Redux 处理。
- 绑定——由 react-redux 包提供——用于连接 Redux store 中的数据和视图(React 组件)。
- 包含大部分视图层的无状态组件。

你将会发现，React 是 Redux 天然的生态系统。React 为 Redux 引入并管理更大的应用程序状态敞开大门，同时 React 具有在组件内部直接管理状态的机制。如果对其余的生态系统感兴趣，第 12 章将探讨 Redux 与其他几个 JavaScript 框架之间的关系。

1.3.2 3个原则

Redux 中的状态由单一的可信数据源(single source of truth)表示，是只读的，并且只能用纯函数进行修改。领会了这些也就有了坚实的基础。

单一数据源

与 Flux 架构规定的各种域的 store 不同，Redux 在 store 内部的对象中管理整个应用程序的状态。使用单一的 store 具有重要的意义，可以在单个对象中表示整个应用程序状态的能力，简化了开发人员的体验。通过思考应用程序流程，预测新操作的结果以及调试任何给定的 action 产生的问题，都会非常容易。时间旅行调试(time-travel debugging)的潜力，或在应用程序状态快照中来回穿梭的能力，正是发明 Redux 的首要动力。

状态是只读的

与 Flux 一样，action 是应用程序状态发起改变的唯一方式。在不通过 action 进行通信的情况下，零散的 AJAX 调用不能引起状态的改变。Redux 与许多 Flux 实现的不同，在于 action 不会导致 store 中的数据突变。相反，每个 action 都会产生一个崭新的状态实例来替换当前状态。

改变由纯函数进行

通过 reducer 接收 action。重要的是，这些 reducer 是纯函数。纯函数是确定的，在给定相同输入的情况下，它们总是产生同样的结果，并且过程中不会改变任何数据。如果 reducer 在生成新状态的同时改变现有的状态，则最终可能出现错误的新状态，也会丢失每个新 action 应该提供的可预测的事务日志。Redux 开发者工具，以及诸如撤销和重做等其他特性，依赖于由纯函数计算所得的应用程序状态。

1.3.2 工作流

前面已经简要提到过 action、reducer 及 store 等主题，但本节将对每个主题做更深入的介绍。在此重点介绍每个元素扮演的角色，以及它们如何协同工作以产生期望的结果。现在，不必担心更精细的实现详情，因为后续章节中会有足够的时间来运用将要探索的概念。

现代的 Web 应用程序最终是与处理事件相关的。事件可以由用户发起，例如导航到新页面或提交表单。也可以由另外的外部源发起，例如服务器响应。响应事件通常涉及更新状态并使用更新后的状态重新渲染。应用程序处理事件越多，需要追踪并更新的状态就越多。将这种情况和大部分这些事件都是异步发生的事实相结合，突然就会遭遇维护大规模应用程序的真正障碍。

Redux 的职责是，创建应用程序中有关如何处理事件以及管理状态的结构。希望在此过程中人们更加高效、快乐。

来看看如何使用 Redux 和 React 在应用程序中处理单个事件。假设任务是实现社交网络的核心功能之一——添加一个帖子到活动流(activity feed)。图 1.3 展示了用户资料页面的一个快速模型，灵感可能是也可能不是源自 Twitter。

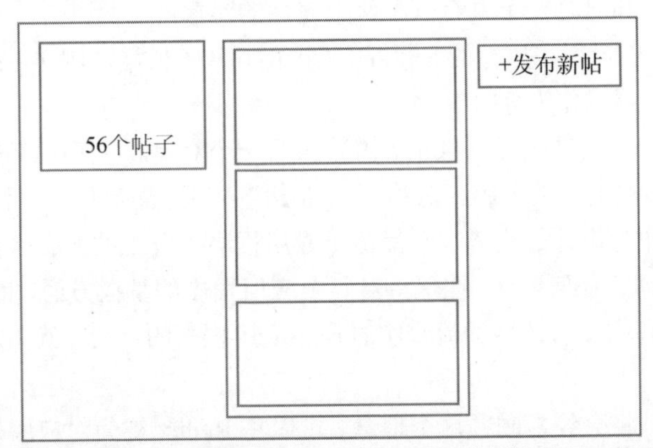

图 1.3　用户资料页面的一个快速模型。该页面由两个主要的数据支持：帖子总数和用户活动流中的帖子对象列表

处理诸如发布新帖之类的事件涉及以下不同步骤：

(1) 从视图中，指示事件已发生(帖子提交)并传递必要的数据(要创建的帖子的内容)。

(2) 根据事件的类型更新状态，在用户活动流中添加一项并增加帖子数。

(3) 重新渲染视图以反映更新后的状态。

听起来很合理吧？如果以前使用过 React，可能就直接在组件中实现了与此类似的功能。Redux 采用不同的方法，用于完成这 3 项任务的代码从 React 组件被移到了几个单独的实体中。尽管已经熟悉图 1.4 中的视图，但我们还是会兴奋地引入一组新的角色，希望你能够学习掌握。

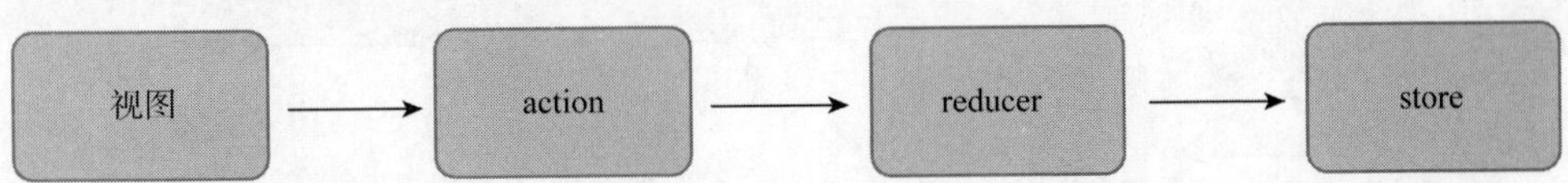

图 1.4　看看数据如何在 React/Redux 应用程序中流动，我们省略了一些常见部分，如中间件和选择器，这些内容将在后续章节中深入介绍

action

为响应用户提交新帖要做两件事：将帖子添加到用户活动流并增加总的帖子数。在用户提交之后，将通过派发一个 action 来启动该过程。action 是表示应用程序中事

件的 JavaScript 对象字面量，如下所示：

```
{
  type: 'CREATE_POST',
  payload: {
    body: 'All that is gold does not glitter'
  }
}
```

拆解来看，action 是一个具有以下两个属性的对象：

- type——表示正在执行的 action 类别的字符串。根据惯例，type 属性的值大写，并使用下划线作为分隔符。
- payload——提供执行 action 所需数据的一个对象。本例中，只需要一个字段：想要发布的消息的内容。名称“payload”(有效载荷)仅是一种流行的惯例。

action 具有作为审计的优势，它保留了应用程序中发生的所有事件的历史记录，包括完成事务所需的任何数据。在保持对复杂应用程序的掌控方面，其价值不可低估。一旦习惯使用具有高度可读性的流来实时描述应用程序的行为，就会发现没有了它便很困难。

在整本书中，将会经常回顾这个理念。可以将 Redux 视为对应用程序中发生了什么以及如何响应事件的解耦。action 处理发生了什么。action 描述一个事件，它不知道也不关心下游会发生什么。最终，沿途的某处需要指定如何处理 action。这听上去像是适合 reducer 完成的任务！

reducer

reducer 是负责更新状态以响应 action 的函数。它们是简单的函数，接收当前状态和一个 action 作为参数，并返回下一个状态，如图 1.5 所示。

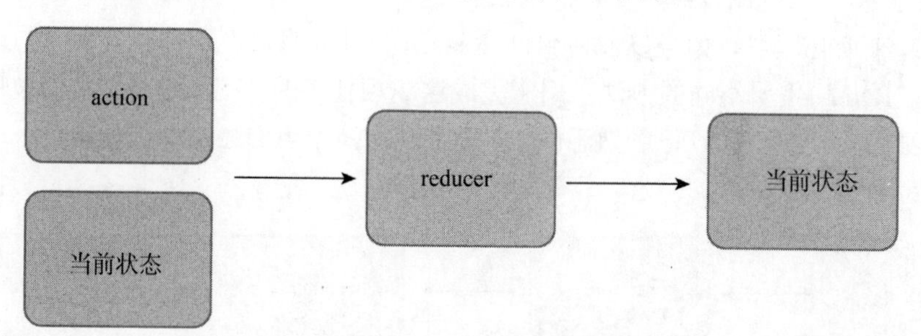

图 1.5 reducer 函数签名的抽象表示。这个图解看起来很简单，那是因为它本来就简单。reducer 是用于计算结果的简单函数，它们易于使用和测试

reducer 通常易于使用。与所有的纯函数类似，它们不会产生副作用。它们不会以任何方式影响外部，并且是引用透明的。相同的输入将始终产生相同的返回值。这使它们特别容易测试，给定特定输入，就可以验证是否会收到预期的结果。图 1.6 显示

了 reducer 如何更新帖子列表和总帖子数。

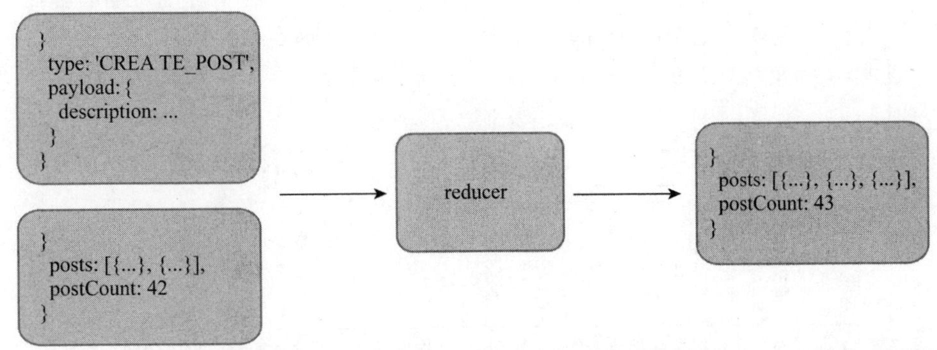

图 1.6　努力想象一个工作中的 reducer。它接收一个 action 和当前状态作为输入。reducer 的唯一职责是根据这些参数计算下一个状态。没有突变，没有副作用，没有业务逻辑。输入数据，输出数据

这个例子中关注的是单个事件，这意味着只需要一个 reducer。然而，肯定不仅限于(使用)一个。实际上，更大的应用程序通常实现若干个 reducer，每一个都会关注状态树的不同切片。这些 reducer 会被联合或组合成“根 reducer”(root reducer)。

store

reducer 描述了如何更新状态以响应 action，但它们无法直接修改状态。这种特权仅限于 store 拥有。

在 Redux 中，应用程序状态存储在单个对象中。store 拥有以下几个主要角色，其中包括：

- 持有应用程序状态。
- 提供一种访问状态的方式。
- 提供一种方式来指定对状态的更新。store 要求派发一个 action 来修改状态。
- 允许其他实体订阅更新(React 组件属于这种情况)。通过 react-redux 提供的视图绑定可以接收来自 store 的更新，并在组件中对其做出响应。

reducer 处理 action 并计算下一个状态。然后轮到 store 更新自身，并将新状态广播给所有已注册的监听者(请特别关注组成个人资料页面的组件)，参见图 1.7。

熟悉了最重要的几个构件后，我们来看一张更全面的 Redux 架构图。虽然其中几块现在还不熟悉，但在本书中将会反复提到此图(参见图 1.8)，而随着时间的推移，每个空白都会被填补。

回顾此图，与视图的交互可能会引发一个 action。该 action 将通过一个或多个 reducer 进行过滤，并在 store 中生成新的状态树。一旦状态更新，视图将意识到有新的数据要渲染。这就是整个循环！图 1.8 中带有虚线边框的条目(action创建器、中间件和选择器)是 Redux 架构中可选但又强大的工具。后续章节中会介绍这些主题。

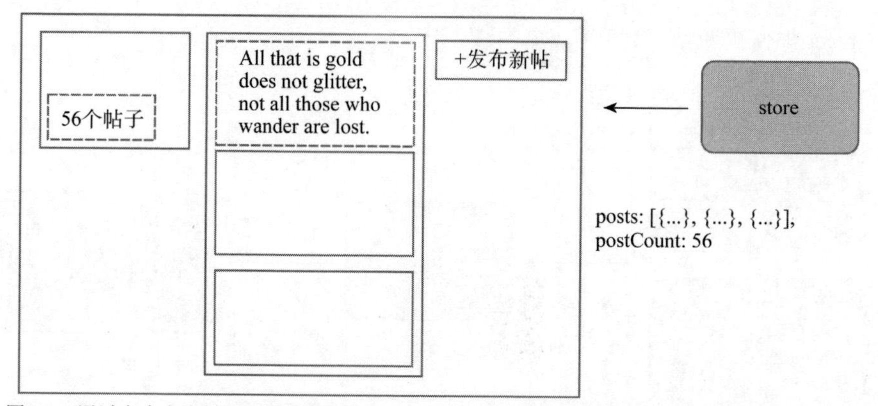

图 1.7 通过向个人资料页面提供新的状态，store 完成了循环。请注意，帖子数已增加，并且新帖子已被添加到活动流。如果用户想要添加其他帖子，将遵循与此相同的流程。视图派发 action，reducer 指定如何更新状态，store 会把新状态广播返回给视图

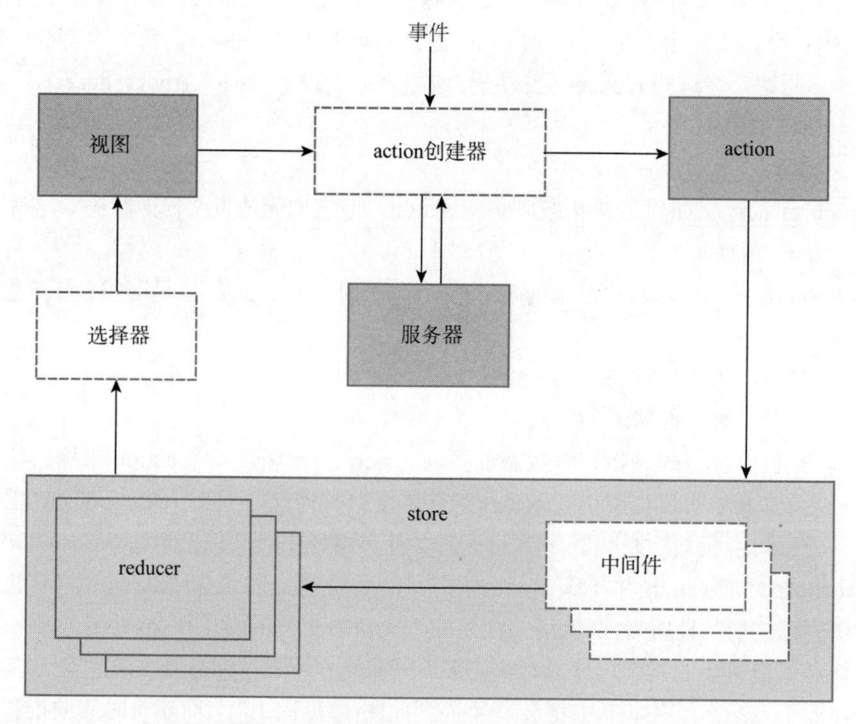

图 1.8 当继续前进时，此图将锚定你对 Redux 元素的理解。目前，已经讨论了 action、reducer、store 和视图

如果感觉这些内容太多了，请不要烦恼。正要探索的这种单向架构，对于新手，起初可能会不知所措(我们最初也这么认为)。领会这些概念需要一些时间。它们扮演什么角色，以及什么类型的代码属于哪里，要对此养成意识，既像是艺术也像是科学。

随着不断的练习，你将会掌握这种技能。

1.4　为什么要用 Redux

到目前为止，你已经触及 Redux 的许多要点。在完成第 1 章时，如果必须向老板推销 Redux，那么可以将这些理念整合到一个精彩的片段中。简而言之，Redux 是一个小型且易于学习的状态管理库，可以生成高度可预测、可测试并可调试的应用程序。

1.4.1　可预测性

Redux 的最大卖点是，它为处理应用程序的复杂状态带来了条理性。Redux 架构提供了一种直观的方式来概念化并管理状态，一次一个 action。无论应用程序的大小如何，单向数据流内的 action 会让针对单一 store 的更改是可预测的。

1.4.2　开发者体验

可预测性使出现世界一流的调试工具成为可能。热加载(hot-loading)和时间旅行(time-travel)调试工具为开发人员提供了更快的开发周期，无论是构建新功能还是寻找 bug。老板喜欢开心的开发人员，但更喜欢开发效率高的开发人员。

1.4.3　可测试性

需要编写的 Redux 实现代码主要是函数，其中许多都是纯函数。每一块都可以轻松分解并隔离进行单元测试。官方文档使用 Jest 和 Enzyme，但无论喜欢哪个 JavaScript 测试库，都可以完成测试。

1.4.4　学习曲线

Redux 是原生 React 的自然进阶，体积非常小，只公开了少量 API 用于完成工作。一天之内就可以熟悉 Redux 的所有内容。编写 Redux 代码还需要团队熟悉几种函数式编程范式。对于某些开发人员来说，这将是一个新的领域，但相关概念是清晰易懂的。一旦理解对于状态的更改只能由纯函数产生，就已经掌握了大部分内容。

1.4.5　体积

如果老板正在工作，那么检查清单中的重要一项就是项目依赖的大小。Redux 是个微型库——压缩后小于 7KB。胜出！

1.5 何时应该使用 Redux

虽然关于 Redux 如何出色已经介绍了很多，但 Redux 并非万能灵药。虽然讨论了为什么应该使用 Redux，但众所周知，天下没有免费的午餐，也不存在无须权衡折中的软件模式。

使用 Redux 的代价是会产生很多的模板代码，以及相比 React 本地组件状态更高的复杂度。重要的是要意识到：对于团队中的新开发人员来说，在他们能做出贡献之前，还需要学习 Redux 及其使用模式。

Redux 的联合创始人 Dan Abramov 在这一点上也有权衡考虑，甚至发表了一篇名为“你可能不需要 Redux”(*You Might Not Need Redux*)的博文(博客地址为 https://medium.com/@dan_abramov/you-might-not-need-redux-be46360cf367)。他建议开始时不使用 Redux，仅在遭遇足够多的状态管理痛点，能证明包含 Redux 是合理的之后才引入 Redux。该建议刻意描述得模糊不清，因为每个团队的转折点会略有不同。没有复杂数据需求的较小应用程序是最常见的情况，这种情况下不使用 Redux 而使用普通的 React 可能会更加合适。

那些痛点可能是什么样的呢？团队可以使用一些常见的场景来证明引入 Redux 的合理性。第一种场景是，在几层不会使用任何数据的组件间传递数据。第二种场景是，处理在应用程序的不相关的部分之间共享和同步数据。对于使用 React 实现这些任务，我们都有一定容忍度，但最终会有容忍极限。

如果知道自己想要构建的特定功能是 Redux 擅长的，Redux 很可能会是不错的选择。如果知道应用程序会有复杂的状态，并且需要撤销与重做功能，请直截了当地引入 Redux。如果需要服务端渲染，请优先考虑 Redux。

1.6 Redux 的备选方案

如前所述，Redux 进入了拥挤的状态管理市场，而此后也出现了更多的可选方案。来看一下用于 React 应用程序状态管理的最流行的替代方案。

1.6.1 Flux 的一些实现

在研究时，我们数了数，有 20 多个 Flux 实现的库。令人惊讶的是，至少其中有 8 个已经在 GitHub 上收到超过 1000 个星星。这突显了 React 历史上的一个重要时代——Flux 是一种开创性理念，激发了社区的活力，并因此推动大量的试验与发展。在此期间，代码库以令人应接不暇的速度来来去去，这也造就了“JavaScript 疲劳”(JavaScript Fatigue)一词。事后来看，很明显，这些试验中的每一个都是途中重要的垫脚石。随着时间的推移，许多备选的 Flux 实现的维护者优雅地退出了比赛，转而支持 Redux 或其他一些流行的方案中的某个，但是仍然有几个维护良好的备选方案。

Flux

Flux 当然是这一切的开始。用维护者自己的话说，“Flux 更像一种模式而非框架”。在这个代码库中，能找到大量有关 Flux 架构模式的文档，但对于方便地使用 Flux 构建应用程序，只暴露了少量的 API。dispatcher 是 Flux 的核心，事实上，其他几个 Flux 实现已将 dispatcher 整合到它们的库里。按 GitHub 上的星星个数来衡量，Flux 的流行度大概是 Redux 的一半，而且继续由 Facebook 团队积极维护。

Reflux

Reflux 是原始的 Flux 的快速跟随者。Reflux 将函数响应式编程(functional reactive programming)思想引入 Flux 架构中，剥离了单个的 dispatcher，进而让每个 action 都具有派发自身的能力。回调函数可以和更新 store 的 action 一起注册。Reflux 仍在维护，并且以 GitHub 上的星星个数衡量，它的流行度大概有 Redux 的六分之一。

Alt

与 Reflux 不同，Alt 符合原始的 Flux 理念并使用 Flux dispatcher。Alt 的卖点在于它对 Flux 架构的坚持并减少了模板代码。Alt 曾经拥有一个活跃的社区，但在撰写本书时，已经有 6 个月没有提交记录了。

荣誉榜单

在 GitHub 上超过 1000 个星星的(Flux 实现)库中，还有 Fluxible、Fluxxor、NuclearJS 以及 Flummox。Fluxible 继续由 Yahoo 团队维护。Fluxxor、NuclearJS 及 Flummox 可能还在维护，但不再活跃。强调这些项目是因为它们是重要的垫脚石，Flummox 是由 Andrew Clark 创建的，Andrew Clark 后来与 Dan Abramov 一起创建了 Redux。

1.6.2 MobX

MobX 为状态管理提供了一种函数响应式解决方案。与 Flux 类似，MobX 使用 action 修改状态，但组件会对变化后的或可观察的状态做出响应。虽然函数响应式编程中的部分术语令人生畏，但在实践中这些概念易于理解和接受。MobX 需要的模板代码相比 Redux 更少，但在底层做了很多事情，因此更含蓄。在 2015 年年初，MobX 的第一次提交仅比 Redux 早几个月。

1.6.3 GraphQL 客户端

GraphQL 是一项激动人心的新技术，也是由 Facebook 团队开发的。它是一种查询语言，允许准确指定并接收组件所需的数据，非常适合 React 组件预期的模块化，组件所需的任何数据的获取都封装在其中。API 的查询针对父子组件的数据需求进行了优化。

通常，GraphQL 与 GraphQL 客户端一起使用。如今最受欢迎的两个客户端是 Relay 和 Apollo。Relay 是由 Facebook 团队(和开源社区)开发维护的另一个项目。起初，Apollo 的底层是使用 Redux 实现的，但现在提供了额外的可配置性。

虽然可以同时引入 Redux 和 GraphQL 客户端来管理同样的应用程序状态，但你会发现该组合可能过于复杂且不必要。虽然 GraphQL 处理数据从服务器的获取，而 Redux 更通用一些，但它们的用途有重叠之处。

1.7 本章小结

本章介绍了 Flux 架构模式以及 Redux 的运行，你了解了有关 Redux 的一些实际细节。

现在，你已经准备好将基本的构件放在一起，并端到端地查看运行中的 Redux 应用程序。在下一章中，将使用 Redux 和 React 构建一个任务管理应用程序。

本章的学习要点如下：

- Redux 的状态存储在单个对象中，并且是纯函数的产物。
- Redux 可以引入可预测性、可测试性以及复杂应用程序的可调试性。
- 如果经历过在应用程序中同步状态或在多层级组件间传递数据的痛点，请考虑引入 Redux。

第2章

第一个 Redux 应用程序

本章涵盖：

- 配置 Redux store
- 使用 react-redux 连接 Redux 与 React
- 使用 action 和 action 创建器(action creator)
- 使用 reducer 更新 state
- 理解容器和展示型 React 组件

现在，你一定迫不及待地想要开始编写一个 Redux 应用程序了。既然已经掌握了足够的背景知识，那就让我们开始吧！本章将指导你搭建和开发一个简单的任务管理应用程序，并使用 Redux 来管理应用程序状态。

本章结束后，你将经历一个完整应用程序的创建过程，但更为重要的是，你学到的基础知识将足够你独立开发简单的 Redux 应用程序。通过学习组件(我们特意没有把这部分内容放在第 1 章)，你能更好地理解单向数据流以及程序的每个地方是如何践行这一思想的。

你可能会认为在本章即将构建的小型应用程序中使用 Redux 有些大材小用了。重申一下第 1 章中提及的一个观点，除非能通过引入 Redux 解决遇到的诸多痛点，否则我们还是建议只使用 React。

如果本章内容已经是本书的全部，那么引入 Redux 确实是大材小用。随着后续章节的不断展开，你将真正开始理解。下面从实用性出发，让我们直奔 Redux 主题，毕竟这才是你学习本书的原因！一旦对基础知识了如指掌，在使用 React 重建应用程序的过程中就可以自行决定是否引入 Redux，这个过程如同一场思维实验，相信你会乐在其中。

2.1 创建一个任务管理应用程序

你即将踏上一条不断被实践过的学习之路：创建一个任务管理应用程序。在本章中，你只会实现一些简单的功能，但随着本书内容的不断深入，你会不断向其中增添愈加复杂的功能。

我们给这个应用程序起了一个可爱的名字：Parsnip。为什么起这个名字呢？具体来讲，Parsnip 是一个任务看板，是一个用户用来组织和管理任务优先级的工具(类似于 Trello、Waffle 和 Asana 等工具)。这类软件通常具有高度的交互性，同时需要管理复杂的状态——这正是我们用来实践 Redux 技能的完美工具。

闲话少叙，我们的 Redux 之旅将从源头(即任务本身)开始。用户能够进行如下操作：

- 创建一个新任务，该任务包含 3 个属性：标题、描述和状态。
- 浏览任务列表。
- 更改任务状态。例如，一个任务可能从“未开始”变成“进行中”，最后变成“已完成”。

本章内容结束后，你将完成的内容如图 2.1 所示。

图 2.1 你将在本章中完成的应用程序的效果

设计 state 结构

Redux 的引入方式不是唯一的，但我们建议在实现一项新功能之前应该斟酌一下应用程序状态是什么模样。如果说 React 应用程序是当前状态的反映，那么 state 对象需要是什么结构才能满足需求？应该有哪些属性？是使用一些数组还是对象更为合适？这些都是在开发新功能时应该问自己的问题。概括一下，需要完成：

- 渲染任务列表。
- 允许用户在任务列表中添加任务。

● 允许用户标记任务状态，如“未开始”“进行中”“已完成”。

为了实现这些功能需要记录哪些状态呢？其实要求并不复杂：需要一个具有标题、描述和状态属性的任务对象的列表。Redux 中的 store 是一个简单的 JavaScript 对象。代码清单 2.1 是该对象的一个范例。

代码清单 2.1　一个 Redux store 范例

```
{
  tasks: [          ◄── tasks 键代表组成 store 的一“块”数据
    {
      id: 1,
      title: 'Learn Redux',      ◄── 任务是一个包含了几个属性的对象
      description: 'The store, actions, and reducers, oh my!',
      status: 'In Progress',
    },
    {
      id: 2,
      title: 'Peace on Earth',
      description: 'No big deal.',
      status: 'Unstarted',
    }
  ]
}
```

store 的内容很简单，包括一个`tasks`字段和一个由任务对象组成的数组。在 Redux store 中如何组织数据完全由你决定，在本书的后续部分我们将探索一些流行模式和最佳实践。

在确定需要何种 action 和 reducer 的过程中，预先确定数据的结构将带来很大的帮助。记住，将客户端 state 类比成数据库去考虑问题可能会有所帮助。如同使用其他持久型数据存储(如 SQL 数据库)一样，声明数据模型能帮助你组织思路并驱使你写出代码。在本书中，每着手一项新功能都需要重复这一过程以定义所需的 state 结构。

2.2　使用 Create React App

React 一直以对初学者友好而闻名。对比较大型的框架(如 Angular 和 Ember)，React 的 API 设计和功能设置没那么多。在很多生产就绪的程序中，对于众多常见的外围工具而言也是如此。Webpack、Babel、ESLint 等一系列工具的学习曲线差别很大。为了避免开发人员在每个新项目中都从头开始做好所有配置工作，众多脚手架(starter kit)和模板(boilerplate)程序应运而生。但这类脚手架流行的同时也变得愈加复杂，令初学者望而生畏。

幸运的是，Facebook 在 2016 年年中发布了一个官方支持的工具，这个工具能够帮你完成复杂的配置工作并将其中大部分内容抽象化。Create React App 是一个命令行

界面(Command Line Interface，CLI)工具，能够生成相对简单、生产就绪的React项目。如果对其内部的功能选择足够认同，那么Create React App能轻松帮你节省大量的配置时间。我们推荐将这个工具作为创建React项目的首选方案，接下来我们也会使用它快速启动我们的项目。

安装Create React App

可以用你喜欢的包管理器安装Create React App模块。在本书中将使用npm。在终端窗口中，执行如下命令：

```
npm install --global create-react-app
```

安装成功后，就可以创建新项目了：

```
create-react-app parsnip
```

创建新项目的过程要花费几分钟时间，这取决于在机器上安装依赖项所需的时间。创建结束后，就会有一个新创建的`parsnip`文件夹在等着你了。切换到这个文件夹，我们就可以开始运行了。

在查看程序的执行效果之前，需要启动开发服务器，开发服务器负责将JavaScript代码提供给浏览器(功能不限于此)。在`parsnip`文件夹中执行以下命令：

```
npm start
```

如果在启动开发服务器后`create-react-app`没有自动打开浏览器窗口，那么直接使用浏览器打开localhost:3000页面，你会看到如图2.2所示的内容。

To get started, edit `src/App.js` and save to reload.

图2.2 使用create-react-app启动新创建的React程序后出现的欢迎页面

让我们按页面的提示继续进行。试着通过编辑src/App.js文件来修改“To get started…”文本。不必重新载入页面，就能看到浏览器自动进行了刷新。我们将在第3章深入介绍这一特性，同时介绍更多的开发工作流增强方式。

2.3 基本的 React 组件

在学习 Redux 主题之前，让我们通过创建几个简单的 React 组件来完善程序的基础框架。我们通常习惯“由外向内”开发功能，即首先开发 UI 界面，然后关联上必要的行为。这能帮助你以用户的最终体验为基础，并且越早在开发原型上进行交互越好。在开始做更多的工作之前，最好制定设计或功能规范来帮助解决问题。

还要确保 UI 组件是灵活、可复用的。为组件定义清晰的接口，会使复用和重新安排它们变得容易。在 `src/` 目录下新建一个名为 `components/` 的子目录，然后创建组件的文件 `Task.js`、`TaskList.js` 和 `TasksPage.js`。

`Task` 和 `TaskList` 将会是无状态的函数式组件(在 React v0.14 中引入)。这类组件只会接收属性，而没有 `componentDidMount` 等生命周期方法，也不能使用 `this.state` 或 `this.setState`，这类组件使用简单函数来定义而不是使用 `createReactClass` 或 ES2015 中的类来定义。

这类组件简单得惊人：不必关心 this，易于维护和测试，免除了使用类时相应的大量代码。它们接收属性并返回 UI 内容。我们还能奢求什么？把代码清单 2.2 中的代码复制到 Task.js 文件中。

代码清单 2.2 src/components/Task.js

```
import React from 'react';

const Task = props => {          ← 无状态的函数式组件以匿名函数的形式导出
  return (
    <div className="task">
      <div className="task-header">
        <div>{props.task.title}</div>     ← 这些组件接收并展示来自父级组件的属性
      </div>
        <hr />
        <div className="task-body">{props.task.description}</div>
      </div>
    );
  }

export default Task;
```

> **注意** 本书不会涉及 CSS 文件的内容，这些多余的内容对于理解 Redux 来讲并无帮助。如果想复用截图中的样式，请参阅补充代码。

`TaskList` 组件的实现同样简单。列名和任务列表将从父级组件传入。将代码清单 2.3 中的代码复制到 `TaskList.js` 文件中。

代码清单 2.3 src/components/TaskList.js

```
import React from 'react';
import Task from './Task';

const TaskList = props => {
  return (
    <div className="task-list">
      <div className="task-list-title">
        <strong>{props.status}</strong>
      </div>
      {props.tasks.map(task => (
        <Task key={task.id} task={task} />
      ))}
    </div>
  );
}

export default TaskList;
```

Redux 允许将大部分 React 组件实现为这类无状态函数式组件。由于大部分组件状态和逻辑都转移给了 Redux，因此能避免几乎所有大型 React 程序都会遇到的组件膨胀问题。Redux 社区通常将这类组件称为“展示型组件”(presentational component)，我们将在本章后续部分详细地介绍它们。

在 `TasksPage.js` 中，导入新创建的 `TaskList` 组件，为每个状态展示一个组件(详见代码清单 2.4)。虽然现在还没有，但当引入创建新任务的表单后，这个组件就需要管理局部状态了。基于这个考虑，这个组件需要使用 ES6 类来实现。

代码清单 2.4 src/components/TasksPage.js

```
import React, { Component } from 'react';
import TaskList from './TaskList';

const TASK_STATUSES = ['Unstarted', 'In Progress', 'Completed'];   // 任务有3种状态

class TasksPage extends Component {   // 当必须处理本地状态时需要使用 ES6 类
  renderTaskLists() {
    const { tasks } = this.props;
    return TASK_STATUSES.map(status => {
      const statusTasks = tasks.filter(task => task.status === status);
      return <TaskList key={status} status={status} tasks={statusTasks} />;   // 每个状态展示一列相关的任务
    });
  }

  render() {
    return (
      <div className="tasks">
        <div className="task-lists">
          {this.renderTaskLists()}
        </div>
      </div>
```

```
    );
  }
}

export default TasksPage;
```

首先，TaskPage 会接收来自顶层组件 App 的模拟数据。App 也需要使用 ES6 类来创建，因为 App 最终会与 Redux store 连接，如代码清单 2.5 所示。

代码清单 2.5　src/App.js

```
import React, { Component } from 'react';
import TasksPage from './components/TasksPage';

const mockTasks = [    ← 在 Redux 被引入前，界面中将填充模拟的任务数据
  {
    id: 1,
    title: 'Learn Redux',
    description: 'The store, actions, and reducers, oh my!',
    status: 'In Progress',
  },
  {
    id: 2,
    title: 'Peace on Earth',
    description: 'No big deal.',
    status: 'In Progress',
  },
];

class App extends Component {
  render() {
    return (
      <div className="main-content">
        <TasksPage tasks={mockTasks} />
      </div>
    );
  }
}

export default App;
```

此时，可以使用 npm start 来运行小型 React 程序，并在浏览器中查看。需要注意的是，在回过头来添加样式之前，程序看起来会非常乏味。同样，如果愿意，可以借用我们的补充代码。

2.4 重温 Redux 架构

现在是时候在小型 React 程序中引入 Redux 了。在学习主题之前，让我们通过重温第 1 章介绍的 Redux 架构，考虑一下所需的全部内容，如图 2.3 所示。

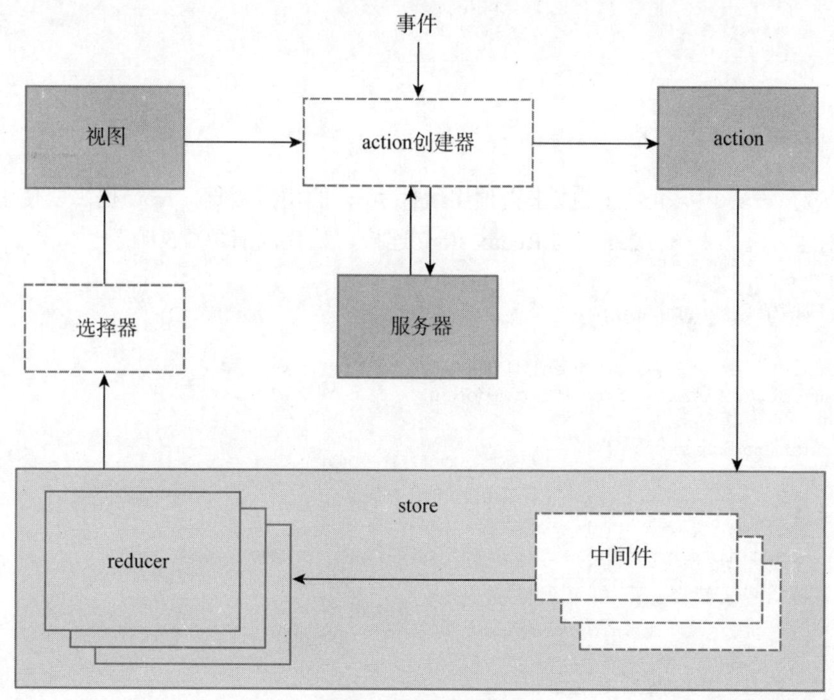

图 2.3 Redux 架构

store 是将 Redux 引入程序的逻辑起点。Redux 包公开了一些便于创建 store 的方法。一旦创建了 store，就能使用 react-redux 包将 store 连接到 React 程序，从而允许视图(组件)派发 action。action 最终会返回 store，被 reducer 读取后决定 store 的下一个状态。

2.5 配置 Redux store

Redux 中的主要核心功能是 store，它是负责管理程序状态的对象。下面单独介绍一下 store 及其 API。

2.5.1 整体和 store API

在阅读 Redux 相关内容和与其他社区成员交流时，能看到或听到关于 store 的不同说法，如 Redux store 或状态树。一般来说，这些术语指的是一个并无特殊的 JavaScript 对象。让我们来看看 Redux 提供的与 store 交互的 API。

Redux 包会导出一个 `createStore` 函数，你肯定能猜到它应该是用来创建 Redux store 的。具体来说，Redux store 是一个提供了几个核心方法的对象，这些方法可以用于读取、更新状态并响应状态的改变：`getState`、`dispatch` 和 `subscribe`。如代码清单2.6 所示，可以在这个精巧的例子中捕捉到这 3 个方法的身影。

代码清单 2.6　store API 实战

```
import { createStore } from 'redux';

function counterReducer(state = 0, action) {   ← store 至少需要一个 reducer 函数(counterReducer)
  if (action.type === 'INCREMENT') {
    return state + 1;
  }
  return state;
}
                                                 使用 reducer 创建 store
const store = createStore(counterReducer);  ←

console.log(store.getState());   ← 读取 store 的当前状态

store.subscribe(() => {                          ← 在 store 更新后做一些事
  console.log('current state: ', store.getState());
});

store.dispatch({ type: 'INCREMENT' });   ← 向 reducer 发送一个新的 action 来更新 store
```

传递给 createStore 函数的第一个参数是 reducer。回顾第 1 章的内容，reducer 是通知 store 如何响应 action 并更新状态的函数。store 需要至少一个 reudcer。

如前所述，store 中有 3 个方法需要介绍。第一个方法是可以读取 store 内容的 getState。这个方法经常需要调用。

Subscribe 方法能让我们响应 store 中的变化。就这个例子而言，是将新更新的状态记录到控制台中。开始将 Redux 连接到 React 时，这个方法是在底层使用的，它能让 React 组件在 store 中的任一状态发生变化时进行重新渲染。

因为不能自己改变 store，只有 action 才能产生新状态；所以需要一个能将新 action 发送到 reducer 的方法，这个方法就是 dispatch。

2.5.2　创建 Redux store

言归正传！在本节中，将开始创建 store 及其依赖项。store 包含一个或多个 reducer，以及可选的中间件。中间件将会保留到后续章节中介绍，但创建 store 至少需要一个 reducer。

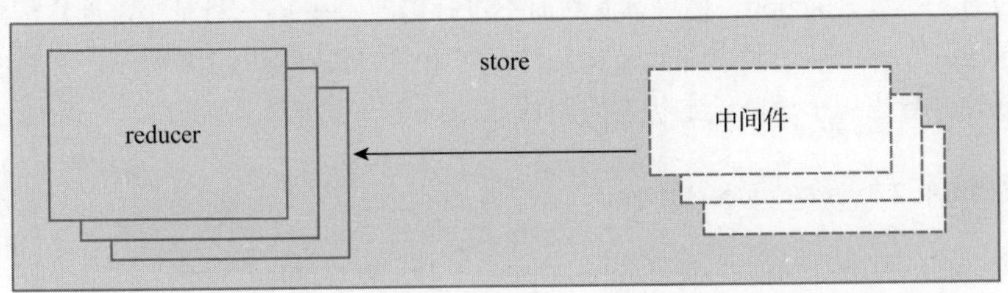

图 2.4　store 需要一个或多个 reducer，并且可以包括中间件。中间件和 reducer 之间的箭头表明 action 最终的处理顺序

首先将 Redux 添加为项目的依赖项，然后将初始的任务数据转移到 Redux 中。确保是在 `parsnip` 目录中，通过在终端窗口中运行以下命令来安装 Redux 包：

```
npm install -PRedux
```

`-P` 标记是 `--save-prod` 的别名，结果导致包被添加到 package.json 文件的依赖项中。从 npm5 开始，这是默认的安装行为。现在已经添加了 Redux，下一步就是将它集成到现有的 React 组件中。首先通过在 index.js 中添加代码清单 2.7 中的代码来创建 store。

代码清单 2.7 src/index.js

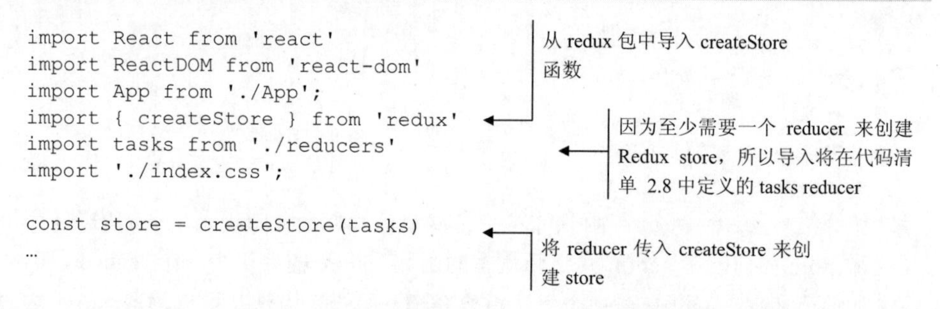

```
import React from 'react'
import ReactDOM from 'react-dom'
import App from './App';
import { createStore } from 'redux'
import tasks from './reducers'
import './index.css';

const store = createStore(tasks)
...
```

从 redux 包中导入 createStore 函数
因为至少需要一个 reducer 来创建 Redux store，所以导入将在代码清单 2.8 中定义的 tasks reducer
将 reducer 传入 createStore 来创建 store

下一步是让 store 对程序中的 React 组件可用，但是代码清单 2.7 中添加的代码还不能执行。在对 index.js 进行进一步操作之前，需要有 `tasks` reducer 的一个基本实现。

2.5.3 tasks reducer

如你所知，需要一个 reducer 才能创建一个新的 Redux store。本节的目标是把创建新 store 所需的工作做完，同时随着本章的深入，剩余的功能也将会补充完整。

如果还记得第 1 章中的内容，应该知道 reducer 是一个函数，它接收 store 的当前状态和 action，并在施用更新之后返回新状态。store 负责存储状态，但它依赖于创建的 reducer 来确定如何根据 action 更新状态。

暂时先不处理 action，将状态返回而不进行修改。在 `src` 目录中，创建一个新的子目录 `reducers`，并添加 index.js 文件。如下面的代码清单 2.8 所示，在这个文件中，创建并导出用于返回给定状态的函数 `tasks`。

代码清单 2.8 src/reducers/index.js

```
export default function tasks(state = [], action) {
  return state
}
```

目前先不使用 action 参数，一旦开始派发action，就在这个 reducer 中添加更多功能就是这样！你已经完成了第一个 reducer。稍后再回来丰富这个 reducer 的功能。

2.5.4　默认 reducer 状态

通常需要为 reducer 提供初始状态，这只需要为 tasks reducer 中的 state 参数提供默认值即可。在将 Redux store 连接到程序之前，先将模拟任务列表从 App.js 移到 src/reducers/index.js，这里更适合存放初始状态，如下面的代码清单 2.9 所示。

代码清单 2.9　src/reducers/index.js

```
const mockTasks = [
  {
    id: 1,
    title: 'Learn Redux',
    description: 'The store, actions, and reducers, oh my!',
    status: 'In Progress',
  },
  {
    id: 2,
    title: 'Peace on Earth',
      description: 'No big deal.',
      status: 'In Progress',
    },
  ];

export default function tasks(state = { tasks: mockTasks }, action) {   ← 将模拟任务作为初始状态
  return state;
}
```

如果在上述修改期间，App 组件由于模拟数据的删除而崩溃，不必担心，这很快就会被修复。现在 store 有了正确的初始数据，但仍然需要一些操作才能使这些数据对 UI 可用。下面开始学习 react-redux！

理解数据的不可变性

强烈建议保持数据的不可变性，尽管这并不是一个需要严格遵循的要求；也就是说，不要直接改变值。不可变性具有一些固有的优点，比如易于使用和测试，在使用 Redux 的情况下，真正的优点是能够进行极其快速简单的相等性检查。

例如，如果在 reducer 中改变一个对象，react-redux 的 connect 可能无法正确更新对应的组件。当 connect 比较旧状态和新状态以决定是否需要重新渲染时，只检查两个对象是否相等，而不检查每个单独的属性是否相等。不可变性对于处理历史数据也很重要，同时对于一些高级 Redux 调试特性(如时间旅行)也是必需的。

总之，永远不要在 Redux 中改变数据。reducer 应该总是接收当前状态作为输入并计算全新的状态。JavaScript 并没有提供不可变的数据结构，但有几个大的项目库。

可用 ImmutableJS(https://facebook.github.io/immutable-js/)和 Updeep(https://github.com/substantial/updeep)是两个流行的项目库，除了强制不可变性之外，它们还提供了一些更高级的用于更新深度嵌套对象的 API。如果想要更轻量一些的库，Seamless-Immutable(https://github.com/rtfeldman/seamless-immutable)在提供不可变数据结构的同时，仍然允许继续使用标准的 JavaScript API。

2.6 使用 react-redux 连接 Redux 与 React

正如我们在第 1 章所讨论的，Redux 在创建时就考虑到 React，但它们是两个完全独立的包。为连接 Redux 与 React，需要使用 react-redux 包中的 React 绑定。Redux 只提供了配置 store 的方法，而 react-redux 提供了增强组件的能力，允许组件读取 store 的状态或者派发 action，从而填补了 React 和 Redux 之间的鸿沟。react-redux 提供了两个主要的工具用于将 Redux store 连接到 React：

- `Provider`——在 React 程序顶层渲染的 React 组件。Provider 的任何子组件都有权限访问 Redux store。
- `connect`——一个用于将 React 组件与 Redux store 数据桥接的函数。

先来安装依赖包：

npm install -P react-redux

2.6.1 添加 Provider 组件

`Provider` 是一个组件，它接收 store 作为属性，并在程序中包裹顶层组件，即本例中的 `App` 组件。在 `Provider` 中渲染的任何子组件，无论嵌套多深都可以访问 Redux store。

在 index.js 中，导入 `Provider` 组件并包裹 `App` 组件，可参考代码清单 2.10 中的代码。

代码清单 2.10 src/index.js

```
import React from 'react';
import ReactDOM from 'react-dom';
import { createStore } from 'redux';
import { Provider } from 'react-redux';
import tasks from './reducers';
import App from './App';
import './index.css';

const store = createStore(tasks);

ReactDOM.render(
  <Provider store={store}>
    <App />
```

导入 Provider 组件

现在 Provider 是最顶层的组件。它与 connect 一起工作，使 store 可用于任何子组件

```
  </Provider>,
  document.getElementById('root')
);
```

可以将 Provider 组件视为启动器。你不会经常直接与它交互，通常只会在负责将程序初始装载到 DOM 的文件(如 index.js)中时用到。而在幕后，Provider 确保可以使用 connect 将数据从 store 传递到一个或多个 React 组件。

2.6.2　将数据从 Redux 传递到 React 组件

我们已经为数据从 store 传递到 React 组件奠定了基础。既有了带 tasks reducer 的 Redux store，又使用了 react-redux 中的 Provider 组件以确保 React 组件能够访问 store。现在是时候用 connect 增强 React 组件了，如图 2.5 所示。

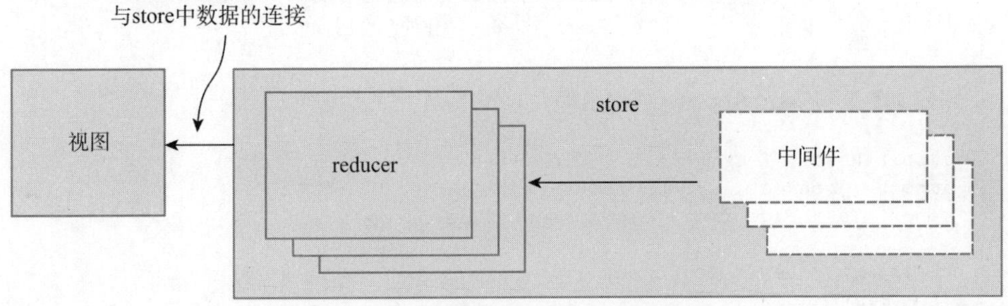

图 2.5　connect 函数连接了 store 与视图(组件)

一般来说，可以将可视化界面分成两部分：数据和 UI。在本例中，数据是表示任务的 JavaScript 对象，而 UI 是少量 React 组件，这些 React 组件接收数据对象并将它们渲染到页面中。如果没有 Redux，就需要直接在 React 组件内同时处理这两个问题。

如图 2.6 所示，渲染 UI 使用的数据被完全从 React 移入 Redux 中。App 组件被视为 Redux 数据的入口点。随着程序的增长，更多的数据和 UI 将被引入，并带来更多的入口点。这种灵活性是 Redux 最大的优点之一。应用程序状态位于某个独立的地方，可以选取数据并以自己希望的方式将数据注入应用程序中。

代码清单 2.11 引入了一些新概念：connect 和 mapStateToProps。通过向 App 组件中添加 connect，可将其声明为 Redux store 中数据的入口点。这里只连接了一个组件，但是随着程序的增长，对于何时需要在增加的组件中使用 connect，将开始探索其中的最佳实践。

在代码清单 2.11 中，向 connect 传递了一个参数，即 mapStateToProps 函数。请注意，mapStateToProps 这个名字是一种约定，并不是必需的。使用这个名字的原因是：它能有效地描述这个函数的角色。其中的 State 是指 store 中的数据，Props 被传递给连接的组件。mapStateToProps 返回的任何内容都将作为属性传递给组件。

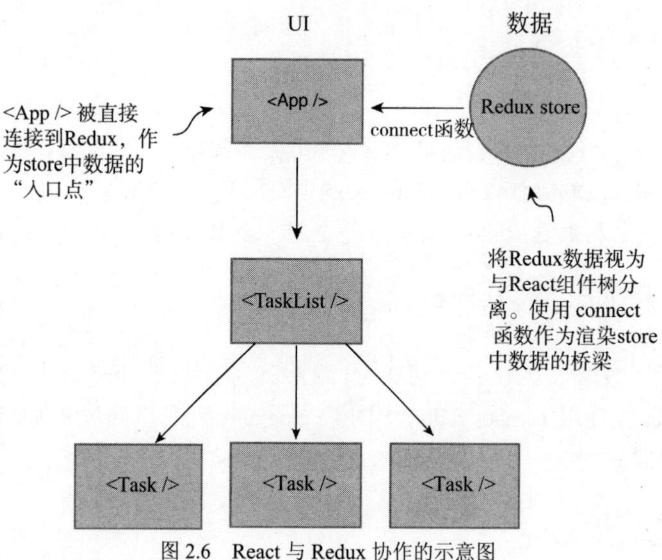

图 2.6　React 与 Redux 协作的示意图

代码清单 2.11　src/App.js：连接组件

```
import React, { Component } from 'react';
import { connect } from 'react-redux';
import TasksPage from './components/TasksPage';

class App extends Component {
  render() {
    return (
      <div className="main-content">
        <TasksPage tasks={this.props.tasks} />
      </div>
    );
  }
}

function mapStateToProps(state) {
  return {
    tasks: state.tasks
  }
}

export default connect(mapStateToProps)(App);
```

在导入列表中加入 connect

连接到 store 后，就能从属性中获得任务数据了

state 参数即 Redux store 的全部内容，调用 store 实例的 getState 方法能获得更具体的内容

mapStateToProps 的返回值被作为属性传入 App 组件，这就是 render 函数能够引用 this.props.tasks 的原因

现在，程序能成功渲染 Redux store 中的数据了！注意到我们并没有更新 `TasksPage` 组件了么？就是这样设计的。`TasksPage` 通过属性获得数据，但它并不关心这些属性的来源是什么。可以是 Redux，也可以是 React 的本地状态，或者完全来自另一个数据库。

2.6.3　容器组件和展示型组件

回忆一下，`TaskList` 是一个展示型组件或 UI 组件。它接收作为属性的数据，并根据定义的标记返回输出。通过在 `App` 组件中使用 `connect`，已经悄悄引入了与展示型组件对应的组件，即容器组件。

展示型组件不依赖于 Redux。它们不知道也不关心是否正在使用 Redux 来管理应用程序状态。通过使用展示型组件，可将决定论引入视图中。给定相同的数据，将始终获得相同的渲染输出。展示型组件易于测试，并让程序具有美妙的可预测性。

展示型组件确实很棒，但总是需要从 Redux store 中获取数据并传递给展示型组件。这就是容器组件要做的事，如 `App`。在这个简单的例子中，容器组件负责：

- 通过 `connect` 从 Redux store 获取数据。
- 使用 `mapStateToProps` 只传递相关数据到连接的组件。
- 渲染展示型组件。

同样，将组件分成容器组件和展示型组件是一种约定，而不是 React 或 Redux 的硬性规则。但这是十分流行和普遍的模式之一。这种模式将程序的表现和行为分开了。将 UI 定义为展示型组件意味着如同拥有一些简单灵活的“砖块”，这些组件易于重新配置和复用。当需要处理来自 Redux 的数据时，只需要关注容器组件，而不必担心用于展示的标记。反过来处理 UI 时也是如此。

此时，已经可以在浏览器中查看渲染的数据了，程序从 Redux store 中读取任务列表并渲染出来。是时候添加行为了！来看看向任务列表中添加新任务时需要做些什么。

2.7　派发 action

下面的工作流程与渲染静态任务列表时类似。从 UI 开始，然后添加功能。让我们从 New task 按钮和表单开始。当用户单击 New task 按钮时，表单展示两个字段：标题(title)和描述(description)，最终效果类似于图 2.7。

图 2.7　新任务表单

参考下面的代码清单 2.12 来修改 `TasksPage.js` 中的代码。这些应该是你十分熟悉的简单 React 代码。

代码清单 2.12 添加新任务表单

```
import React, { Component } from 'react';
import TaskList from './TaskList';

class TasksPage extends Component {
  constructor(props) {
    super(props);
    this.state = {
      showNewCardForm: false,
      title: '',
      description: '',
    };
}

onTitleChange = (e) => {
  this.setState({ title: e.target.value });
}

onDescriptionChange = (e) => {
  this.setState({ description: e.target.value });
}

resetForm() {
  this.setState({
    showNewCardForm: false,
    title: '',
    description: '',
  });
}

onCreateTask = (e) => {
  e.preventDefault();
  this.props.onCreateTask({
    title: this.state.title,
    description: this.state.description,
  });
  this.resetForm();
}

toggleForm = () => {
  this.setState({ showNewCardForm: !this.state.showNewCardForm });
}

renderTaskLists() {
  const { tasks } = this.props;
  return TASK_STATUSES.map(status => {
    const statusTasks = tasks.filter(task => task.status === status);
    return (
      <TaskList
        key={status}
```

对于与 UI 相关的状态来说，使用 React 和 setState 来管理通常更简单，例如表单是否展示以及表单输入

一种可以保证 this 引用正确的特殊语法

表单的提交只是简单调用 onCreateTask 属性方法

提交后重置表单状态

```
        status={status}
        tasks={statusTasks}
      />
    );
  });
}

render() {
  return (
    <div className="task-list">
      <div className="task-list-header">
        <button
          className="button button-default"
          onClick={this.toggleForm}
        >
          + New task
        </button>
      </div>
      {this.state.showNewCardForm && (
        <form className="task-list-form" onSubmit={this.onCreateTask}>
          <input
            className="full-width-input"
            onChange={this.onTitleChange}
            value={this.state.title}
            type="text"
            placeholder="title"
        />
        <input
            className="full-width-input"
            onChange={this.onDescriptionChange}
            value={this.state.description}
            type="text"
            placeholder="description"
        />
        <button
            className="button"
            type="submit"
          >
            Save
          </button>
        </form>
      )}

      <div className="task-lists">
        {this.renderTaskLists()}
      </div>
    </div>
    );
  }
}

export default TasksPage;
```

TaskList 组件现在会记录本地状态——表单是否可见以及表单中的文本值。表单输入一般在 React 中被称为受控组件。这意味着输入字段的值被记录为相应的本地状态值，并且对于输入字段中每个字符的键入，本地状态都会被更新。当用户提交表单去创建一个新任务时，调用 onCreateTask 属性方法来表明事件已经被触发。由于 onCreateTask 是通过 this.props 调用的，因此说明这个属性方法需要从父组件 App 传递下来。

小测试 引发 Redux store 发生改变的唯一办法是什么？没错，就是派发 action。你已经想到一个好办法，剩下的就是如何实现 onCreateTask 属性方法，我们需要派发一个 action 来添加一个新任务。

在 App.js 中，App 是一个被增强的连接组件，拥有与 Redux store 交互的能力。还记得哪个 store API 能用来发送 action 吗？花一点时间，在 App 的 render 方法中打印 this.props 的值，如下面的代码清单 2.13 所示。由此产生的控制台输出应该与图 2.8 类似。

代码清单 2.13 在 src/App.js 中输出 this.props 的值

```
…
render() {
    console.log('props from App: ', this.props)    ← 在 render 方法的头部输出 this.props 的值
    return (
      ...
    )
  }
}
…
```

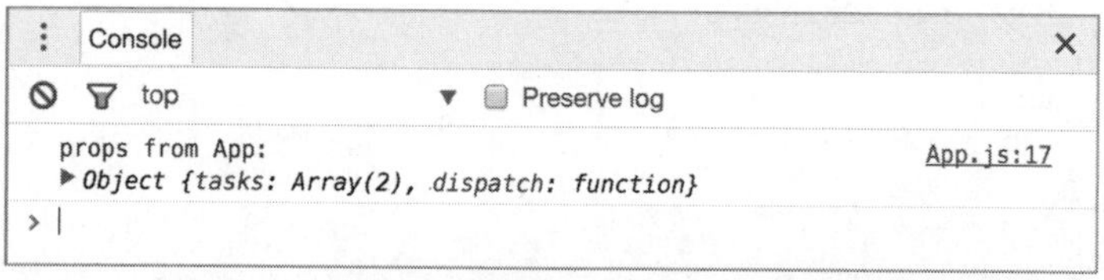

```
⋮ Console                                              ×
⊘ ▽ top                 ▼ ☐ Preserve log
  props from App:                                 App.js:17
  ▶Object {tasks: Array(2), dispatch: function}
> |
```

图 2.8 展示通过控制台输出的 App 组件的可用属性

就在这里：预期的 tasks 数组之外的 dispatch 属性。什么是 dispatch？store 对其数据提供极强的保护，只提供了一种更新状态的方法——派发 action，dispatch 是 store API 的一部分，connect 通常将它作为属性提供给组件。让我们创建一个处理程序，在其中派发一个 CREATE_TASK action(参见代码清单 2.14)。这个 action 将有以下两个属性：

- type——一个表示正在执行的 action 类别的字符串。按照惯例，使用大写，并用下划线作为分隔符。这是一个有效 action 所需的唯一属性。
- payload——为 action 执行提供所需数据的对象。payload 字段是可选的，如果不需要额外的数据来执行 action，可以省略。例如，用户退出的操作可能只包含 LOGOUT 这个类型字段而不必附加数据。但是，如果需要附加数据，

那么任何键值都可以被传入 action。Redux 并没有要求使用 payload 这个名称，但这是一种流行的约定，我们将在整本书中坚持使用。这种模式通常被称为 Flux Standard Action (FSA)；更多细节请参阅如下 GitHub 代码库，https://github.com/acdlite/flux-standard-action。

代码清单 2.14　src/App.js：添加 action 处理程序

```
import React, { Component } from 'react';
import { connect } from 'react-redux';
import TasksPage from './components/TasksPage';

class App extends Component {
  onCreateTask = ({ title, description }) => {
    this.props.dispatch({                  ← 被 connect 注入的 this.props.dispatch
      type: 'CREATE_TASK',                   能向 store 派发 action
      payload: {
        title,
        description
      }
    });
}

  render() {
    return (
      <div className="main-content">
        <TasksPage
          tasks={this.props.tasks}
          onCreateTask={this.onCreateTask}   ← onCreateTask 处理程序以回调属
        />                                     性的形式传递给 TasksPage
      </div>
    );
  }
}
```

代码清单 2.14 还说明了容器组件的其他主要作用：处理 action。TasksPage 不需要关心创建新任务的细节，而只需要当用户需要这样做时触发 onCreateTask 属性方法。

2.8 action 创建器

在前面的示例中，我们直接派发了 CREATE_TASK action 对象，但是除了在简单的示例中，通常并不会这样做，而是调用 action 创建器——返回 action 的函数。图 2.9 说明了这种关系。

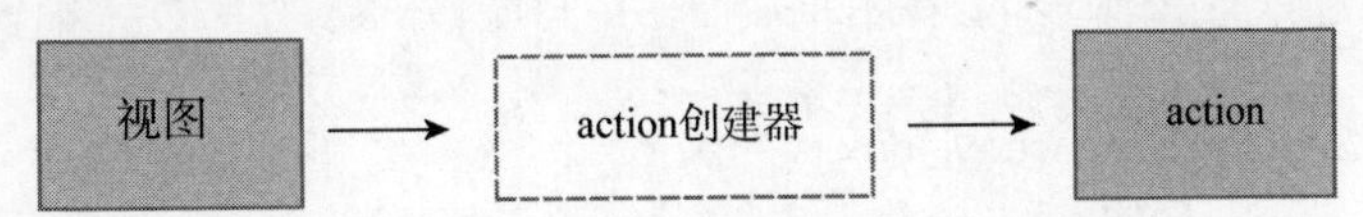

图 2.9　尽管在视图中可以派发 action，但通常的做法是使用 action 创建器——返回 action 的函数

action 和 action 创建器是紧密相关的，它们合作将 action 派发到 store，但履行不同的职责：

- action——描述事件的对象。
- action 创建器——返回 action 的函数。

为什么要使用 action 创建器？action创建器有更友好的接口，只需要知道action 创建器期望的参数即可，不必关心细节，比如 action 所携带数据的结构，或者在 action 被派发之前可能需要处理的任何逻辑。同样，action 创建器的参数要求也能提供帮助，它们清楚地描述了 action 对数据的要求。

在本书的后面，将直接在程序的 action 创建器中实现很多核心逻辑，例如发送 AJAX 请求、执行跳转、创建程序内通知等任务。

2.8.1 使用 action 创建器

从前面介绍的内容得知，dispatch 接收 action 对象作为参数。需要使用 action 创建器而不是直接派发 action。在 src 目录中，创建一个名为 actions 的子目录并在其中添加 index.js 文件。这个文件就是存放 action 创建器和 action 的地方。将代码清单 2.15 中的代码添加到新创建的文件中。

代码清单 2.15 src/actions/index.js：createTaskaction action 创建器

```
let _id = 1;
export function uniqueId() {
  return _id++;
}

export function createTask({ title, description }) {
  return {
    type: 'CREATE_TASK',
    payload: {
      id: uniqueId(),
      title,
      description,
      status: 'Unstarted',
    },
  };
}
```

uniqueId 是一个用于给任务生成数字 ID 的工具函数。在第 4 章中，将程序连接到真正的服务器以后，这个工具函数就没必要存在了

函数签名说明了派发 CREATE_TASK action 需要 title 和 description 属性

payload 属性包含完成这个 action 需要的所有数据

在添加 uniqueId 工具函数后还有一项清理工作要做。更新 src/reducers/index.js，使用 uniqueId 工具函数替代原来的硬编码 ID，详见下面的代码清单 2.16。这确保任务 ID 在创建时能正确增加，在本章后面，用户能够借助这些 ID 来编辑任务。

代码清单 2.16 src/reducers/index.js

```
import { uniqueId } from '../actions';
```

导入在 src/actions/index.js 中创建的 uniqueId 工具函数

```
const mockTasks = [
  {
    id: uniqueId(),                              使用 uniqueId 工具函数而不
    title: 'Learn Redux',                        是硬编码 ID
    description: 'The store, actions, and reducers, oh my!',
    status: 'In Progress',
  },
  {
    id: uniqueId(),
    title: 'Peace on Earth',
    description: 'No big deal.',
    status: 'In Progress',
  },
];
```

为完成全部内容，请更新 App.js 中的代码以导入和使用新的 action 创建器，如代码清单 2.17 所示。

代码清单 2.17　src/App.js

```
...
import { createTask } from './actions';      导入 action
                                             创建器
class App extends Component {
  ...
  onCreateTask = ({ title, description }) => {
    this.props.dispatch(createTask({ title, description }));
  }
  ...                                        向 this.props.dispatch 传递 action 创建器
}                                            来代替传递 action 对象
...
```

回顾一下，幸亏 connect 让容器组件 App 可以访问 dispatch 方法。App 导入 action 创建器 createTask，并向其传递 title 和 description。action 创建器格式化数据并返回一个 action。

还记得 uniqueId 工具函数吗？特别值得注意的是 ID 字段的生成，因为这里引入了副作用。

定义　副作用是任何对外部世界有显著影响的代码，例如写入磁盘或更改数据。换言之，这些代码做了除了接收输入和返回结果之外的事。

有副作用的函数不仅返回结果，比如 createTask 就改变了一些外部状态——每次创建新任务时递增 ID。

2.8.2　action 创建器和副作用

到目前为止，编写的大部分代码都是确定性的，这意味着不会产生副作用。这样很好，但在一些地方需要处理一些副作用。虽然操作数据的代码容易处理和思考，但

副作用在一些场景中是必要的。我们总是需要做一些诸如写入浏览器本地存储或是与Web服务器通信之类的事情。这些都被认为是副作用，而它们在Web应用程序的世界中无处不在。

没有副作用的话，很多事情都不能完成。我们所能做的是通过进行恰当的实践，把副作用隔离在它们被执行的地方。reducer必须是纯函数，所以不能放在这里。你猜对了，就剩下action创建器了！createTask命令是非确定性的，这里非常合适。第4～6章将探讨管理副作用的不同策略。

2.9 使用 reducer 处理 action

在使用createStore初始化Redux store时定义了一个简单的任务reducer，但它只返回当前状态，如下面的代码清单2.18所示。

代码清单 2.18 src/reducers/index.js

```
...
export default function tasks(state = { tasks: mockTasks }, action) {
  return state;
}
```

这个reducer完全有效且可用，但它并没有做任何有用的事情。reducer的真正要点是处理action。reducer是接收store的当前状态和action，并在应用相关更新之后返回下一个状态的函数。还缺少最后一点：改变状态。

store的作用是管理应用程序状态；它存储数据、控制访问，并且允许组件侦听更新。store不能也做不到的是定义响应动作时状态如何改变。这就需要由你来定义，而Redux提供的reducer正是实现这一机制的工具。

在 reducer 中响应 action

通过正确地派发CREATE_TASK action，可表明事件已经发生。但是这个action没有指定如何处理事件。state应如何更新以响应action？由于任务对象存储在数组中，因此需要做的就是将元素添加到数组中。reducer通过检查action的类型以确定是否应该响应。这相当于简单的条件语句，描述了对于给定的action类型，state应该如何更新。图2.10说明了reducer应该如何响应action。

在本例中，如果reducer接收到CREATE_TASK类型的action，下一个期望的状态树就会在任务数组中增加一个任务，而其余部分则与上一个状态相同。其他任何类型的action都不会导致Redux store发生变化，因为CREATE_TASK是目前唯一监听的类型。

更新 `tasks` reducer 以处理 `CREATE_TASK` action，如下面的代码清单 2.19 所示。

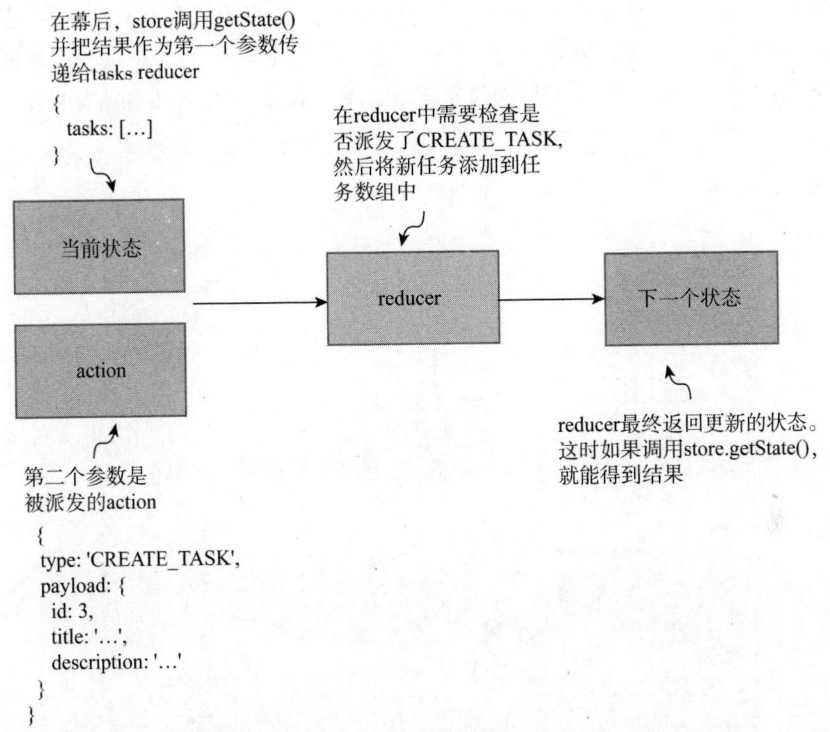

图 2.10　reducer 的工作过程：它需要两个参数，分别是 store 的当前状态和 CREATE_TASK action，并返回下一个状态

代码清单 2.19　src/reducers/index.js

```
...
export default function tasks(state = { tasks: mockTasks }, action) {
  if (action.type === 'CREATE_TASK') {
    return { tasks: state.tasks.concat(action.payload) };
  }

  return state;
}
```

检查是否为关注的 action 类型

如果是 CREATE_TASK 类型的 action，将任务添加到数组中并返回结果

如果 reducer 接收到无法处理的 action，就总是返回给定的状态

现在，`tasks` reducer 能够响应 action 并更新状态。随着功能的继续添加和新 action 的派发，将添加更多这样的代码，这些代码会检查特定的 action 类型，并有条件地更新程序状态。

目前，已经完成了 Redux 单向数据流的整个循环！一旦 store 更新，连接的组件 `App` 将意识到新的状态并执行一次新的渲染。最后，再次查看 Redux 架构来帮助理解和消化整个过程(参见图 2.11)。

首先创建 store，将 `tasks` reducer 作为参数传递。在连接到 store 之后，视图将渲染 `tasks` reducer 指定的默认状态。当用户想要创建新任务时，连接的组件派发一个 action 创建器。action 创建器返回包含 `CREATE_TASK` 类型和附加数据的 action。最后，reducer 监听 `CREATE_TASK` 类型的 action，并确定下一个状态。

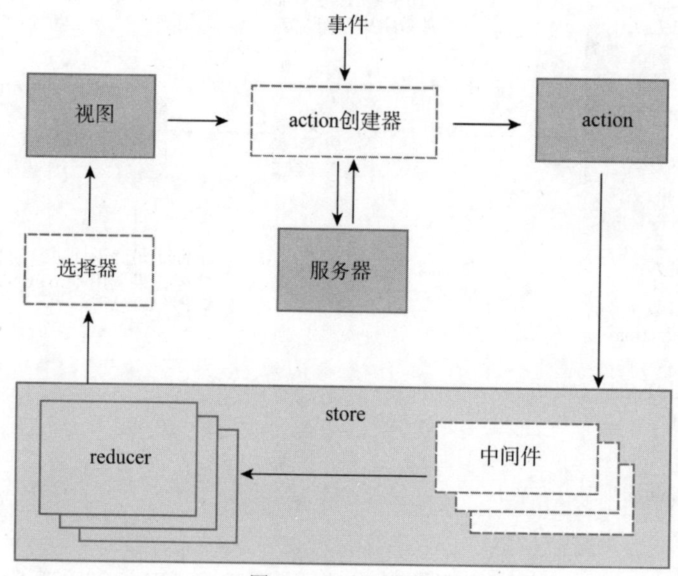

图 2.11　Redux 架构

2.10　练习

更重要的是，我们希望帮助你形成自行解决特定问题的直觉。你现在了解了 store、action、reducer 以及它们各自的角色。使用你在任务创建过程中学到的知识，尝试让 Parsnip 事件变得更完善，让用户能够更新每个任务的状态。

任务有一个 `status` 字段，它可以是三个值之一：未开始、进行中或已完成。如果在浏览器中访问 localhost:3000，你将看到每个任务的状态已经显示在 UI 中，但用户现在可以打开下拉菜单并选择新的状态。有关状态选择 UI 的示例，如图 2.12 所示。

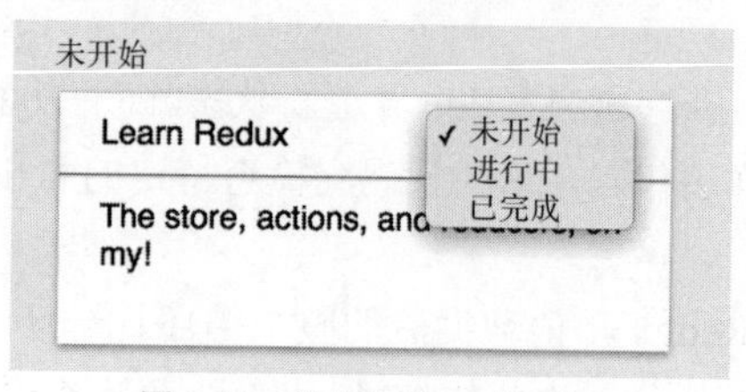

图 2.12　状态选择 UI 的示例

首先尝试自己实现，然后我们会介绍解决问题的方法。如果这个任务看起来令人畏惧，试着把问题分解，直到得到可管理、可操作的步骤。在开始任何代码之前，留意以下几个问题：

- 应该允许用户做什么？为了能让用户使用这些功能，应该建立什么样的 UI？
- 为了满足需求，需要记录什么样的状态来实现它们？
- 何时以及如何改变状态？

2.11　解决方案

按照惯例，应该从要完成的工作的高级描述开始，一点一点来实现。目标是允许用户通过下拉菜单来选择“未开始”“进行中”或“已完成”来更新任务的状态。把问题分解成可处理的部分：

- 添加一个有三个可选状态的下拉菜单。任务已经有了 `status` 字段，可能的状态可以声明为常量。
- 当用户选择新状态时，派发一个 `EDIT_TASK` action，该 action 包含两段数据：正在被更新的任务的 `id` 和期望的 `status`(状态)。
- `tasks` reducer 应该能处理 `EDIT_TASK`，并更新相应任务的 `status`，然后返回更新后的状态树。
- 视图应该对新更新的状态重新渲染。

注意到这里倾向于用特定的顺序来实现功能了吗？这与单向数据流的流程非常吻合，单向数据流是 React 和 Redux 的基本思想之一。用户触发动作，然后处理动作，最后通过视图对更新的状态重新渲染以结束这一循环。

2.11.1　状态下拉菜单

首先，向 `Task` 组件添加状态下拉菜单，如下面的代码清单 2.20 所示。

代码清单 2.20　src/components/Task.js

```
import React from 'react'

const TASK_STATUSES = [        ← 为方便起见，将可能的
  'Unstarted',                   状态列表定义为变量
  'In Progress',
  'Completed'
]

const Task = props => {
  return (
    <div className="task">
      <div className="task-header">
```

```
        <div>{props.task.title}</div>
        <select value={props.task.status}>
          {TASK_STATUSES.map(status => (
            <option key={status} value={status}>{status}</option>
          ))}
        </select>
      </div>
      <hr />
      <div className="task-body">{props.task.description}</div>
    </div>
  )
}

export default Task;
```

使用 select 和 option 标签来添加状态下拉菜单

现在，用户可以与渲染正确的状态下拉菜单交互，但是当选择一个选项时，任务并不会更新。

提示 为了简单起见，我们在 Task 组件中直接定义了 TASK_STATUSES，但更常见的做法是在单独的文件中定义此类常量。

2.11.2 派发一个 edit action

为了表明应用程序中发生的某个事件，如用户为任务选择新的状态，需要派发一个 action。需要创建并导出一个用于创建 `EDIT_TASK` action 的 action 创建器。在这里，还要确定 action 创建器(`editTask`)的参数以及 action payload 的结构，如下面的代码清单 2.21 所示。

代码清单 2.21 src/actions/index.js

```
...
export function editTask(id, params = {}) {
  return {
    type: 'EDIT_TASK',
    payload: {
      id,
      params
    }
  };
}
```

通过使用 action 创建器，可以清楚地表达出 EDIT_TASK 需要两个参数：待编辑任务的 ID，以及一个包含待更新字段的参数对象

接下来，在容器组件 App 中导入 `editTask`，添加必要的 action 处理程序，并传递最终由 `Task` 组件触发的 `onStatusChange` 属性方法，如下面的代码清单 2.22 所示。

代码清单 2.22 src/App.js

```
...
import { createTask, editTask } from './actions';
```

导入新的 action 创建器

```
class App extends Component {
  ...
  onStatusChange = (id, status) => {
    this.props.dispatch(editTask(id, { status }));    ← 创建派发 editTask action 创建器的 onStatusChange 属性方法
  }

  render() {
    return (
      <div className="main-content">
        <TasksPage
          tasks={this.props.tasks}
          onCreateTask={this.onCreateTask}
          onStatusChange={this.onStatusChange}    ← 将 onStatusChange 传递给 TaskList
        />
      </div>
    );
  }
}
...
```

接下来转而介绍 TasksPage 组件，将 onStatusChange 属性方法向下传递到 TaskList，并最终传递到 Task，如下面的代码清单 2.23 所示。

代码清单 2.23　src/components/TasksPage.js

```
  ...
return (
  <TaskList
    key={status}
    status={status}
    tasks={statusTasks}
    onStatusChange={this.props.onStatusChange}    ← Task 是最终使用相应参数调用 this.props.onStatusChange 的组件，因此 TaskList 只需要转发这个属性方法即可
  />
);
...
```

为了到达 Task 组件，onStatusChange 属性方法需要再通过一个组件 TaskList 来传递，如下面的代码清单 2.24 所示。

代码清单 2.24　src/components/TaskList.js

```
  ...
{props.tasks.map(task => {
  return (
    <Task
      key={task.id}
      task={task}
      onStatusChange={props.onStatusChange}    ← onStatusChange 需要再次作属性方法传递给 Task
    />
  );
})}
...
```

最后，在 Task 组件中，当状态下拉菜单的值改变时触发 props.onStatusChange 回调，如代码清单 2.25 所示。

代码清单 2.25 src/components/Task.js

```
...
const Task = props => {
  return (
    <div className="task">
      <div className="task-header">
        <div>{props.task.title}</div>
        <select value={props.task.status} onChange={onStatusChange}>
          {TASK_STATUSES.map(status => (
            <option key={status} value={status}>{status}</option>
          ))}
        </select>
      </div>
      <hr />
      <div className="task-body">{props.task.description}</div>
    </div>
  );

  function onStatusChange(e) {
    props.onStatusChange(props.task.id, e.target.value)
  }
}
...
```

添加回调，在状态下拉菜单的更改事件发生时执行

使用待更新任务的ID和新状态的值调用 onStatusChange 属性方法

目前唯一缺少的就是更新逻辑。action 的派发描述了任务编辑的意图，但是任务本身仍然需要由 reducer 来更新。

2.11.3 在 reducer 中处理 action

最后一步是指定如何响应派发的 EDIT_TASK action 以更新任务。更新 tasks reducer 以监测新创建的 EDIT_TASK action，并正确更新任务数据，如下面的代码清单 2.26 所示。

代码清单 2.26 src/reducers/index.js

检查传入的 action 类型是否需要处理

```
...
export function tasks(state = initialState, action) {
  ...
  if (action.type === 'EDIT_TASK') {
    const { payload } = action;
    return {
      tasks: state.tasks.map(task => {
        if (task.id === payload.id) {
```

因为任务列表被存储为数组，所以需要使用 map 来遍历任务列表以便正确更新任务。如果当前任务的 ID 与 payload 中的 ID 匹配，则使用新的参数更新它

```
        return Object.assign({}, task, payload.params);
      }

      return task;
    })
  }
}

return state;
}
```

通过使用 Object.assign 返回一份新的副本来更新任务对象，而不是修改原有对象

首先，检查传入的 action 是否属于 EDIT_TASK 类型。如果是，则遍历任务列表，更新相应任务，并且不加修改地返回其余任务。

这样就完成了整个功能！一旦 store 更新，连接的组件将执行一次渲染，然后循环又可以开始了。

虽然实现的功能相对简单，但是在这个过程中，你认识了起作用的大部分 Redux 核心元素。现在你可能会感到不知所措，但这并不重要，其实很难只通过第 2 章就对我们介绍的每个新概念都有全面深刻的理解。我们将在本书后面更深入地介绍各个概念和技巧。

2.12　本章小结

- 容器组件接收来自 Redux 的数据并派发 action 创建器，展示型组件将数据作为属性接收并处理标记。
- action 是描述事件的对象。action 创建器是返回 action 的函数。
- reducer 是纯函数，它响应 action 并更新状态。
- 副作用可以在 action 创建器中处理；而 reducer 应该是纯函数，这意味着它们不执行任何修改，并且总是在给定相同输入时返回相同的值。
- 使用 react-redux 和 Provider 组件可以让配置后的 Redux store 对应用程序可用。
- connect 和 mapStateToProps 命令能将 Redux 数据作为属性传递给 React 组件。

第3章

调试 Redux 应用程序

本章涵盖：

- 使用 Redux 开发者工具
- 理解监视器的角色
- 使用模块热替换(hot module replacement)

当遇到一个 bug 时，调试不是我们唯一要做的事情。对于开发新功能而言，相同的工具和开发者体验也是必要的。在第 1 章中，我们了解到 Redux 的诞生源于对更好的客户端开发体验的渴望。在本章中，将讨论如下内容：Redux 开发者工具可以帮助开发人员更好地分析应用程序，节省宝贵的开发时间，然后度过更愉快的工作日。

长期以来，在开发人员的日常工作中，追踪意外行为花费的时间可能达到惊人的程度。需要了解的是，在一个使用双向数据绑定的复杂应用程序中，追踪状态变更会耗费开发人员的许多时间。然而，由于单向数据流，Flux 架构模式成功减少了追踪状态变更所需的部分脑力开销。将标准化的 action 作为触发状态变更的方式引入了如下相对清晰的观点：无论如何初始化状态，状态的任何变更都可以追溯到特定的 action。

正如前两章所述，可以将应用程序中派发的一系列 action 视为事务日志。按顺序查看 action 时，可以相当全面地显示用户在应用程序中的交互情况。实时可视化 action 不是很好吗？是为了派发时看到 action 及其包含的数据吗？

3.1 Redux DevTools 介绍

Redux 开发者工具可简称 DevTools，它能够增强开发环境，实现实时可视化 action，如图 3.1 所示。下面介绍在第 2 章创建的任务管理应用程序 Parsnip 中，Redux 开发者工具是如何工作的。

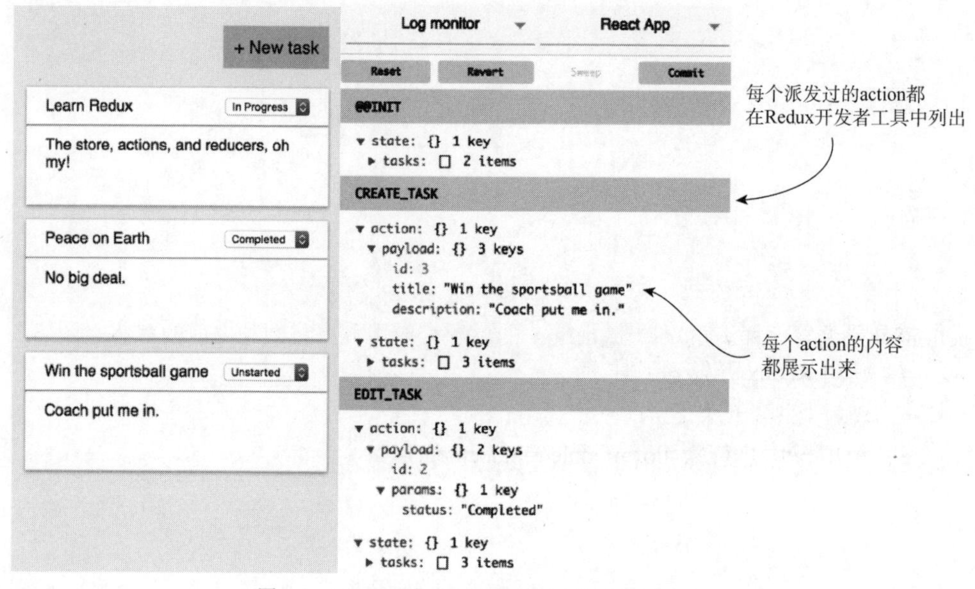

图 3.1 Redux 开发者工具可以用来实时显示 action

在图 3.1 的右侧面板中，可以看到一个高亮显示的列表，其中的每个列表项都包含一个 action，该 action 已被派发以生成显示的状态。根据这个 action 列表，可以准确地知道用户在 Parsnip 应用程序中的交互行为，而不必观察用户的操作：应用程序被初始化，创建第三个任务，然后编辑第二个任务。可以看到，派发每个新 action 时都可以很方便地获得即时反馈。可以确保每个 action 的负载(payload)和预期是一致的。当然，还可以用 DevTools 做更多的事情。

需要注意的是，在右侧面板的每个 action 的下面，都是一张 Redux store 的快照。不仅可以查看派发的 action，还可以查看 action 产生的应用程序状态。更好的是，可以深入了解 Redux store，并突出显示由 action 导致的变更的确切值。图 3.2 指出了 DevTools 中的这些细节。

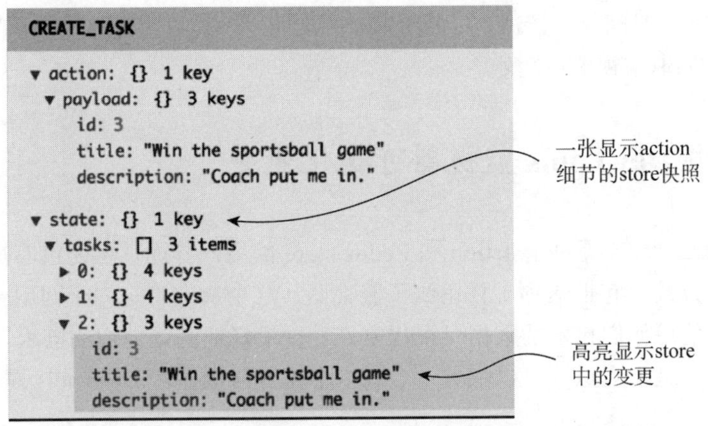

图 3.2　DevTools 突出显示由 action 导致的变更的 Redux store 属性

3.2　时间旅行调试

但是稍等，这里还有更多细节。单击 DevTools 中 action 的标题可以切换关闭 action。即使 action 依然展示在 action 列表中，也会重新计算应用程序状态，就好像 action 从未派发一样。再次单击 action 的标题，应用程序将回到之前的状态。图 3.3 是切换状态的一个示例。

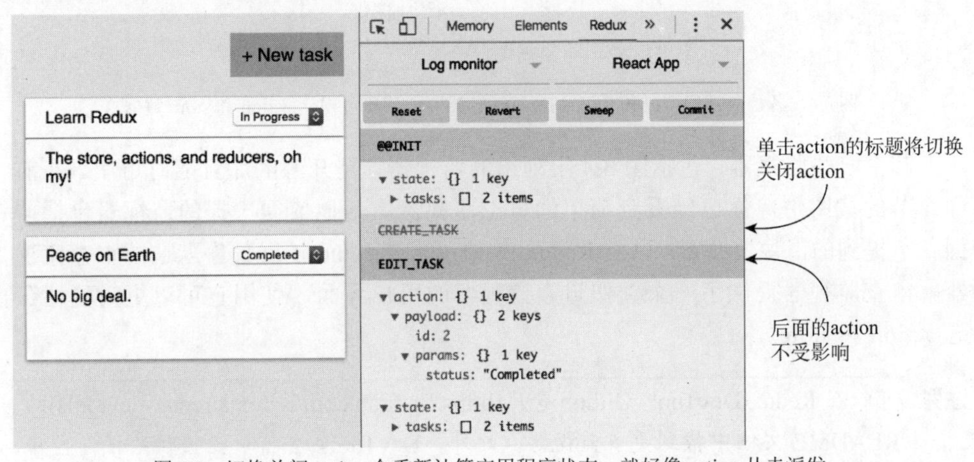

图 3.3　切换关闭 action 会重新计算应用程序状态，就好像 action 从未派发

时间旅行调试(time-travel debugging)这一名称的灵感正是源于诸如此类的 action 倒回和重放。为确定在未创建第三个任务时，Parsnip 应用程序会是什么样子，不必刷新并重新创建状态，而是可以通过禁用 action 及时切换回原始状态。

DevTools 的一个扩展甚至提供了一个滑块用户界面，以支持向后和向前滚动 action，以及查看action对应用程序的直接影响。注意，使用时间旅行调试不需要额外的配置或依赖，时间旅行调试是 DevTools 的功能之一。更明确地说，时间旅行调试是许多 DevTools 监视器的功能之一。

3.3 使用 DevTools 监视器可视化变更

Redux DevTools 提供了 action 和 Redux store 的用户界面，但是没有提供可视化那些数据的方式，它把这项工作留给了监视器。这个决定将这两个问题分离，允许社区插入并使用他们自己的数据可视化方式，以最好地满足他们的需求。图 3.4 从概念上说明了这个观点；可以配置一个或多个监视器来显示 DevTools 提供的数据。

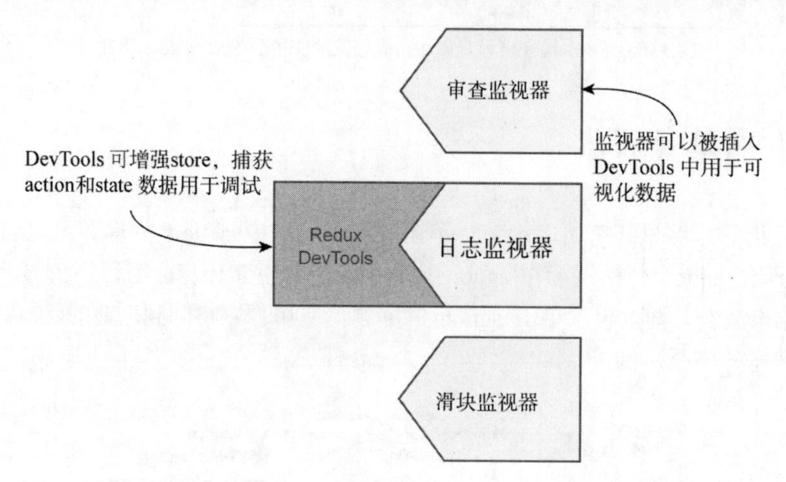

图 3.4　各种监视器可以和 Redux DevTools 结合，用于可视化 action 和 store 数据

其中一些监视器，包括图 3.4 中列出的监视器，是开源的库且随时可用。在前面章节的截图中，你已经看到简单的日志监视器。其他值得一提的监视器包括前面章节提到的滑块监视器，以及 Redux DevTools Chrome 扩展程序默认的审查监视器。审查监视器提供了一个类似日志监视器的用户界面，使用它可以更简便地筛选 action 和 store。

注意 可以在 Redux DevTools Github 仓库(https://github.com/reduxjs/redux-devtools)的 README 文档中找到更多监视器。此外，DevTools 会将数据提供给任何监视器，因此，如果无法找到满足期望功能的监视器，这可能就意味着需要构建自己的监视器。开源社区将感谢每个人所做的贡献。

3.4　实现 Redux DevTools

接下来的任务是在新创建的应用程序 Parsnip 中实现 DevTools。需要做出的第一个选择是以何种方式查看监视器。以下列出一些常见选项：

- 在应用程序的组件中。
- 在独立的弹出窗口中。
- 在浏览器的开发者工具中。

出于一些原因，大多数人偏好于选择最后一个选项，也就是在浏览器的开发者工具中使用 Redux DevTools。首先，安装比任何其他方式都更容易。其次，可以与现有开发工作流无缝集成。最后，该扩展包含一系列健壮的监视器，开箱即用，可以持续满足需求。

作为 JavaScript 开发人员，我们中的许多人已经花了很多时间在 Chrome DevTools 的使用上，包括审查元素、使用断点、切换面板以检查请求的性能，等等。安装 Redux DevTools Chrome 插件后会在 Chrome DevTools 内添加一个新面板，单击该面板会显示审查监视器和其他监视器，不要错过这些工具。

注意　Redux 和 Chrome 浏览器都使用缩写 DevTools 来指代各自的开发者工具。在 Chrome DevTools 中引用 Redux DevTools 可能会令人困惑，因此需要格外注意两者的区别。之后，本书将指明每一个引用具体代表哪一个。

安装过程包含两个步骤：安装 Chrome 浏览器扩展程序，以及将 Redux DevTools 连接至 store。安装 Chrome 浏览器扩展程序更简单。访问 Chrome 网上商店，搜索 Redux DevTools，然后安装属于 remotedev.io 团队的第一个软件包。

然后将 Redux DevTools 添加至 store。虽然这种配置可以在没有其他依赖的情况下完成，但是包的抽象度更友好，更符合英语语言的使用习惯。现在就可以下载并检测这个包。使用以下命令安装这个包并将其保存到开发依赖项：

```
npm install -D redux-devtools-extension
```

安装完毕后，可以导入 `devToolsEnhancer` 函数并将其传递给 store。回顾一下，Redux 的 `createStore` 函数最多可以接收三个参数：reducer、初始 state 和增强器(enhancer)。当只传递两个参数时，Redux 默认假定第二个参数是增强器，而没有初始 state。下面的代码清单 3.1 展示了一个只传递两个参数的示例。增强器是增强 Redux store 的一种方式，正如 `devToolsEnhancer` 函数所做的：连接 store 和 Chrome 浏览器扩展程序以提供其他调试功能。

代码清单 3.1 src/index.js

```
import { devToolsEnhancer } from 'redux-devtools-extension';
…
const store = createStore(tasks, devToolsEnhancer());
…
```

将 Redux DevTools 增强器添加到 `createStore` 方法后，就可以开始使用 Redux DevTools 了，只需要在浏览器中回到我们的应用程序，并打开 Chrome DevTools。如果不熟悉如何打开 Chrome DevTools，可以从 Chrome 导航栏中选择 View，然后选择 Developer，最后选择 Developer Tools。Chrome DevTools 将在浏览器的单独窗格中打开，通常默认显示 Elements 面板。如图 3.5 所示，在 Chrome DevTools 的导航栏中，可以通过选择新的 Redux 面板找到 Redux DevTools，Redux 面板由 Redux DevTools Chrome 浏览器扩展程序提供。

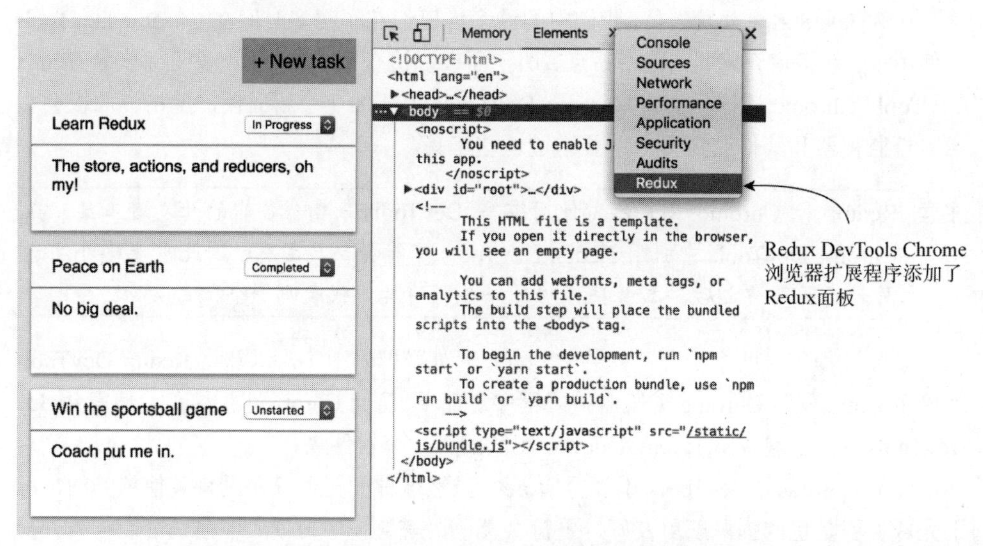

图 3.5 通过 Chrome DevTools中的 Redux 面板导航到 Redux DevTools

导航至 Redux DevTools 后，默认看到的应该是审查监视器(Inspector Monitor)，可以通过验证工具的左上角菜单是否显示 Inspector 来进行确认。如果之前已经跟随本书在 Parsnip 应用程序中实现了 Redux DevTools，那么现在可以添加几个新任务来对 Redux DevTools 进行测试了。单击审查监视器中某个 action 的 Skip 按钮可以关闭该 action，随后可以注意到的是：该 action 已经从用户界面中移除了。再次单击 action 的 Skip 按钮可以将 action 重新打开。

当选定某个 action 时，审查监视器的另一半将显示该 action 或 Redux store 的相关数据，数据的具体显示情况取决于选择的筛选器类型。Diff 筛选器尤其有助于可视化显示 action 对 store 的影响。通过修改左上角菜单可以切换显示审查监视器、日志监视器和图表监视器。在靠近面板底部的地方，有一个带有秒表图标的按钮，单击可以打开滑块监视器。接下来花点时间研究图 3.6 中显示的工具，因为这些工具有利于提供令人愉悦的开发者体验，并且可以超出开发人员预期，节省更多时间。

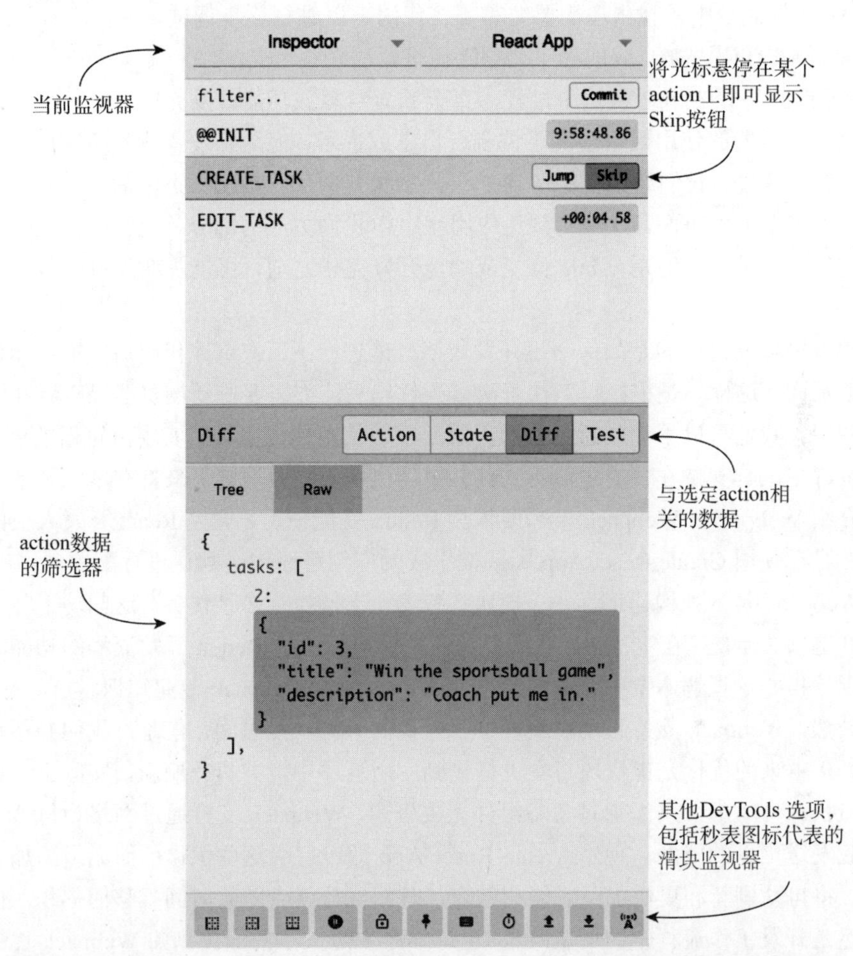

图 3.6　Skip 按钮、Diff 筛选器和监视器菜单选项提供了可视化和调试状态效果的独特方式

如果更喜欢在应用程序中的组件中使用 Redux DevTools，则设置过程会稍显冗长。可以使用 Dock 监视器——一种可以在应用程序中显示或隐藏的组件，在该组件中可以显示日志监视器或其他监视器。有关完整说明，请查阅 Redux DevTools Github 仓库中的 README 文档，网址为 https://github.com/reduxjs/redux-devtools。

3.5　Webpack 的作用

你是否已经厌倦了所使用的新式超级调试工具，并且期望寻找到其他可优化的东西？对于 JavaScript 开发人员而言，以下工作流程可能是你非常熟悉的：

(1) 将调试器语句放在不稳定代码处。

(2) 单击应用程序，直至触发调试器。

(3) 在控制台中，找出还需要编写哪些代码，以进行逐步调试。

(4) 将新代码添加至应用程序并删除调试器语句。

(5) 返回步骤(1)并重复这个过程，直至 bug 修复或功能开发完毕。

虽然调试器的使用效率远高于控制台日志或提示，但是开发者体验还有很多不足之处，有待改进。我们通常会在步骤(2)中耗费大量时间：在刷新页面后，需要接连操作，单击多个无关页面，才最终到达应用程序中我们关注的部分。我们可以在每个步骤都进行逐步调试，但是在 bug 修复或功能开发完毕之前，可能需要经过无数次重复调试。

接下来将要讨论的是如何缩短开发周期。试想一下，在修改代码后，不再需要手动刷新页面，这样不是很好吗？在每次修改代码后，都需要刷新浏览器以查看和测试代码变更，我们可以手动刷新浏览器，但是不妨使用构建工具来实现浏览器的刷新。

有许多工具支持在变更时监听文件并更新浏览器，但是接下来将在本章其余部分详细介绍 Webpack。Webpack 不需要依赖 Redux 就能使用，它是 React 开发人员的最爱，并且在使用 Create React App 脚手架生成的应用程序中会默认进行配置。

Webpack 是一种构建工具——模块打包器，支持执行多种任务，这归功于其丰富的插件选项。但是，在本章中，我们只关注那些可以改进 Redux 开发流程的功能或特性。无须担心，理解本章中介绍的概念并不需要具备 Webpack 专业知识。

诚然，Webpack 支持自动刷新，可以为我们节省一点时间，但是，我们并不是太兴奋。接下来的优化是更快地将变更打包到应用程序中，并执行刷新。实际上，这正是 Webpack 的功能之一。通过忽略组件无关资源，Webpack 支持通过网络为每个页面的加载发送更少的资源。使用 Create React App 即可启用这些优化，而无须添加更多配置。将自动刷新和更快加载时间相结合，时间优势就会随着时间推移而累积，但它们仍然是开发工作流程中的增量改进。也许你产生过关于前面提到的 Webpack 优势并不值得如此大书特书的念头，但是很快就会发现另一个功能——模块热替换，它是 Redux 提供出色的开发体验的基础。

3.6 模块热替换

模块热替换使得应用程序无须刷新即可更新。具体而言，当我们导航到支持模块热替换的应用程序中的某个组件并进行测试时，每一个代码变更都会实时更新，可以持续不间断地进行调试。此功能几乎可以消除之前调试器工作流程中的第 2 个高成本步骤：“单击应用程序，直至触发调试器”，这也正是 Webpack 的价值所在。

需要注意的是，模块热替换并不能完全替代调试器。两种调试策略可以和谐地结合使用。使用调试器的方式与之前一致，并且模块热替换可以减少在之后的开发周期中导航到相同断点所耗费的时间。

另外需要说明的是，模块热替换是 Webpack 的功能之一，并不完全与 React 或 Redux 应用程序耦合或独立。Create React App 脚手架默认情况下会启用 Webpack 的模块热替换功能，但是如何处理更新仍然取决于你。你需要为 React 或 Redux 应用程序配置两种特定的更新处理方式。首先需要配置的是如何处理组件的更新。

3.6.1　热加载组件

接下来要做的事情是开发 Parsnip 应用程序并使用模块热替换增强它。第一个目标是使用 Webpack 更新任何组件，而无须刷新页面。幸运的是，实现逻辑基本比较简单，具体可以查看代码清单 3.2 中的代码。

概括而言，Webpack 将在开发模式下暴露 `module.hot` 对象。该对象提供了 `accept` 方法，`accept` 方法接收两个参数：一个或多个依赖，以及一个回调函数。我们期望的是：任何组件的更新都会触发热替换。幸运的是，我们不需要将应用程序中的每个 React 组件都作为依赖项列出。每当顶级组件的子级更新时，父级都会发生变更。可以将 `App` 组件目录定位的字符串传递给 `accept` 方法。

传递给 `accept` 方法的第 2 个参数是一个回调函数，该回调函数在模块成功替换后会执行。我们期望的是将 `App` 组件和其他更新的组件渲染回 DOM。总之，对组件的每一次更新都会导致模块被替换，并且在不重新加载页面的情况下将这些变更渲染至 DOM。

代码清单 3.2　src/index.js

```
…
if (module.hot) {                                  ← Create React App脚手架在开发模式下启用模块热替换功能
  module.hot.accept('./App', () => {               ← 每当 App 组件及其子组件发生变更时，都会重新渲染组件
    const NextApp = require('./App').default;
    ReactDOM.render(
      <Provider store={store}><NextApp /></Provider>,
      document.getElementById('root')
    );
  });
}
```

Webpack 不会在生产环境下暴露 `module.hot` 对象，原因很简单：生产环境中的组件没有需要进行实时变更的业务场景。请记住，模块热替换是一种仅用于开发以加速开发过程的工具。

3.6.2 热加载 reducer

在应用程序的另一个位置——reducer 中添加模块热替换是有意义的。在 reducer 中操作数据是开发工作流程中的另一个关键点，如果在每次迭代之后都需要重新加载页面，那么这些关键点将会耗费大量时间。相反，可以考虑对 reducer 进行更改并查看各组件中的数据实时更新的能力和可能性。

在代码清单 3.3 中展示了一个与这类组件的实现相似的示例。在开发模式中，监听 reducer 的更改，并在替换模块后执行回调函数。目前，唯一的区别是使用更新的 reducer 替换旧的 reducer 并重新计算状态，而非将新组件渲染至 DOM。

代码清单 3.3 src/index.js

```
if (module.hot) {
  …

  module.hot.accept('./reducers', () => {        ← 每当 reducer 更新时，执行模块热替换
    const nextRootReducer = require('./reducers').default;
    store.replaceReducer(nextRootReducer);     ← Redux store 提供了 replaceReducer 方法，可以推动 reducer 更新
  });
}
```

试想，假如我们在为 CREATE_TASK action 开发工作流程时，在 reducer 中拼写错了 CREATE_TASK 单词，同时在测试所编写的代码时，已经创建了几个任务，甚至已经看到这些 action 在 Redux DevTools 中产生的日志，但是用户界面中并没有出现新任务。通过将模块热替换作用于 reducer，纠正拼写错误后，用户界面将会立即出现丢失的任务，而无须刷新页面。

如何更改 reducer 才能更新 Redux store 中已有的数据状态呢？Redux 架构的不可变性为实现这个功能提供了可能性，但必须依赖于两点：reducer 函数是可确定的，相同的 action 将始终产生相同的状态变更。如果 Redux store 是可变的，则无法确定这些 action 是否每次都能产生相同的状态。

对于只读 store，Redux DevTools 和模块热替换的巧妙结合，使得实现这一杀手级功能变为可能。简而言之，就是 Redux DevTools 增强了 store 的能力，使其可以保留关于所有 action 的运行列表。当 Webpack 接收热加载更新并调用 replaceReducer 方法时，每一个 action 都可以通过新的 reducer 重放。很快，一个重新计算的状态就产生了。这一切都发生在顷刻间，可以节省大量时间，而无须手动重新创建相同的状态。

现在，我们进入一个新阶段，在开发时，可以修改组件或 reducer，并期望在维护应用程序状态的同时，能即时看见这些变更。可以想象的是，这可以节省开发时间，但是真正令人感到惊奇的时刻来自于开发体验。在继续学习之前，请尝试为自己的项目实现模块热替换。

3.6.3　模块热替换的局限性

请注意，模块热替换目前也有一些局限性。例如，更新非组件文件可能需要刷新整个页面，并且控制台也会输出相关警告。另一个需要注意的局限性在于无法在 React 组件中维持局部状态。

可以明确的是，将局部组件状态与 Redux store 结合使用是完全合理的。模块热替换完全离开 Redux store 毫无疑问也是可以的，但是在更新后维持组件局部状态是一个更难解决的问题。当 `App` 及其子组件发生更新并渲染至 DOM 时，React 会将这些组件视为新的不同组件，并且会在此过程中丢失所有的局部组件状态。

有一个工具可以弥补模块热替换存在的不足，并使其支持在模块热替换后维持局部组件状态，这个工具就是 React Hot Loader。

3.7　使用 React Hot Loader 维持局部组件状态

React Hot Loader 是 Dan Abramov 团队的另一个明星项目，Redux 在其热门会议——2015 React Europe 会议上演示了一个版本：“热加载与时间旅行。”从此，这个早期的实验性库走过了漫长的一段路，经过几次迭代后，现在有了可以在项目中使用的稳定包。

如前所述，React Hot Loader 使得模块热替换的开发体验更进一步。对于每一次代码更新，不仅会保留 Redux store，每个组件的局部状态也会保留。React Hot Loader 通过对组件代理的微妙使用实现了这个功能。幸运的是，对于最终用户而言，实现细节隐藏在幕后，进行简单的配置就是享受劳动成果所需的一切。

React Hot Loader 存在的一个问题是与 Create React App 脚手架不兼容。需要配置 Babel 或 Webpack，这依赖于在 Create React App 脚手架创建的应用程序中执行 `npm run eject` 以发射应用程序。在本书中，不会发射应用程序，所以实现 React Hot Loader 是之后需要做的额外练习。关于更多指南信息，可以参考 React Hot Loader 的 GitHub 仓库，网址为 https://github.com/gaearon/react-hot-loader。

添加 React Hot Loader 的价值取决于应用程序中局部组件状态的大小和复杂程度，局部组件状态越大，越复杂，React Hot Loader 的价值越高。例如，许多 Redux 应用程序仅依赖于简单的局部组件状态以便在用户提交表单之前存储表单内容。在这些情况下，普通的模块热替换通常足以提供出色的开发体验。

3.8　练习

为了快速熟悉 Redux DevTools，可以尝试导航到图表监视器，以查看应用程序状态的可视化图表，进行练习。

3.9 解决方案

便捷的解决方案只需要两次单击即可实现。在图 3.7 中，如前所述，在 Redux DevTools 的左上角，可以单击当前监视器的名称，显示出包含更多可用监视器的下拉列表。

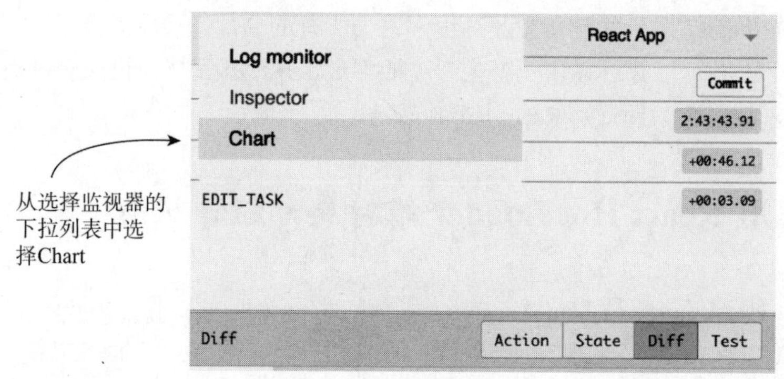

图 3.7 图表监视器的位置

单击 Chart 选项以显示应用程序状态的图形化表示。目前来看，这并不令人印象深刻，因为尚未有太多进展。但可以明确的是，功能齐全的应用程序都会包含一个更巨大的数据网。这种方式并不总是了解应用程序数据的最好角度，但却有一定的意义。图 3.8 展示了一个用图表监视器显示应用程序状态负载的示例。

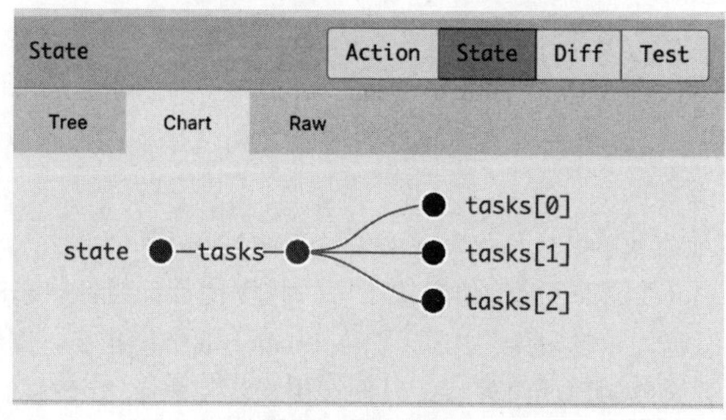

图 3.8 图表监视器

将光标悬停在图表监视器中的节点上可以显示节点相关的内容。此功能可以帮助我们快速了解应用程序。可以通过放大、缩小、单击和拖动来控制图表监视器中的导航以实现横向移动。

你在本章中耗费时间学习的调试工具和策略，即将开始带来便利，使得可以在本书后续示例或自己的项目中脱离困境。Redux 的开发体验是首屈一指的，这主要归功于 Redux DevTools。

第 4 章将介绍异步 action 及其与 API 的交互，也正适合测试本章介绍的调试技巧。

3.10　本章小结

- Redux DevTools 支持实时可视化和操作 action。
- 监视器决定数据的可视化方式，DevTools 可以混合搭配监视器。
- 模块热替换使得无须刷新页面即可执行更新，将开发体验提升到新的高度。

第 4 章 使用 API

本章涵盖：

- 使用异步 action
- 使用 Redux 处理错误
- 渲染加载状态

如果已经坚持阅读本书至此，或者学习过一些更基础的在线教程，就会明白，传统上从现在开始问题就会变得更加棘手。目前所处的境况是：用户与应用程序交互，而 action 被派发以反映某些事件，例如创建新任务或编辑已有任务。数据直接存在于浏览器中，这就意味着如果用户刷新页面，所有的操作进展都会丢失。

或许你并没有意识到，目前为止派发的 action 都是同步的。当 action 被派发时，store 会立即接收到它们。这种 action 简单直接，而且同步代码通常也更容易使用和理解。根据代码定义的位置，就能知道确切的执行顺序。执行第一行，然后执行第二行，以此类推。但现实世界中，很难找到有JavaScript应用程序是完全不涉及异步代码的。这是 JavaScript 语言的基础特征，而本章需要完成的全部内容都将是关于与服务器通信的。

4.1 异步 action

重温一些基本的 Redux 理念：

- action 是描述事件的对象，例如 CREATE_TASK。
- 要应用任何更新，都必须派发 action。

在第 2 章和第 3 章中，派发的所有 action 都是同步的。但事实证明，经常需要服务器做一些有用的事情。具体来说，需要通过 AJAX 请求来执行操作，比如在应用程序启动时获取任务，以及将新任务保存到服务器，这样页面刷新前后它们将保持不变。实际上，每个真实的应用程序都有服务器支持，因此与 API 交互的清晰模式对于应用程序的长期运行状况至关重要。

图 4.1 概括了到目前为止的程序调度情形。从视图派发一个 action，而该 action 会立即被 store 接收到。所有这些代码都是同步的，这意味着每个操作只有在前一个操作运行完毕后才会运行。

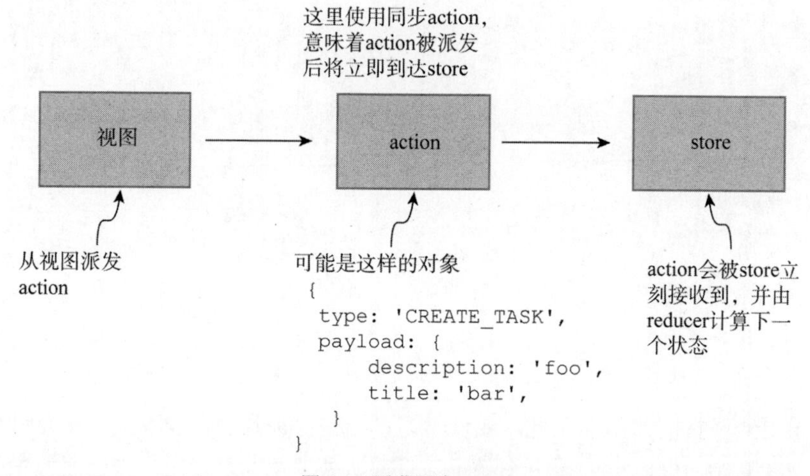

图 4.1　派发同步 action

相比之下，异步 action 是添加异步代码(比如 AJAX 请求)的地方。当派发同步 action 时，没有任何空间处理额外的功能。异步 action 提供了一种处理异步操作的方法，并在结果可用时派发同步 action。异步 action 通常将以下内容组合到一个便捷包中，可以直接在应用程序中派发：

- 一个或多个副作用，例如 AJAX 请求。
- 一个或多个同步调用，例如在 AJAX 请求处理完毕后派发 action。

假设在应用程序第一次加载时，想要从服务器获取任务列表并渲染到页面上。你需要发起请求，等待服务器做出响应，然后派发包含任意结果的 action。图 4.2 使用了 `fetchTasks` 异步 action，我们将会在本章后面实现它。请注意从派发初始的异步

action 到最终 store 接收到要处理的 action 之间的延迟。

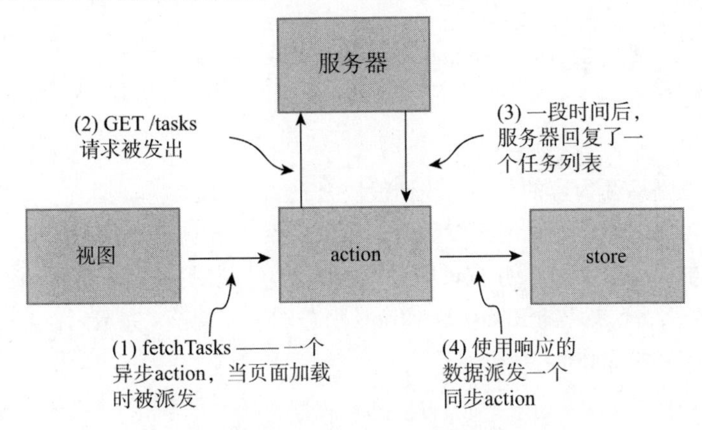

图 4.2　异步 action 派发示例

与异步 action 相关的大部分困惑都源自术语。在本章(以及整本书)中，将尽力具体说明用到的术语，以避免过多特定的语言。以下是基本概念和示例。

- action——描述事件的对象。短语“同步 action”总是指这些 action 对象。如果派发一个同步 action，则 store 会立即接收到它。action 拥有一个必需的 type 属性，并且可以选择性地具有额外的属性来存储处理 action 所需的数据：

```
{
  type: 'FETCH_TASKS_SUCCEEDED',
  payload: {
    tasks: [...]
  }
}
```

- action 创建器——返回 action 的函数。
- 同步 action 创建器——返回 action 的所有 action 创建器都被视为同步 action 创建器：

```
function fetchTasksSucceeded(tasks) {
  return {
    type: 'FETCH_TASKS_SUCCEEDED',
    payload: {
    tasks: [...]
  }
}
```

- 异步 action 创建器——包含异步代码(最常见的例子是网络请求)的 action 创建器。正如在本章后面将要看到的，它们通常会进行一个或多个 API 调用，并在请求生命周期中的特定点派发一个或多个 action。通常，它们可能会返回同步 action 创建器以提高可读性，而不是直接返回 action：

```
export function fetchTasks() {
  return dispatch => {
    api.fetchTasks().then(resp => {
      dispatch(fetchTasksSucceeded(resp.data));
    });
  };
}
```

上述语法是后续内容的前瞻。我们很快会介绍 redux-thunk 包，它除了派发标准的 action 对象之外，还允许派发函数。在深入探究异步 action 创建器之前，还需要简单的服务器。请转到附录并按说明设置服务器，安装另外两个依赖项：axios 和 redux-thunk。不要遗漏 Redux DevTools 所需的重要调整。完成后，继续下一部分，学习如何派发异步 action。

4.2 使用 redux-thunk 调用异步 action

可以传递 action 对象给 dispatch 方法，该办法会把 action 传给 store 并应用更新。如果不希望 action 立即被处理，该怎么办？如果想使用 GET 请求获取任务，并且使用响应体的数据派发 action，该怎么办？第一个要派发的异步 action，是在应用程序加载时从服务器获取的任务列表。从顶层来看，将执行以下操作：

- 从视图中派发异步 action 来获取任务。
- 执行 AJAX 请求 GET /tasks。
- 当请求完成时，派发带有响应(数据)的异步 action。

一直在讨论异步 action，但还没有展示过实现机制。通过返回函数而非对象，可以将 action 创建器 fetchTasks 从同步转为异步。从 fetchTasks 返回的这个函数，可以安全地进行网络请求，并派发带有响应(数据)的同步 action。

在没有其他依赖的情况下可以这么做，但是将会发现这样代码可能很快会变得无法管理。对于初学者，如果组件正在进行同步或异步调用，那么每个组件都将会有所感知，但如果是后者(异步调用)，就要传递派发功能。

处理异步 action 最流行的方式是 redux-thunk，它是一个 Redux 中间件。现在无须了解中间件的来龙去脉，我们将会在第 5 章中深入介绍。最重要的是，增加 redux-thunk 将允许像派发已经习惯的标准 action 对象一样派发函数，可以安全地添加任何可能需要的异步代码。

4.2.1 从服务器获取任务

现在，有了运行正常的 HTTP API、AJAX 库(axios)以及 redux-thunk 中间件，当需要执行异步操作(如网络请求)时，这将会支持派发函数而非 action 对象。

目前，正在使用 tasks reducer 中定义的静态任务列表渲染页面。首先删除

src/reducers/index.js 中的模拟任务列表，然后调整 reducer 的初始状态，如下面的代码清单 4.1 所示。

代码清单 4.1　src/reducers/index.js

```
import { uniqueId } from '../actions'    ← 完全不用导入 uniqueId 和 mockTasks 数组

const mockTasks = [
  {
    id: uniqueId(),
    title: 'Learn Redux',
    description: 'The store, actions, and reducers, oh my!',
    status: 'Unstarted',
  },
  {
    id: uniqueId(),
    title: 'Peace on Earth',
    description: 'No big deal.',
    status: 'In Progress',
  },
  {
    id: uniqueId(),
    title: 'Foo',
    description: 'Bar',
    status: 'Completed',
  },
];

export function tasks(state = { tasks: [] }, action) {    ← 用空数组替代 mockTasks 作为 tasks属性的初始状态
  ...
```

从顶层来看，为了通过 AJAX 获取任务列表，需要添加如下逻辑：

- 当应用程序加载时，派发异步 action `fetchTasks` 以获取初始任务。
- 向`/tasks` 进行 AJAX 请求。
- 请求完成后，派发带有返回结果的同步 action `FETCH_TASKS_SUCCEEDED`。

图 4.3 展示了将要创建的异步 action 创建器 `fetchTasks` 的详情。

与同步 action 一样，把 `fetchTasks` 作为异步 action 派发的目的是将任务加载到 store 中，以便在页面上呈现。这里唯一的区别是，从服务器获取(任务)而不是依赖于直接在代码中定义的模拟任务。

记住图 4.3，从在视图中派发 action 开始，从左向右。导入即将创建的 action 创建器 `fetchTasks`，并在生命周期函数 `componentDidMount` 中派发它，参见代码清单 4.2。

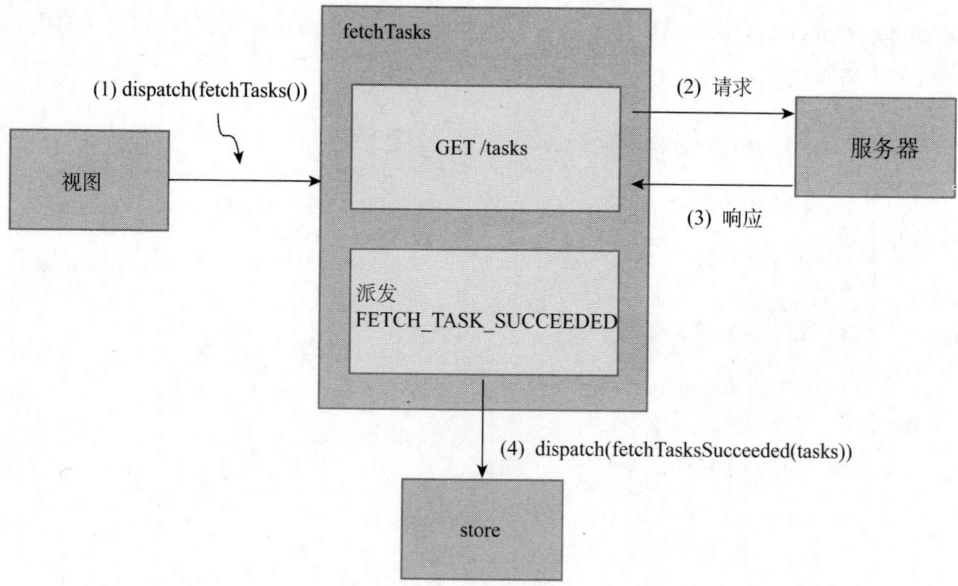

图 4.3 fetchTasks 作为异步 action 的时序流程

代码清单 4.2 src/App.js

```
import React, { Component } from 'react';
import { connect } from 'react-redux';
import TasksPage from './components/TasksPage';
import { createTask, editTask, fetchTasks } from './actions';   ← 从 actions 模块导入 action 创建器 fetchTasks

class App extends Component {
  componentDidMount() {
    this.props.dispatch(fetchTasks());   ← 在 componentDidMount 中派发 fetchTasksaction
  }
...

  render() {
    return (
      <div className="main-content">
        <TasksPage
          tasks={this.props.tasks}
          onCreateTask={this.onCreateTask}
          onStatusChange={this.onStatusChange}
        />
      </div>
    );
  }
}

function mapStateToProps(state) {
  return {
    tasks: state.tasks
  };
}
```

从数据依赖的角度考虑应用程序是很有益的。应该问自己："页面或部分页面需要成功呈现哪些数据？"当在浏览器中运行时，生命周期回调 `componentDidMount` 适合用来发起 AJAX 请求。因为它被设定为在组件首次装载到 DOM 时运行，所以此时可以开始获取数据以填充 DOM。而且，这是 React 中已形成的最佳实践。

接下来，前往 src/actions/index.js，这里需要两样东西：

- 执行 AJAX 调用的 `fetchTasks` 实现。
- 同步 action 创建器 `fetchTasksSucceeded`，用于将任务从服务器响应派发到 store 中。

使用 `axios` 执行 AJAX 请求。响应成功后，响应的主体会被传递给将要派发的同步 action 创建器，如代码清单 4.3 所示。

代码清单 4.3　src/actions/index.js

```
import axios from 'axios';

...

export function fetchTasksSucceeded(tasks) {
  return {
    type: 'FETCH_TASKS_SUCCEEDED',
    payload: {
      tasks
    }
  }
}
 export function fetchTasks() {
   return dispatch => {
   axios.get('http://localhost:3001/tasks')
     .then(resp => {
       dispatch(fetchTasksSucceeded(resp.data));
     });
  }
}
```

如果请求成功完成，新的同步 action 将会被派发

fetchTasks 返回函数而非 action

进行 AJAX 请求

派发同步的 action 创建器

在代码清单 4.3 中，与目前使用过的任何 action 相比，最大转变是 `fetchTasks` 返回函数而非 action 对象。`redux-thunk` 中间件让这成为可能。如果尝试不使用 `redux-thunk` 中间件来派发函数，Redux 将抛出错误，因为 Redux 期望向 `dispatch` 传递对象。

在派发的函数中，可以自由执行以下操作：

- 发送 AJAX 请求以获取所有任务。
- 访问 store 状态。
- 执行其他异步逻辑。
- 派发带有结果的同步 action。

大多数异步 action 都倾向于共享这些基本职责。

4.2.2 API 客户端

在开始深入异步 action 之前，我们介绍一种通用的抽象(方式)，用于与服务器交互。在代码清单 4.3 中，第一次使用 axios 向/tasks 服务器接口进行 GET 请求。这暂时没有问题，但随着应用程序不断增长，将会遇到一些问题。如果将 API 的根 URL 从 localhost:3001 改成 localhost:3002，该怎么办？如果要使用其他的 AJAX 库，该怎么办？目前只需要在一个地方更新代码，但想象一下，如果有 10 个 AJAX 调用呢？100 个呢？

要解决这些问题，可以将这些细节抽象到一个 API 客户端，并为其提供友好的接口。如果是团队合作，后续开发人员将不必担心端口、请求头信息以及使用的 AJAX 库等细节。

创建包含单个文件 index.js 的新目录 api/。如果在拥有很多不同资源的大型应用程序中工作，可能有必要为每种资源创建多个文件，但单个的 index.js 是不错的开始。

在 src/api/index.js 中，创建函数 fetchTasks，它会封装 API 调用，并用基础的头信息和根 URL 配置 axios，如代码清单 4.4 所示。

代码清单 4.4 src/api/index.js

```
import axios from 'axios';

const API_BASE_URL = 'http://localhost:3001';   ← 为根 URL 定义常量

const client = axios.create({
  baseURL: API_BASE_URL,
  headers: {
    'Content-Type': 'application/json',   ← 对于 PUT 请求，json-server 需要 Content-Type 头
  },
});

export function fetchTasks() {
  return client.get('/tasks');
}
// 导出已命名的 fetchTasks 函数，该函数会进行请求调用
```

此处对 API 的 base URL 进行了硬编码。但在实际的应用程序中，由于该值可能因环境(例如开发阶段或生产环境)而有所不同，所以它很可能是从服务器获取的。

通过使用 fetchTasks，我们对请求方法和接口的 URL 进行了封装。如果二者之一有任何变化，只需要在同一个地方更新代码即可。请注意，axios.get 返回了一个 Promise，这样就可以在异步 action 创建器中调用.then 和.catch 了。

现在，我们已经导出封装了 API 调用的 fetchTasks 函数，请返回到 src/actions/index.js 并使用新的 fetchTasks 函数替换现有的 API 调用，如代码清单 4.5 所示。

代码清单 4.5 src/actions/index.js

```
...
import * as api from '../api';   ← 导入所有可用的 API 方法

...

export function fetchTasks() {
  return dispatch => {
    api.fetchTasks().then(resp => {   ← 使用更友好的接口进行 AJAX 调用
      dispatch(fetchTasksSucceeded(resp.data));
    });
  };
}

...
```

不仅请求的详细信息被安全地藏了起来，action 创建器 `fetchTasks` 也更清晰简洁。通过抽取 API 客户端，以管理模块的开销作为代价，提升了封装性、后续的可维护性以及可读性。创建新的抽象并不总是正确的答案，但在这个例子中，这似乎是明智选择。

4.2.3 视图 action 和服务器 action

现在，你已经了解了一些与同步 action 和异步 action 相关的内容，但还有一个概念，能帮助你更清楚地了解应用程序中的更新是如何发生的。通常，有两个可以修改应用程序状态的实体：用户和服务器。为此，action 可以分为两组：视图 action 和服务器 action。

- 视图 action 是由用户发起的。想想 `FETCH_TASKS`、`CREATE_TASK` 和 `EDIT_TASK`。例如，用户单击按钮并触发 action。
- 服务器 action 是由服务器发起的。例如，请求成功完成，并使用响应触发 action。当通过 AJAX 实现任务获取时，引入了第一个服务器 action：`FETCH_TASKS_ SUCCEEDED`。

注意 有些开发人员喜欢在不同的目录中组织视图 action 和服务器 action，理由是这样做有助于拆分更大的文件。这不是必需的，在本书中不会这样做。

回到代码，服务器 action `FETCH_TASKS_SUCCEEDED` 可以带着服务器返回的任务列表派发。服务器 action 由响应等服务器事件发起，但它们的表现跟其他任何 action 一样。它们被派发，然后由 reducer 处理。

可通过更新 `tasks` reducer 来完善初始的获取逻辑，以处理服务器接收的任务。此时删除 `mockTasks` 数组也是安全的。删除了 `mockTasks` 数组，就可以使用空数组作为 reducer 的初始的状态，如下面代码清单 4.6 所示。

代码清单 4.6 src/reducers/index.js

```
...
export default function tasks(state = { tasks: [] }, action) {   ◄── 确保将空数组作为 tasks reducer 的初始状态传递
  ...

  if (action.type === 'FETCH_TASKS_SUCCEEDED') {   ◄── 现在 reducer 在监听服务器 action
    return {
      tasks: action.payload.tasks,
    };
  }

  return state;
}
```

请注意，为什么无须对视图进行任何更新？原因在于设计！React 组件并不特别关注任务的来源，这就允许以相对低的工作量，完全改变获取任务的策略。在继续阅读本书时请记住这一点。如果可能，应该使用清晰的接口来构建应用程序的每个部分——更改一部分(例如，如何获取最初渲染的任务列表)不应该影响到另一部分(视图)。

现在，本章提供的大部分概念已经介绍完了。因此，在学习将新任务持久化到服务器之前，先快速回顾一下。

- 使用异步 action 和 `redux-thunk`。`redux-thunk` 包允许派发函数而不是对象，在这些函数内部，可以进行网络请求，并在任何请求完成时派发其他的 action。
- 同步 action 的作用。派发的带有 `type` 和 `payload` 的 action 对象被视为同步 action，因为在派发后 store 会立即接收并处理这种 action。
- 用户和服务器是可以更改应用程序状态的两个角色。因此，可以将 action 分组为视图 action 和服务器 action。

4.3 将任务保存到服务器

现在，当应用程序加载时会从服务器获取任务，我们来更新一下，把创建任务和编辑任务持久化到服务器。具体过程与任务获取过程类似。

先从保存新任务开始。现成的架构已准备就绪：当用户填写表单并提交时，触发 action 创建器 `createTask`，store 接收 `CREATE_TASK` action，reducer 处理更新状态，而更改将广播回 UI。

`createTask` 命令需要返回函数而非对象。在返回的函数中，可以进行 API 调用并在响应可用时派发 action。以下是顶层步骤概览：

- 将 `createTask` 从同步 action 创建器转换为异步 action 创建器。

- 向 API 客户端添加一个新方法，该方法将向服务器发送 POST 请求。
- 创建新的服务器 action REATE_TASK_SUCCEEDED，它的 payload 将会是一个单独的任务对象。
- 在 action 创建器 createTask 中发出请求，并在请求完成后派发 CREATE_TASK_SUCCEEDED。现在，可以假设请求总是成功的。

删除 uniqueId 函数。这是最初的临时方案，直到能够在服务器上创建任务，服务器会负责添加 ID。

现在，在 API 客户端中创建一个新函数，如下面的代码清单 4.7 所示。

代码清单 4.7　src/api/index.js

```
...
export function createTask(params) {
  return client.post('/tasks', params);    ← 需要一个 POST 请求来向服务器添加数据或更新服务器上的数据
}
```

现在可以修改 action 创建器 createTask 来返回一个函数，如下面的代码清单 4.8 所示。

代码清单 4.8　src/actions/index.js

```
import * as api from '../api';

...

function createTaskSucceeded(task) {    ← 创建一个新的同步 action 创建器
  return {
    type: 'CREATE_TASK_SUCCEEDED',
    payload: {
      task,
    },
  };
}

export function createTask({ title, description, status = 'Unstarted' }) {
  return dispatch => {
    api.createTask({ title, description, status }).then(resp => {
      dispatch(createTaskSucceeded(resp.data));    ← 将新建的对象加载到 store 中
    });
  };
}
```

reducer 会处理状态更新，因此，更新 tasks reducer 来处理 CREATE_TASK_SUCCEEDED action。之后，最多将会有 4 个 action 处理程序，所以现在适时地将每个 if 语句合并到更友好的 switch 语句中，如下面的代码清单 4.9 所示。这是一种常见的 Redux 模式。

代码清单 4.9 src/reducers/index.js

```
export default function tasks(state = { tasks: [] }, action) {
  switch (action.type) {
    case 'CREATE_TASK': {
      return {
        tasks: state.tasks.concat(action.payload),
      };
    }
    case 'EDIT_TASK': {
      const { payload } = action;
      return {
        tasks: state.tasks.map(task => {
          if (task.id === payload.id) {
            return Object.assign({}, task, payload.params);
          }

          return task;
        }),
      };
    }
    case 'FETCH_TASKS_SUCCEEDED': {
      return {
        tasks: action.payload.tasks,
      };
    }
    case 'CREATE_TASK_SUCCEEDED': {
      return {
        tasks: state.tasks.concat(action.payload.task),
      };
    }
    default: {
      return state;
    }
  }
}
```

移动到 switch 语句，替换很长的 if-else 语句

显示新的 action 处理程序

当需要处理大量的分支时，switch是一种比较友好的语法。这是 Redux reducer 中的一种常见结构，但使用switch 语句并非强制要求。

在浏览器中操作并创建新的任务。当刷新页面时，创建的任务应该再次出现在初始渲染中。这里的重点是 action 创建器 createTask 现在返回函数而不是对象。在派发后，新创建的任务不会被 store 立即接收到，而是在对/tasks 的 POST 请求完成后派发到 store。

4.4 练习

任务更新是最后一项需要连接到服务器的功能。获取、创建以及编辑任务的过程几乎是一样的。这个练习测试你是否已经融会贯通。

我们已经列出了完成工作所需的上层步骤提纲，但作为挑战，在浏览解决方案中

的部分代码清单之前，先看看是否能够实现相关代码。要求如下：

- 添加新的 API 函数以更新服务器上的任务。
- 将 action 创建器 editTask 从同步转为异步。
- 在 editTask 中进行 AJAX 请求。
- 请求完成后，使用作为服务器响应部分返回的已更新对象派发 action。

4.5 解决方案

要做的第一件事是添加新的 API 函数 editTask，如下面的代码清单 4.10 所示。

代码清单 4.10　src/api/index.js

```
export function editTask(id, params) {
  return axios.put(`${API_BASE_URL}/tasks/${id}`, params);   ← 使用 ES2015 的模板字符串轻松构建 URL
}
```

现在，有了一个能够导入的函数来发送正确的 AJAX 请求，请创建一个新的异步 action 创建器来向服务器发出请求，以及一个新的同步 action 创建器来表示请求已经完成，如下面的代码清单 4.11 所示。

代码清单 4.11　src/actions/index.js

```
...

function editTaskSucceeded(task) {   ← 创建一个新的同步 action 创建器用于编辑
  return {
    type: 'EDIT_TASK_SUCCEEDED',
    payload: {
      task,
    },
  };
}

export function editTask(id, params = {}) {
  return (dispatch, getState) => {
    const task = getTaskById(getState().tasks.tasks, id);
    const updatedTask = Object.assign({}, task, params);   ← 将新属性合并到现有的 task 对象中

    api.editTask(id, updatedTask).then(resp => {
      dispatch(editTaskSucceeded(resp.data));
    });
  };
}

function getTaskById(tasks, id) {
  return tasks.find(task => task.id === id);
}
```

对于需要网络请求(进行异步操作)的每个 action，至少需要一个同步 action 创建器来表示当前在请求/响应生命周期中所处的位置。这里的 `editTaskSucceeded` 表示请求已经成功完成，并将响应体中的数据传递给 reducer。

由于 `json-server` 需要为 PUT 请求传递一个完整的对象，因此必须从 store 中取出任务并自行将新的属性合并进去，如下面的代码清单 4.12 所示。

代码清单 4.12 src/reducers/index.js

```
export default function tasks(state = { tasks: [] }, action) {
  switch (action.type) {

    ...

    case 'EDIT_TASK_SUCCEEDED': {        ◄── 处理新的服务器 action
      const { payload } = action;
      return {
        tasks: state.tasks.map(task => {
          if (task.id === payload.task.id) {        ◄── 用更新后的任务替换旧的任务
            return payload.task;
          }

          return task;
        }),
      };
    }
    default: {
      return state;
    }
  }
}
```

或许你已经注意到，保存任务更新的过程与创建任务类似，触发异步操作(通常是网络请求)的所有交互，往往会发生以下相同的上层事件：

- 用户以某种方式与 UI 交互，触发一次程序调度。
- 一个请求被发出。
- 该请求完成后，将使用响应数据派发 action。

继续更新一些任务，鉴于服务器在本地运行，而且服务器的工作开销并不大，UI 响应应该很灵敏。但情况并非总是如此，由于时延或开销较大的操作，实际应用程序中的请求不可避免地需要更长的时间，这意味着在请求完成时，需要某种用户反馈。

4.6 加载状态

作为 UI 程序员，总是希望用户能充分了解应用程序中发生的情况。用户期望的某些事情是需要时间来完成的，但他们不会原谅被置身于茫然不知所措的境地。当设计用户体验时，用户的困扰应该是最主要的事情之一，需要尽量将困扰完全消除。

进入加载状态！使用 Redux 跟踪请求的状态，并在请求进行过程中更新 UI 以展示合适的反馈。显而易见的起点，就是当页面加载时初次获取任务期间。

4.6.1　请求生命周期

对于网络请求，需要关注两个时刻：请求何时开始以及何时完成。如果将这些事件建模为 action，最终会得到 3 种不同的 action，它们有助于描述请求-响应生命周期。以获取任务为例，请注意以下 3 种 action：

- `FETCH_TASKS_STARTED`——当请求发起时派发。通常用于渲染加载指示符(将在本节中实现)。
- `FETCH_TASKS_SUCCEEDED`——当请求成功完成时派发。从响应体中获得数据并加载到 store 中。
- `FETCH_TASKS_FAILED`——当请求因任何原因(例如网络故障或状态码非 200 的响应)失败时派发。payload 通常包含来自服务器的错误信息。

现在，action 创建器 `fetchTasks` 仅考虑请求完成时这一时刻。如果还想跟踪请求发起时的情况，`fetchTasks` 就会如图 4.4 所示。

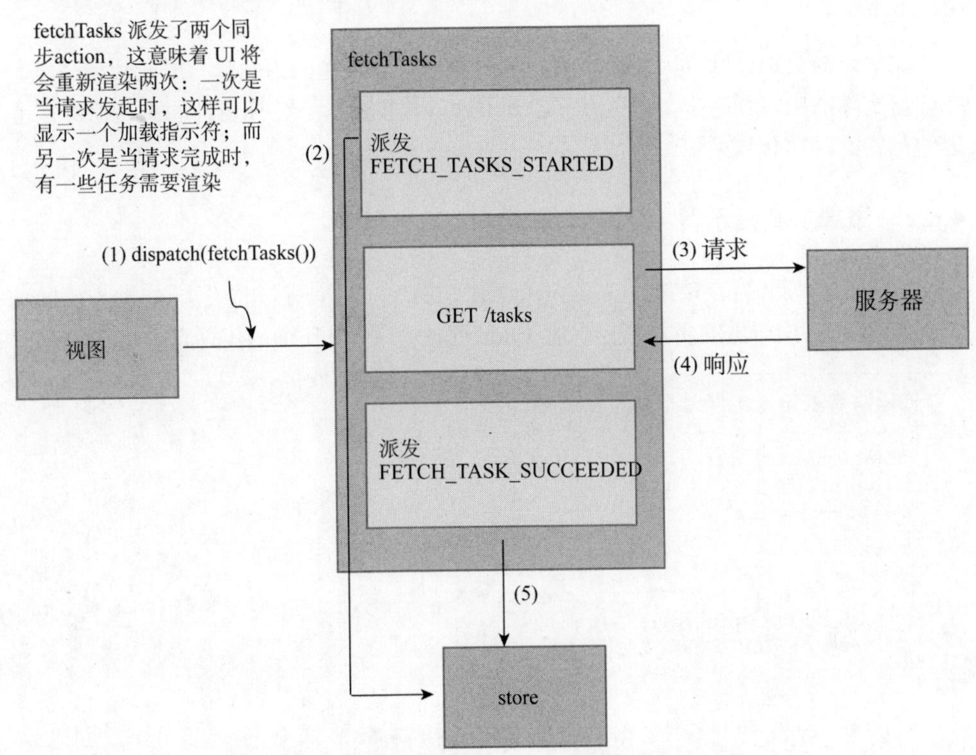

图 4.4　支持加载状态的异步 action 创建器 `fetchTasks`

现在，异步 action 创建器 fetchTasks 将负责 3 件事：

- 派发一个 action 来表示请求被发出。
- 执行请求。
- 当请求完成时，使用响应数据派发另一个 action。

将异步 action 视为流程编排。通常执行几个单独的任务，以实现更大的目标。这里的目标是获取任务列表，但需要几个步骤才能达成目标。异步 action 创建器 fetchTasks 的角色就是：开启要达成目标所需的所有事情。

store 只有属性 tasks：

```
{
  tasks: [...]
}
```

要在任务请求正在进行时渲染加载指示符，需要跟踪更多状态。下面就是 store 跟踪请求状态的方式：

```
{
  tasks: {
    isLoading: false,
    tasks: [...]
  }
}
```

这种结构更加灵活，因为允许将任务对象以任意类型的附加状态或元数据分组。在任何实际的应用程序中，更有可能遇到类似这样的结构。具体属性的命名惯例是可选的范式，并非必须采用。

4.6.2 添加加载指示符

要转向这种新的状态结构，需要在代码中考虑一些事情。首先，更新 tasks reducer 以便拿到新的初始状态，并更新已有的 action 处理程序，如下面的代码清单 4.13 所示。

代码清单 4.13 src/reducers/index.js

```
const initialState = {          为 reducer
  tasks: [],                    定义新的
  isLoading: false,             初始状态
};

export default function tasks(state = initialState, action) {
  switch (action.type) {
    case 'FETCH_TASKS_SUCCEEDED': {
      return {
        ...state,                          返回带有 payload
        isLoading: false,                  中任务列表的下
        tasks: action.payload.tasks,       一个状态
      };
```

```
    }
    case 'CREATE_TASK_SUCCEEDED': {
      return {
        ...state,
        tasks: state.tasks.concat(action.payload.task),
      };
    }
  case 'EDIT_TASK_SUCCEEDED': {
  const { payload } = action;
    const nextTasks = state.tasks.map(task => {
      if (task.id === payload.task.id) {
        return payload.task;
      }

      return task;
      });
      return {
        ...state,
        tasks: nextTasks,
      };
    }
    default: {
      return state;
    }
  }
}
```

更新任务列表时包括现有的全部状态

更新任务列表时包括现有的全部状态

首先，当定义 reducer 的初始状态时，默认情况下会将 `isLoading` 标志设置为 false。这是一种良好的实践，因为可以防止任何加载指示符在不应该呈现时渲染。应该让其他的表示请求开始的 action，将这种标志设置为 true。

处理 `FETCH_TASKS_SUCCEEDED` action 时，比较明显的更改是更新任务数组。要记得指明请求已经完成，以便隐藏加载指示符，可以通过将 `isLoading` 标志切换为 false 来执行。

需要做的一项重要更新是在 index.js 中创建 store。以前，会将 `tasks` reducer 直接传给 `createStore`。当状态对象仅包含单独的任务数组时，这样做是可以的，但现在它正朝着一种更完整的结构发展，其中包含与任务对象本身并存的附加状态。

创建一个根 reducer，它接收 store(state)的全部内容和派发的 action，并且只传递 `tasks` reducer 关心的 store 部分 `state.tasks`，如下面的代码清单 4.14 所示。

代码清单 4.14　index.js

```
...
import tasksReducer from './reducers';

const rootReducer = (state = {}, action) => {
  return {
    tasks: tasksReducer(state.tasks, action),
  };
};
```

函数 rootReducer 接收 store 的当前状态和一个 action

将任务数据和正在派发的 action 传给 `tasks` reducer

```
const store = createStore(
  rootReducer,
  composeWithDevTools(applyMiddleware(thunk)),
);
```

像这样添加根 reducer 也是为了后续开展工作做准备。随着添加更多的功能到Parsnip，需要在 Redux 中跟踪更多的数据，可以为 store 添加新的顶层属性，并创建仅对相关数据进行操作的 reducer。最终，将会给用户带来拥有不同项目(project)的能力，并且每个项目都有自己的任务。Redux store 的顶层可能如下所示：

```
{
  tasks: {...},
  projects: {...}
}
```

要配置 store，只需要向根 reducer 添加一行代码：

```
const rootReducer = (state = {}, action) => {
  return {
    tasks: tasksReducer(state.tasks, action),
    projects: projectsReducer(state.projects, action),
  };
};
```

这样就允许每个 reducer 不用关心 store 的整体形状，而只关心它所操作的数据片段。

注意 像这样使用根 reducer 是很常见的，以至于 Redux 导出了 `combineReducers` 函数，它可以完成与刚刚编写的 `rootReducer` 函数相同的功能。一旦向状态对象添加了一些属性，就要切换到更标准的 `combineReducers`，但是现在，值得理解一下这个过程是如何运作的。

接下来，通过更新相关的 action、reducer 和组件，来熟悉一下添加新操作的过程：

(1) 添加并派发新的同步 action 创建器 `fetchTasksStarted`。

(2) 在 `tasks` reducer 中，处理 `FETCH_TASKS_STARTED` action。

(3) 在获取过程中，更新 `TasksPage` 组件以呈现加载指示器。

首先，派发新的 action。为了有明显的效果，在派发 `fetchTasksSucceeded`(表示请求已完成，如下面的代码清单 4.15 所示)之前，要添加两秒的 `setTimeout`。由于在本机上运行时，服务器响应几乎是瞬间完成的，因此这种延迟可以提供一个机会来感受加载中的状态。

代码清单 4.15 src/actions/index.js

```
function fetchTasksStarted() {
  return {
    type: 'FETCH_TASKS_STARTED',
```

```
  };
}
export function fetchTasks() {
  return dispatch => {
    dispatch(fetchTasksStarted());    ◄──  派发 action 创建器 fetchTasksStarted
                                           来表示请求正在进行
    api.fetchTasks().then(resp => {
      setTimeout(() => {
        dispatch(fetchTasksSucceeded(resp.data));   setTimeout 确保加载指示器在页
      }, 2000);                                     面上将存在超过多少秒
    });
  };
}
```

现在，作为异步action的一部分，有两个同步调用可用来跟踪请求生命周期：一个指示请求何时开始，另一个指示何时完成。接下来，通过在reducer中将`isLoading`属性设置为true来处理action `FETCH_TASKS_STARTED`，如下面的代码清单4.16所示。

代码清单 4.16　src/reducers/index.js

```
...
export default function tasks(state = initialState, action) {
  switch (action.type) {
    case 'FETCH_TASKS_STARTED': {
      return {
        ...state,
        isLoading: true,   ◄──  将 isLoading 标识设置为 true，最终会在
      };                         React 组件中使用该标识，以根据情况渲
    }                            染加载指示器
    ...
  }
}
```

最后，将更新两个组件`App`和`TaskPage`。在`App`中，通过`mapStateToProps`将`isLoading`的值传给`TasksPage`，如下面的代码清单4.17所示。

代码清单 4.17　src/App.js

```
...
class App extends Component {
  ...
  render() {
    return (
      <div className="main-content">
        <TasksPage
          tasks={this.props.tasks}
          onCreateTask={this.onCreateTask}
          onStatusChange={this.onStatusChange}
          isLoading={this.props.isLoading}   ◄──  将 isLoading 的值
        />                                        传给 TasksPage
      </div>
    );
```

```
    }
  }
  function mapStateToProps(state) {
    const { tasks, isLoading } = state.tasks;   ◄── 更新 mapStateToProps，从 store
    return { tasks, isLoading };                    获取 isLoading 并作为属性传给
  }                                                 App
  ...
```

最后，在 TasksPage 中，可以检查任务请求是否正在进行，然后在必要时渲染加载指示器，如下面的代码清单 4.18 所示。

代码清单 4.18 src/components/TasksPage.js

```
class TasksPage extends Component {
  ...
  render() {
    if (this.props.isLoading) {
      return (
        <div className="tasks-loading">
          Loading...          ◄── 可在此处添加炫
        </div>                    酷的加载动画
      );
    }
    ...
}
```

跟踪请求的状态以显示加载指示器并不是必需的，但这已成为大多数现代 Web 应用程序预期体验的一部分。这是现代 Web 应用程序日益增加的动态需求的典型示例，Redux 被创立的部分原因也是为了解决这类问题。

4.7 错误处理

对于网络请求，有两个需要关注的时刻：请求启动和请求完成。fetchTasks 请求的调用将始终由 FETCH_TASKS_STARTED action 表示，但请求完成后可以触发两个 action 中的一个。到目前为止，只处理了成功的情况，但恰当的错误处理对于提供最佳体验至关重要。

当出现问题时，用户肯定不会感到兴奋，而操作失败时又茫然不知所措，要比看到带有反馈信息的错误更加糟糕。最后看一下图 4.5 中的异步 action 图解，第二次派发现在可以根据请求的结果分叉了。

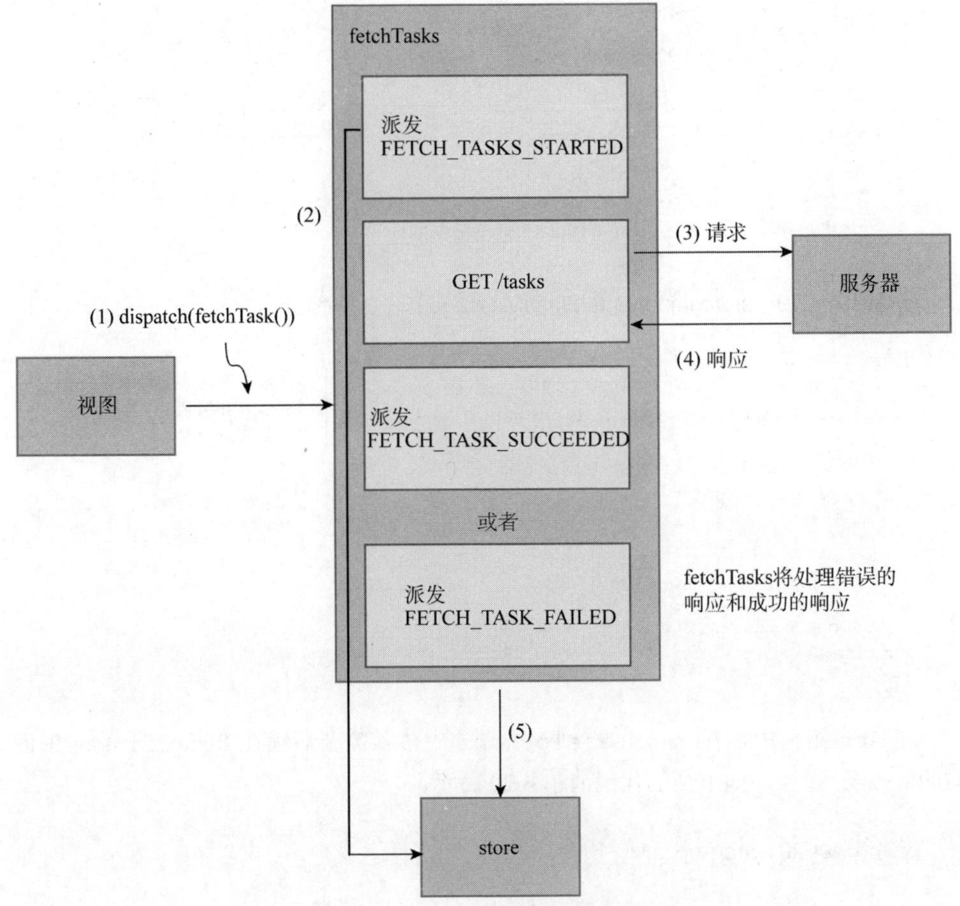

图 4.5　使用命令 fetchTasks 处理描述请求的 3 种 action

派发错误 action

在 Redux 中，有许多方式可实现错误处理。在上层需要如下一些东西：

- 一个派发错误消息的 action
- 某个在 Redux 的 store 中存放错误消息的地方
- 一个呈现错误的 React 组件

为简单起见，将派发单独的带有错误信息的 action `FETCH_TASKS_FAILED`。当出现错误时，将会在页面顶部呈现错误消息，如图 4.6 所示，

为 `FlashMessage` 组件创建一个新文件，由外向内开始，如代码清单 4.19 所示。目的是将错误消息作为属性接收，并显示在 DOM 中。

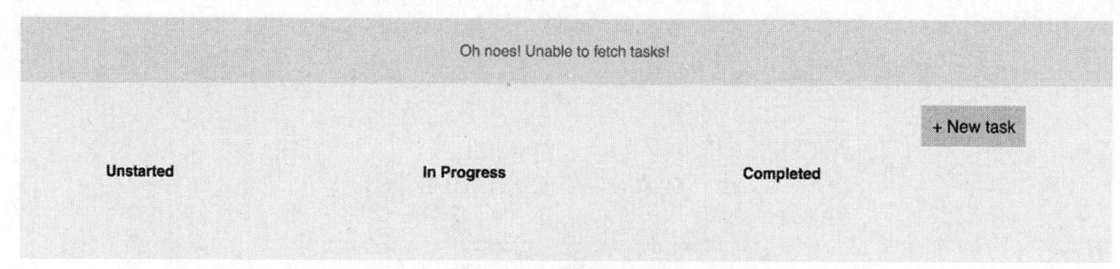

图 4.6 渲染错误消息

代码清单 4.19 src/components/FlashMessage.js

```
import React from 'react';                          ← 即使没有在这个文件中直接引
                                                       用 React，在用到 JSX 的范围内
export default function FlashMessage(props) {          也需要 React 对象
  return (
    <div className="flash-error">
      {props.message}
    </div>
  );
}

Error.defaultProps = {
  message: 'An error occurred',    ← 设置默认的错误消息
};
```

在 App 组件中，在 mapStateToProps 中传入需要后续在 Redux 的 store 中创建的 error 属性，如下面的代码清单 4.20 所示。

代码清单 4.20 src/App.js

```
...
import FlashMessage from './components/FlashMessage';

class App extends Component {
  ...
  render() {
    return (
      <div className="container">
        {this.props.error &&
          <FlashMessage message={this.props.error} />}    ← 根据条件渲染
        <div className="main-content">                       FlashMessage
          <TasksPage                                          组件
            tasks={this.props.tasks}
            onCreateTask={this.onCreateTask}
            onStatusChange={this.onStatusChange}
            isLoading={this.props.isLoading}
          />
        </div>
      </div>
    );
  }
}
```

```
function mapStateToProps(state) {
  const { tasks, isLoading, error } = state.tasks;
  return { tasks, isLoading, error };
}

export default connect(mapStateToProps)(App);
```

添加更多 mapStateToProps 逻辑，用于将数据从store 传入 React 件

因为 `this.props.error` 现在为 null，所以 UI 不会发生任何事情。需要创建新的同步 action 创建器 `fetchTasksFailed`。当请求的 promise 被成功解析时，已经有代码来处理了，因此继续添加 catch 代码块来处理 promise 被发射时的情况。

为了简化对错误处理的测试，手动在 then 代码块中发射 promise，这样就保证能运行进入 catch 代码块，如下面的代码清单 4.21 所示。

代码清单 4.21 src/actions/index.js

```
function fetchTasksFailed(error) {
  return {
    type: 'FETCH_TASKS_FAILED',
    payload: {
      error,
    },
  };
}

export function fetchTasks() {
  return dispatch => {
    dispatch(fetchTasksStarted());

    api
      .fetchTasks()
      .then(resp => {
        // setTimeout(() => {
        // dispatch(fetchTasksSucceeded(resp.data));
        // }, 2000);
        throw new Error('Oh noes! Unable to fetch tasks!'));
      })
      .catch(err => {
        dispatch(fetchTasksFailed(err.message));
    });
  };
};
...
```

这里注释掉成功时的处理程序

为了测试 catch 代码块中的代码，手动发射 promise

派发另一个带有错误消息的同步 action

最后，处理 `tasks` reducer 中的更新逻辑。这个更改由两部分组成：向初始的状态定义中添加 `error` 属性，然后为 action `FETCH_TASKS_FAILED` 添加处理程序。case 语句通过设置 `isLoading` 为 false，将请求标记为已完成，并设置错误消息，如下面的代码清单 4.22 所示。

代码清单 4.22 src/reducers/index.js

```
const initialState = {
  tasks: [],
  isLoading: false,
  error: null,          ← 将 error 默认设置为 null
};

export default function tasks(state = initialState, action) {
  switch (action.type) {
    ...
    case 'FETCH_TASKS_FAILED': {
      return {
        ...state,
        isLoading: false,
        error: action.payload.error,   ← 通过设置 isLoading 标志和 error 值来表示请求已完成
      };
    }
    ...
    default: {
      return state;
    }
  }
}
```

以上所有内容都清楚地说明：获取要在页面上呈现的任务列表不仅需要发出 GET 请求。这是现代 Web 应用程序开发的现实，但像 Redux 这样的工具可以提供帮助。能够处理追踪复杂的状态，以提供最佳的用户体验。

初次学习 Redux 时，典型的第一个教程是开发 todo 应用程序。一切看起来都很简单！派发 action，在 reducer 中更新状态。但问题很快转向"如何做更有用的事情？"事实证明，如果没有服务器的支持，在 Web 应用程序中可做的事情并不多。

异步 action 是 Redux 新手遇到的挑战之一。与仅有同步 action 的第 2 章相比，本章的复杂程度显著提高。希望你现在对于如何在 Redux 中正确处理异步代码有所了解。

通过使用 `redux-thunk`，我们用到了中间件，但无须了解其含义。下一章将揭开中间件的面纱，向你展示所有内容。

4.8 本章小结

- 派发异步 action 与派发同步 action 之间的不同。
- `redux-thunk` 如何实现函数派发，借此可以执行一些副作用，如网络请求。
- API 客户端如何减少重复并提高可复用性。
- 两个 action 分组概念：视图 action 和服务器 action。
- 远程 API 调用生命周期中的三个重要时刻：开始、成功完成、失败。
- 渲染错误信息以提升整体的用户体验。

第5章 中间件

本章涵盖：

- 中间件的定义
- 编写自己的中间件
- 组合中间件
- 学习何时使用中间件

我们已经介绍了React/Redux程序中的大部分常见内容：action、reducer和store。要使用Redux更新应用程序的状态，这3部分不可或缺。还有另外一个核心角色——中间件，它是整个操作的关键部分。如果已经学习过第4章，相信你对中间件已经不陌生了。在将`redux-thunk`添加到Parsnip项目中时，你学习了如何使用`applyMiddleware`函数将中间件应用到Redux，但还不一定知道如何创建自己的中间件。在本章中，我们将更深入地了解中间件的工作方式，如何创建它，以及它适合在什么场景下使用。

在这个过程中，将通过为一些经典用例创建自定义中间件来完善Parsnip项目。

- 记录action日志，用于快速了解程序正在发生什么。
- 数据分析，提供一个方便的界面，进而在派发action时跟踪事件。
- API调用，将有关服务器调用的通用任务抽象出来。

让我们开始吧！

5.1 初窥中间件

中间件到底是什么？这个概念并不是只在 Redux 中存在。如果使用过 Rails、Express.js 或 Koa 这样的框架，那么很可能已经以某种方式使用或接触过中间件了。通常，中间件是指两个软件组件之间运行的代码，一般作为框架的一部分。使用诸如 Express.js 或 Koa 这类 Web 服务器框架时，可以在接收到传入请求之后和框架处理请求之前添加中间件。这有助于处理很多事情，比如记录每个请求和响应的数据、集中处理错误、对用户进行身份验证，等等。

像 Express.js 和 Koa 这样的框架更适合用于解释中间件，但我们要学习的是 Redux。如果中间件可以被描述为位于两个组件之间的代码，例如接收 HTTP 请求并生成响应的框架，那么 Redux 的中间件在什么位置？

Redux 的中间件是位于 action(正在派发)和 store(用于将 action 传递到 reducer 并广播更新状态)之间的代码。与服务器中间件有助于跨多个请求运行代码的方式类似，Redux 的中间件允许跨多个 action 派发运行代码。

再来看看架构图(参见图 5.1)。为了便于了解这类代码位于 action 正常派发流程的哪一部分，中间件部分被突出显示了。

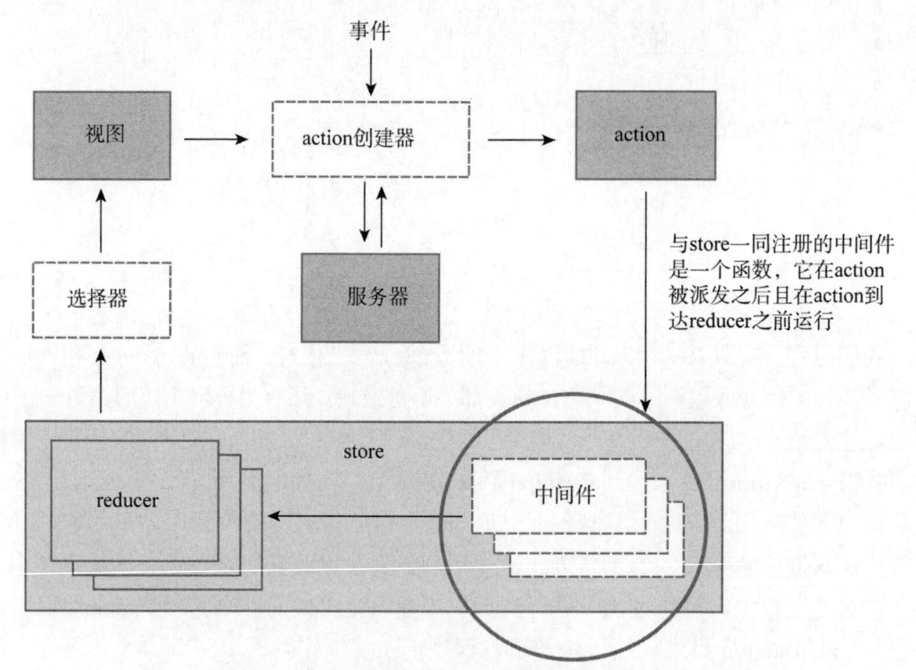

图 5.1 在最终状态被计算之前，action 穿过中间件，然后穿过 reducer

请注意，图 5.1 中的中间件位于 store 中。可将中间件视为与 store 一起“注册”。

当 action 被派发时，store 将知道如何通过添加的中间件来传递 action。当整个中间件链条完成时，action 最终被传递给 reducer 以计算程序的更新状态。

5.2　中间件的基础知识

创建中间件包含两个简单的步骤：

(1) 用正确的函数签名定义中间件。

(2) 使用 Redux 的 `applyMiddleware` 函数将中间件与 store 一起注册。

首先是函数签名。Redux 中间件的函数签名如下：

```
const middlewareExample =store=> next =>action=> { … }
```

很简单，对么？简而言之，这相当于为每个新创建的中间件编写 3 个嵌套函数。用冗长一些的语法来表示，如下所示：

```
function storeWrapper(store) {
  return function middlewareWrapper(next) {
    return function handleAction(action) {
      ...
    }
  }
}
```

目前，最重要的是了解提供给中间件的参数特性：

- `store`——需要基于现有状态做出决定时，可以直接在中间件中使用 store 对象。`store.getState` 方法能满足所需。
- `next`——将 action 传递给链中的下一个中间件时调用的函数。
- `action`——被派发的 action。通常，中间件将对每个 action 执行一些操作(如记录日志)，或者通过检查 `action.type` 的值来监视特定的 action。

组合中间件

中间件的一个重要方面在于它的链接能力，这意味着在store 中可以应用多个中间件。每个中间件在完成可能的工作后，调用链中的下一个中间件。因此，创建的中间件都应该具有明确且单一的目标，从而使它们在不同的上下文中更易于组合和复用。生态系统中的另一个应用程序也许可以使用已创建的中间件，或者将其开源！因为所有 Redux 中间件都必须以相同的方式创建，所以将自己的中间件与第三方中间件结合起来使用是完全可行的(这也是期望的做法)。

下面开始创建日志记录中间件，这可能是最经典的中间件示例了。

注意 如果正在编码，在此处可以开始一个新的分支。后续章节需要将本章创建的功能回滚。

5.3 日志记录中间件

目标：对于派发的每个 action，记录正在被派发的 action(包括类型和负载)，以及 action 被处理后 store 的新状态。

由于对于派发的每个 action 都需要运行代码，因此日志记录是中间件的完美用例。因为不影响程序中正常的控制流程，所以日志记录中间件也易于实现，既不会修改 action，也不会以任何方式改变派发的结果。只需要挂接 action 的生命周期，记录正在派发的 action 的有关细节以及对 store 中状态的影响。

额外的好处是日志记录中间件非常适用于 Redux。action 的发明一定程度上是为了提供程序中事件和数据的运转轨迹。因为事件被建模为具有描述性名称和所需数据的对象，所以通过记录 action 的类型和负载，能够非常容易地快速了解在任何给定时刻正在发生的事情。如果没有像 Redux 这样的系统，而更新必须通过中央枢纽进行，那么用同样的方法记录状态更改将更加困难。

5.3.1 创建日志记录中间件

考虑到这是添加的第一个自定义中间件，从高级的视角看，从零开始到将日志记录中间件作为应用程序的一部分正常工作都需要做哪些工作：

- 在 src/middleware/目录中为日志记录中间件创建一个新文件。
- 编写中间件代码。
- 将中间件引入创建 store 的 index.js。
- 使用 Redux 的 `applyMiddleware` 函数添加中间件。

这并不复杂吧？对于中间件来说，需要记录两部分内容：正在派发的 action 类型以及 action 处理后的 store 状态。图 5.2 展示了在创建中间件并将其注册到 store 之后，控制台中输出的内容。

首先创建新目录 src/middleware/以及一个名为 logger.js 的新文件。将代码清单 5.1 中的代码添加到这个文件中。这里使用了提供给中间件的全部 3 个参数，它们各自都完成不同的任务：

- 使用 action 来记录派发的 action 的类型。
- 使用 store 的 `store.getState` 来记录应用 action 后 store 的状态。
- 最后使用 `next` 将 action 传递给链中的下一个中间件。

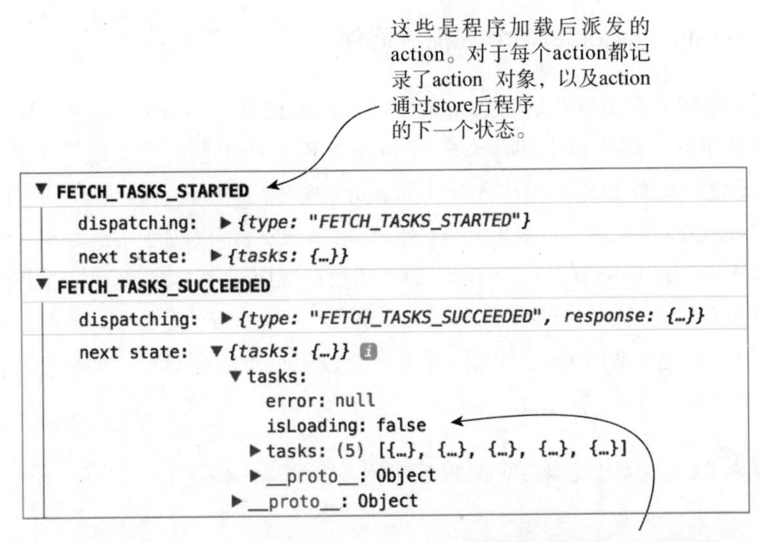

图 5.2　添加日志记录中间件后控制台的输出

代码清单 5.1　创建日志记录中间件：src/middleware/logger.js

```
const logger = store => next => action => {     ← 使用正确的函数签名创建中间件
  console.group(action.type);                   ← 使用 console.group 来样式化控制台输出
  console.log('dispatching: ', action);
  const result = next(action);                  ← 使用 next 来确保 action 被传递给 reducer 以及计算下一个状态
  console.log('next state: ', store.getState());  ← 在应用 action 后记录 store 的状态
  console.groupEnd(action.type);
  return result;
};

export default logger;
```

现在，你对 action 对象以及它们必需的 `type` 属性已经有了一定了解，并且知道如何使用 `store.getState` 从 store 中获取当前状态，所以 `next` 函数可能是这里对你最陌生的概念。

Redux 提供的 `next` 函数表明中间件已经完成工作，是时候转移到链中的下一个中间件了(如果有的话)。它实际上是 `dispatch` 的包装版，所以有相同的 API。在中间件中调用 `next` 的时候确保传入参数 action。

值得留意的一点是，调用 `next(action)` 后中间件的执行并没有结束。在 action 传递通过日志记录中间件后可以继续引用 Redux 状态。

5.3.2 使用 applyMiddleware 注册中间件

目前已经有了完全有效的日志记录中间件，但只靠它本身并不能发挥作用。要在 Parsnip 中使用它，必须将中间件添加到 store 实例。如果已经学习过第 4 章，那么应该十分熟悉这个过程！流程与引入异步 action 时添加 `redux-thunk` 中间件相同。

打开 index.js，导入日志记录中间件，将其与 `thunk` 一同添加到 `applyMiddleware` 的参数列表中，如代码清单 5.2 所示。每当需要在应用程序中添加新的中间件时，都要遵循此过程。注意，将日志记录中间件添加到最后，中间件按传递给 `applyMiddleware` 的顺序执行。在这个例子中，中间件并不需要按照特定顺序排列，但应意识到中间件顺序的重要性。

代码清单 5.2　将日志记录中间件添加到 store：src/index.js

```
...
  import logger from './middleware/logger';   ← 导入新创建的中间件
  ...
  const store = createStore(
  rootReducer,
  composeWithDevTools(applyMiddleware(thunk, logger)),   ← 将日志记录中间件注册到 store 中
);

...
```

中间件系统的设计是灵活并且可组合的。只要每个中间件调用 `next` 移到链中的下一个中间件，一切都将正常工作。

在创建 store 时注册中间件，在这最后一步完成之后，Parsnip 有了第一个功能齐全的自定义中间件。查看此程序，打开浏览器控制台，劳动成果就在眼前。尝试创建新任务或编辑现有任务，输出如图 5.3 所示。

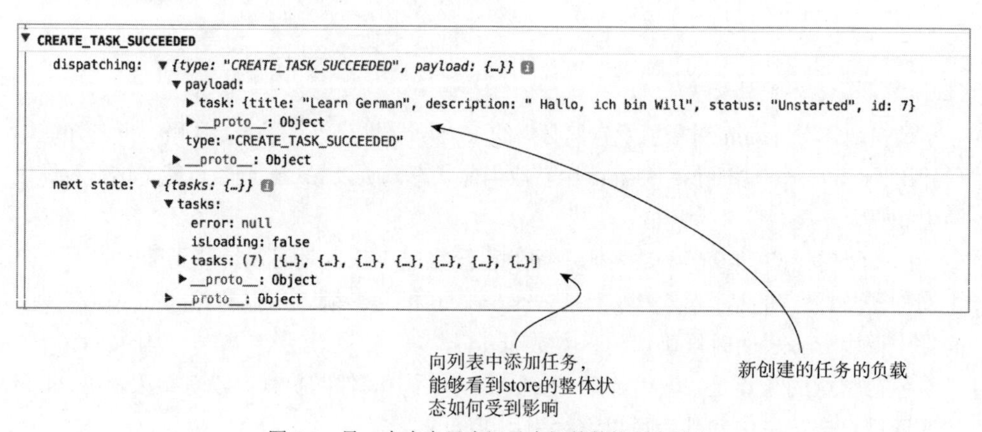

图 5.3　另一个来自日志记录中间件的控制台输出

你可能会问，“这不是 Redux DevTools 的简化版本吗？”没错！这个开发工具是

使用与创建的中间件类似的概念实现的。之所以从用于日志记录的中间件开始，是因为它清晰地演示了 Redux 中间件的一个核心用例。在自己的应用程序中，如果希望保持简单，可以选择使用这样的中间件，但使用DevTools 等已发布的工具可能是更好的选择。

Parsnip 现在有了第一个自定义中间件，但这还只是一些皮毛。让我们来探索中间件的另一个常见用例：发送分析事件。数据分析中间件与日志记录中间件类似，但会引入 `meta` 属性，它能将额外的数据附加到 action 对象。然后，在中间件中监视传入 action 的 `meta` 属性，并在满足条件的情况下执行工作。

5.4　数据分析中间件

知道用户在做什么总比不知道好，所以在任何实际的应用程序中，进行适当的事件跟踪都是个好主意。在 Parsnip 中，可以对当前正在派发的大部分 action 添加跟踪。毕竟，action 是描述事件的对象，所以在用户查看页面、创建或编辑任务时，都可以挂接 action 派发并记录分析事件，从而不至于接入诸如 Segment 或 Google Analytics 这类第三方分析服务，而是实现一个 Redux 中间件，Parsnip 的实现者能够使用该中间件提供的易用 API 发送新事件。数据分析中间件是中间件的一个很好用例，这有以下几个原因：

- 就像使用的其他中间件一样，需要在很多不同的 action 中运行分析代码。
- 能够抽象事件跟踪的细节，例如使用的服务(如 Segment、Keen)和配置。

对于数据分析这类事情，使用中间件来封装实现细节，并提供一种对开发人员友好的方式来发送分析事件。其他 Parsnip 开发人员不需要知道发送事件的细节，他们只需要关心能够使用的高级接口。

5.4.1　meta 属性

到目前为止，作为 action 的一部分，只处理过两个顶级属性：`type`，用于声明正在派发哪个 action 的字符串；以及 `payload`，完成 action 所需的数据。另一个 action 属性已经在社区内得到普及：`meta` 属性。`meta` 属性被设计用于捕获任何与 action 相关，同时又不符合 `type` 或 `payload` 的数据。在本例中，将使用 `meta` 属性来发送分析数据，具体来说是事件名称和元数据。

在尚未创建的数据分析中间件中，将监测任何具有相关 `meta` 属性的 action。每个分析事件都有两部分：事件名称和事件可能需要的元数据。用 `create_task` 命名这个事件，并传递正在创建的任务的 ID。

每当 action 派发时就发送分析事件，按照下面的代码清单 5.3，打开 src/actions/index.js 并更新 `createTaskSucceeded` action 创建器。

代码清单 5.3 添加 meta 属性：src/actions/index.js

```
function createTaskSucceeded(task) {
  return {
    type: 'CREATE_TASK_SUCCEEDED',
    payload: {
      task,
    },
    meta: {
      analytics: {
      event: 'create_task',
      data: {
        id: task.id,
      },
    },
  },
 };
}
```

添加与 type 和 payload 同级的 meta 属性

将与分析相关的数据组合到一个命名空间键名下

代码中的间接性是使用中间件的潜在缺点或成本之一，但在这里并不是大问题。如你所见，action 创建器仍然是显式的。因为在 action 对象上直接使用了 `meta` 属性，所以任何阅读 action 创建器代码的人都会知道动作派发时分析数据会被捕获。但他们不需要知道发送事件数据的细节。作为中间件的用户，只需要通过正确的结构传递正确的数据，剩下的交给中间件处理。

现在知道了如何随着 action 传递分析数据，但这还只是问题的一小部分。我们在 action 创建器中使用了 `meta` 属性，还需要中间件来监视具有所述 `meta` 属性的 action。在 5.4.2 节中，将创建中间件，并更新一些 action，通过添加 `meta` 属性来发送分析事件。

5.4.2 添加数据分析中间件

回到中间件本身！目标是创建这样一个中间件，当派发相应的 action 时，该中间件将处理所有与事件记录相关的事务。action 负责传递事件数据，而中间件负责编码发送事件的细节。在本例中，我们会模拟一个分析 API。然而，在生产环境级别的程序中，更可能会使用第三方服务，因此应该将相关库的代码放到中间件中。

如何查找派发的带有 `meta` 和 `analytics` 属性的 action？下面是中间件中的控制流程：

(1) 对于传入的每个 action，检查 `meta` 和 `analytics` 属性是否存在。

(2) 如果不存在，调用 `next(action)` 以移到下一个中间件。

(3) 如果存在，获取事件名称和数据，并使用虚拟的分析服务发送它们。

(4) 最后，在完成时调用 `next(action)`。

`CREATE_TASK_SUCCEEDED` action 已经能发送 `meta/analytics` 属性，现在试着实现满足上述要求的中间件。在 src/middleware/中创建一个名为 analytics.js 的新

文件并添加代码清单 5.4 中的代码。

在这里，将介绍中间件的一种常见实践。不同于日志记录中间件那样为每个派发的 action 工作，而是在中间件接管之前进行条件检查。在本例中，需要跟踪的事件是带有 `meta` 和 `analytics` 属性的 action。对于其他情况，立即调用 `next(action)`，而无须做进一步处理。

代码清单 5.4　实现数据分析中间件：src/middleware/index.js

```
const analytics = store => next => action => {
  if (!action || !action.meta || !action.meta.analytics) {    ← 检查 action 是否需要使用数据分析中间件
    return next(action);    ← 如果没有找到对应的action属性，移到下一个中间件
  }

  const { event, data } = action.meta.analytics;    ← 使用解构获得事件名称和相关元数据

  fakeAnalyticsApi(event, data)
    .then(resp => {
      console.log('Recorded: ', event, data);    ← 打印成功记录的事件
    })
     .catch(err => {
      console.error(    ← 必要时记录错误信息
        'An error occurred while sending analytics: ',
        err.toString(),
      );
     });

    return next(action);    ← 移到下一个中间件
  };

function fakeAnalyticsApi(eventName, data) {
  return new Promise((resolve, reject) => {
    resolve('Success!');
  });
}

export default analytics;
```

和日志记录中间件一同，需要在 src/index.js 中将中间件注册到 store，如下面的代码清单 5.5 所示。

代码清单 5.5　应用数据分析中间件：src/index.js

```
...
  import analytics from './middleware/analytics';
  ...

  const store = createStore(
    rootReducer,
```

```
    composeWithDevTools(applyMiddleware(thunk, logger, analytics)),
  );
  ...
```

将数据分析中间件传递到 applyMiddleware 以注册

打开应用程序，确保浏览器控制台是打开的，并尝试创建新任务。输出应该类似于图 5.4，这表明数据分析中间件工作正常。找到具体的事件名称 create_task，以及传递给数据分析中间件的任务对象。

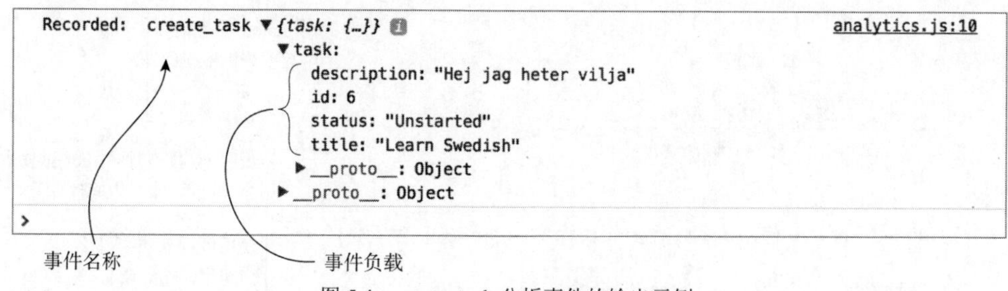

图 5.4 create_task 分析事件的输出示例

在进行日志记录时，在中间件中需要处理每一个 action，但编写的每个中间件并不都需要以这种方式工作。这里执行的操作略显不同但又极其常见：检查正在派发的 action 是否是需要关心的。如果与中间件无关，那么将 action 发送到下一个中间件。如果正是需要关心的 action，则在发送之前处理分析数据的发送。

action 通过使用 meta 属性来向中间件指示工作内容，这种模式非常棒，原因如下：

- action 层面是显式的。因为分析数据直接被添加到 action 对象中，所以很明显 action 需要做一些与分析相关的事情。
- 这让中间件保持通用性。让 action 使用 meta 属性指定希望完成的额外工作，而不是让中间件监测指定的 action，这使中间件本身保持相对静态。
- API 对开发人员非常友好。随 action 发送分析对象比直接导入和使用分析代码更容易。

想象这样做有两方面好处。将分析功能抽象到了中间件中，这意味着不用在整个应用程序中复制分析代码，action 的定义方式也是明确的。

说明 将准备向分析事件中添加的数据封装到中间件也是个好方法，虽然在这里没有这样做。因为中间件可以访问 store 的状态，所以很容易获得数据，如登录用户的 ID 或当前应用程序的构建标识。

如果想对额外的 action 添加跟踪，请遵循处理 CREATE_TASK_SUCCESS action 时相似的模式。使用 meta 属性，指定事件名称、事件所需数据，剩下的事情交给中间件去做！

现在已经创建了两个自定义中间件，是时候来一段简短的插曲。暂停一下，我们来探索一下中间件潜在的陷阱。

5.4.3　中间件的使用场合

中间件的真正好处是能够将需要跨多个 action 执行的一些任务集中化。再次以日志记录为例。假设目标是记录每个派发 action 的 `type` 和 `payload`。一种实现方法是在每次调用 `store.dispatch` 时添加日志记录语句。这样确实能记录 action 派发，实现最初的目标，但这种实现方法至少有一个原因会让你退缩：不太具有扩展性，必须为创建的每一个 action 添加日志记录。

通过将记录 action 的逻辑定义在单一位置，中间件能完全绕过这一问题。所有新的 action 都会自行记录日志，而无须开发人员干预。

什么时候使用中间件？对我们来讲，有两条黄金定律：

- 如果需要在程序中编写跨许多(如果不是全部)action 执行的代码，请使用中间件。日志记录可能是最经典的例子。
- 但是，只有在由中间件引起的间接性不会对代码的可读性和可理解性造成太大损害时才使用中间件。

对于上述第二条定律，有许多微妙之处，同时也引出了如下同样重要的问题：什么时候不应该使用中间件？

在正确的场景中，Redux 中间件非常有用和强大，但是像生活中的许多事情一样，可能好事过头反成坏事。使用中间件主要需要权衡的是间接性。对于日志记录这样大的、一刀切的功能来说，这通常不是问题，但是，当使用中间件处理的任务会影响程序内整体的控制流程时，必须小心。例如，后面即将构建的 API 中间件能帮助集中所有需要进行 AJAX 请求的异步 action 的共同任务。这是一次功能强大的抽象，但因为直接影响了数据流，所以增加了复杂性，对于那些需要处理此类情形开发人员来说，这几乎是不可能忽略的。

一如既往，在类似情况下的使用将取决于当前场景以及诸如团队规模和代码量之类的因素。Redux 在这里帮助你重新控制了应用程序中的数据流，并对使用中间件负责。

5.4.4　案例分析：如何不使用中间件

日志记录和数据分析是了解何时应该使用中间件的很好案例，但使用中间件的决定并不总是那么轻而易举就能下。介绍中间件可能的误用是有必要的，我们将使用路由作为研究案例。下面将要概述的问题与我们在真实世界的应用程序中处理的问题类似，并且突出从中间件理论学习到最佳实践的过程中应该领悟的众多深刻教训。

曾经，有个应用程序需要一个放置核心路由代码的地方。具体来说，目标是在登录后将用户重定向到仪表板。我们决定使用中间件，但用了一种非通用的方式编写。不是使用 action 来指示需要进行重定向，而是直接在中间件中监视特定的 action，例如 `LOGIN_SUCCESS`。

从可读性的角度看，我们最终失去了 action 与其派发的后续 action 之间的思维联系。路由中间件成了所有路由逻辑事实上所处的位置，并且代码会随着时间的推移爆发。回顾一下，最好使用一种更通用的方法，类似于我们用于分析中间件的`meta`属性。

同样，使用`meta`属性的好处是能让 action 保持显式状态。action 传达了需要知道的一切可能影响控制流程的事情。弊端是 action 创建器会变得更大，同时承担额外的责任。总而言之，像软件中的一切事情一样，最好的解决方案取决于实际情况。

上面陈述的问题是：成功的登录应该将用户重定向到`/dashboard`路由，下面看看几种可能的解决方案。下面的代码清单 5.6 展示了你在第 4 章中学过的如何使用`thunk`和异步 action 创建器。请注意，这部分代码不是 Parsnip 的一部分。

代码清单 5.6　登录后重定向

```
export function login(params) {
  return dispatch => {
    api.login(params).then(resp => {            ← 调用登录接口
      dispatch(loginSucceeded(resp.data));          ← 派发表明登录成功的 action

      dispatch(navigate('/dashboard'));        ← 执行重定向
    });
  };
}
```

如果需要与`login` action 创建器进行交互，你所需要知道的内容都包含在其中。这更像是指令式的；代码读起来像按部就班的指导列表，但是`login` action 的职责是透明的。

另一方面，还可以在中间件中添加特定的路由逻辑，如代码清单 5.7 所示。不是直接在`login` action 中派发`navigate` action，而是将路由逻辑移到路由中间件中。默认情况下，中间件默认会检查并响应所有 action，在本例中，在观察到`LOGIN_SUCCEEDED` action 时才将用户重定向。

代码清单 5.7　中间件中的路由逻辑

```
function login(params) {
  return dispatch => {
    api.login(params).then(resp => {
      dispatch(loginSucceeded(resp.data));
    });
  };
}
                                  监测 LOGIN_SUCCEEDED action

// within a routing middleware file
const routing = store => next => action => {
  if (action.type === 'LOGIN_SUCCEEDED') {          ←
    store.dispatch(navigate('/dashboard'));          ←
  }
};
```

当派发的 action 正是所关心的 action 时，重定向到仪表板上述代码起初看似并无坏处，可能是因为假设了路由中间件的逻辑不会增长太多，但却有如下关键缺陷：间接性。根据我们的经验，这样使用中间件通常是错误的。

你可能熟悉由来已久的“最少惊讶原则”概念。下面开放地解释一下，如果用户总是对功能感到惊讶，那么可能是时候重新考虑这种体验了。这个用户体验指南也可以扩展到开发人员：如果一种实现令人惊讶，那么考虑换个方案。`login` 未来的实现者需要以某种方式了解中间件的这种不太直观的背景。如果他们是项目或 Redux 的新手，那么很可能会错过它，并且对究竟是什么触发了重定向感到困惑。

下面以一种更直观的方式看待这个问题。图 5.5 说明了在成功登录后处理重定向的两种不同方法。

这里的关键是显式与隐式方法的区别。使用左边的 action 创建器策略，可以显式地看到 `login` 示例中发生的附加工作。

这只是一个小示例，但是可以想象在这样的中间件中处理 5 个、10 个或 20 个 action 的情景。当然，围绕路由的大部分代码将捆绑在一个地方，但是单独派发的 action 的控制流程会变得更加难以跟踪。中间件能够帮助你减少重复和集中逻辑，但这是有代价的，取决于做出的最佳判断。中间件就是抽象，它们的主要目的是帮助开发。就像所有的抽象一样，超过一定程度后会对程序的整体设计产生负面影响。

下面再实现一个中间件，这次轮到服务器的 API 调用，难度极大。

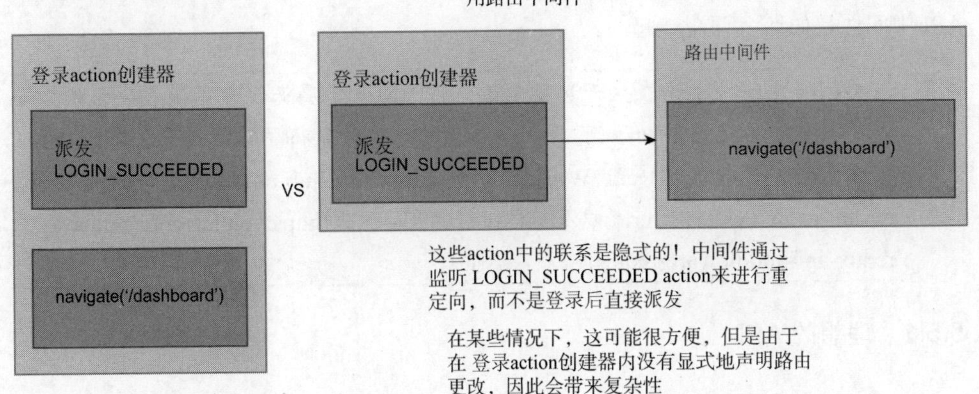

图 5.5　以异步 action 的一部分对路由的不同策略建模

5.5　API 中间件

中间件用来抽象大量 action 中的通用逻辑。看看 Parsnip 的现有功能，有什么逻辑可以抽象？想想程序中调用服务器 API 的 action。到目前为止，有 `fetchTasks`、 createTask 和 editTask。它们都有什么共同点？它们似乎都进行了如下操作：

- 派发指示请求开始的 action。
- 发起 AJAX 请求。
- 如果请求成功，就用响应体派发 action。
- 如果请求失败，就用错误消息派发 action。

回顾一下第 4 章，这些操作涉及任何服务器 API 调用的三个关键时刻。可使用一组标准的 action 类型对这些事件进行建模。以任务创建为例，会派发以下三个 action：

- CREATE_TASK_STARTED
- CREATE_TASK_SUCCEEDED
- CREATE_TASK_FAILED

对于后续需要实现的任何需要 AJAX 请求的 action 来说，必须创建这 3 个相应的 action。这个策略本质上没错。它有自己的好处，主要是以一种显式的方式对程序中的交互建模，但却产生很长的样例代码。对于不同的服务端点和数据要做同样的工作。可通过创建新的中间件来处理所有这些异步 action 共有的任务，尝试将发送请求相关的大部分逻辑集中起来。

在我们看来，使用中间件实现日志处理和数据分析之类的事情是无须多虑的。它们是通用的，跨越多个 action，并且不会打断正常的控制流程，而待实现的 API 中间件略有不同。它们直接影响应用程序中与如下核心功能的交互：AJAX 请求。在项目中添加中间件是否值得，这取决于你自己。归根结底，好处是逻辑能够集中，代价是增加了复杂性。Parsnip 是用于探索和实验新技术的项目，所以让我们来看看像这样的 API 中间件是如何组合在一起的。

注意 这类 API 中间件不论在生产环境中还是作为教学工具来说都很流行，因为它们是提取重复功能的很好示例。我们从如下两个地方获得了很多灵感：作为 Redux 官方文档一部分的"Real World"示例(https://github.com/reactjs/redux/blob/master/examples/real-world)以及一种流行的开源变体(https://github.com/agraboso/redux-api-middleware/issues)。

5.5.1 理想的 API

action 创建器应该是什么样的？对于这种中间件来说，所有进行 API 调用的 action 都需要有三项内容：

- CALL_API 字段，在中间件中定义和导出。
- types 属性，对应的数组由用于请求开始、成功完成、失败的 3 种 action 组成。
- endpoint 属性，用于明确需要请求的资源的相对 URL。

fetchTask action 已经有了实现，但是对于这个中间件，需要用新的实现完全替换旧的实现。好消息是在应用程序的其他地方只需做少量更新，特别是派发 `fetchTasks` action 的 `App` 组件无须修改。在幕后，应用程序获取和存储任务的实现方式变了，但是视图层(React 组件)与这项工作已安全地隔离开。

使用代码清单 5.7 中的代码，进行如下操作：

- 从待创建的中间件导入 CALL_API action。这是 `fetchTasks` 表明自己需要使用 API 中间件的方式。
- 定义和导出与 `fetchTasks` 相关的每个 action 常量：`FETCH_TASKS_STARTED`、`FETCH_TASKS_SUCCEEDED` 和 `FETCH_TASKS_FAILED`。
- 在 `fetchTasks` 中，返回一个使用 `CALL_API` action 的对象，传入定义的种 action 类型，并最终传入/tasks 服务器端点。

上述 action 的实现意味着在到达中间件时，能够拥有所需数据。如代码清单 5.8 所示，在 `types` 数组中添加三个操作常量的顺序很重要。中间件将假设第一个 action 表示发起请求，第二个 action 表示请求成功，第三个 action 表示请求失败。

提示 你对 `CALL_API` 语法可能有些陌生，方括号是在ES6中引入的，用于计算其中的变量以动态生成键。

代码清单 5.8　更新 fetchTasks：src/actions/index.js

```
...
import { CALL_API } from '../middleware/api';     ← 导入 CALL_API 常量

export const FETCH_TASKS_STARTED = 'FETCH_TASKS_STARTED';
export const FETCH_TASKS_SUCCEEDED = 'FETCH_TASKS_SUCCEEDED';
export const FETCH_TASKS_FAILED = 'FETCH_TASKS_FAILED';
                        根据 fetchTasks 中派发的 action 定义三个常量

export function fetchTasks() {
  return {
    [CALL_API]: {
      types: [FETCH_TASKS_STARTED, FETCH_TASKS_SUCCEEDED,
FETCH_TASKS_FAILED],
      endpoint: '/tasks',
    },
  };
}
                        在 fetchTasks 中，返回中间件所需数据

// function fetchTasksSucceeded(tasks) {     ← 注释(或删除)fetchTasks 中已有的实现代码
//   return {
//     type: 'FETCH_TASKS_SUCCEEDED',
//     payload: {
//       tasks,
//     },
//   };
// }
//
// function fetchTasksFailed(error) {
//   return {
```

```
//     type: 'FETCH_TASKS_FAILED',
//     payload: {
//       error,
//     },
//   };
// }
//
// function fetchTasksStarted() {
//   return {
//     type: 'FETCH_TASKS_STARTED',
//   };
// }
//
// export function fetchTasks() {
//   return dispatch => {
//     dispatch(fetchTasksStarted());
//
//     api
//       .fetchTasks()
//       .then(resp => {
//         dispatch(fetchTasksSucceeded(resp.data));
//       })
//       .catch(err => {
//         dispatch(fetchTasksFailed(err.message));
//       });
//   };
// }
...
```

我们从 fetchTasks action 中删除了大量的功能，这正是关键所在！下一步是将请求逻辑转移并集中到某个位置。在 5.5.2 节中，将创建 API 中间件，它知道如何处理新版本的 fetchTasks 返回的 action。

5.5.2 概述 API 中间件

因为API中间件比日志记录中间件和数据分析中间件更复杂，所以可以分几步来创建。在 src/middleware/目录中创建一个名为 api.js 的新文件。参照代码清单 5.9，从创建所需的中间件样板开始：定义和导出主要的中间件函数。接下来，定义 CALL_API action，并检查当前 action 是否包含 CALL_API 类型。如果不包括，将 action 传递到 next，以移动到下一个中间件。

需要注意代码清单 5.9 中检查 callApi 是否未定义的那行语句。与数据分析中间件中检查 meta 属性存在的过程类似。在这两种情况中，如果当前 action 不满足中间件的标准，则立即调用 next(action) 以继续。这是一种被称为卫语句(guard clause)的常见模式。从可读性角度讲，我们都是卫语句的忠实粉丝。将异常情况定义在函数最前面，将函数体释放为干净的、未缩进的块。一旦通过卫语句，就可以假定中间件可能需要的任何数据都是可用的。

代码清单 5.9　API 中间件的雏形：src/middle/api.js

```
export const CALL_API = 'CALL_API';          ← 定义中间件对应的 action 常量

const apiMiddleware = store => next => action => {
  const callApi = action[CALL_API];          ← 获得带有 types和endpoint 属性的对象(如果存在的话)
  if (typeof callApi === 'undefined') {
    return next(action);                     ← 如果不是这个中间件关心的 action，那么不进行任何处理并继续
  }
}
```

因为现在有了一个功能齐全(尽管没什么用)的中间件，所以请利用这个机会在 store 中注册它，以便可以在 Parsnip 中使用。打开 src/index.js，导入中间件，并将其传递给 `applyMiddleware` 函数，如下面的代码清单 5.10 所示。

代码清单 5.10　注册 API 中间件：src/index.js

```
...
import apiMiddleware from './middleware/api';
...
const store = createStore(
  rootReducer,
  composeWithDevTools(applyMiddleware(thunk, apiMiddleware, logger,
    analytics)),
);
```

这一次，应用中间件的顺序很重要。因为 API 中间件需要自定义的 action 结构，所以首先应包含 API 中间件。如果日志记录中间件或数据分析中间件在 API 中间件之前出现，那么它们并不知道如何处理没有 `type` 属性的 action，还会抛出异常。

现在该去实现中间件的主要部分了。需要先派发 3 个 action 中的第一个，这将表明请求已经开始。将以下代码清单 5.11 中的代码添加到 src/middleware/api.js 中。

代码清单 5.11　派发请求开始 action：src/middleware/api.js

```
...
const apiMiddleware = store => next => action => {
    const callApi = action[CALL_API];
    if (typeof callApi === 'undefined') {
      return next(action);
  }

const [requestStartedType, successType, failureType] = callApi.types;   ← 使用数组解构的方式来创建每个 action 类型的变量
    next({ type: requestStartedType });      ← 派发 action，表明请求正在进行
  }

  ...
```

因为 next 最终会向 store 派发 action，与使用 store.dispatch 相同的方式传入 action 对象。结果与旧策略中在 fetchTasks action 中直接派发 FETCH_TASKS_STARTED 相同。reducer 会响应 action 并正确更新状态，程序则会渲染加载指示器。

中间件使用数组解构的方式为每种 action 类型创建变量，这就是为什么在实现新的 fetchTasks action 时按正确顺序添加 action 类型很重要的原因。

接下来添加发起 AJAX 请求的函数。src/api/index.js 中已经有了一个 API 客户端，但这里需要一个新的、更通用的函数，它接收端点作为参数。参照下面的代码清单 5.12 更新 src/middleware/api.js 中的代码。

代码清单 5.12 makeCall 函数：src/middleware/api.js

```
import axios from 'axios';

const API_BASE_URL = 'http://localhost:3001';    // 为 API 定义基础 URL

export const CALL_API = 'CALL_API';

function makeCall(endpoint) {
  const url = `${API_BASE_URL}${endpoint}`;    // 使用给定的端点构造最终的请求 URL

  return axios
    .get(url)
    .then(resp => {
      return resp;      // 在 promise 处理函数中返回响应
    })
    .catch(err => {
      return err;
    });
}

...
```

makeCall 函数足够通用并且可以用于中间件。传入在派发的 action 中定义的端点地址，makeCall 函数会根据请求结果返回响应或错误。

5.5.3 发起 AJAX 调用

接下来继续使用创建的 makeCall 函数。我们已经派发了表明请求开始的 action，现在需要发起 API 调用，然后根据结果派发成功或失败的 action，如下面的代码清单 5.13 所示。

代码清单 5.13 发起 AJAX 调用：src/middleware/api.js

```
...
const apiMiddleware = store => next => action => {
  const callApi = action[CALL_API];
  if (typeof callApi === 'undefined') {
```

```
    return next(action);
  }

  const [requestStartedType, successType, failureType] = callApi.types;

  next({ type: requestStartedType });

  return makeCall(callApi.endpoint).then(      ◄── 向 makeCall 函数传入当前 action 中指定的端点
    response =>
      next({                                   ◄── 如果请求成功，使用响应派发成功类型的 action
        type: successType,
        payload: response.data,
      }),
    error =>
      next({                                   ◄── 如果请求失败，使用错误信息派发失败类型的 action
        type: failureType,
        error: error.message,
    }),
  );
};

export default apiMiddleware;
```

现在 API 部分已经重生。在这个中间件中，你成功创建了一个处理部分任务的集中位置，这些任务在应用程序的需要执行的所有 AJAX 请求中都是通用的。这里的主要好处是，如果需要增加额外的用于发起服务器请求的异步 action，可以极大地减少随之而来的重复工作。可以使用 API 中间件来完成繁重的工作，而不是创建 3 种新的 action 类型并手动派发它们。

5.5.4 更新 reducer

与中间件相关的工作已经完成，但还剩下最后一步需要完成。理想情况下，只需要更新 `fetchTasks` 的实现而不需要更新其他组件，例如 reducer，但是为了保证中间件的通用性，需要做出小的让步，更新 reducer 以处理稍微不那么友好的 action 负载。更新 src/reducers/index.js 中的 `FETCH_TASKS_SUCCEEDED` action 处理函数以使用 API 中间件定义的负载，如下面的代码清单 5.14 所示。

代码清单 5.14　更新 tasks reducer：src/reducers/index.js

```
const initialState = {
  tasks: [],
  isLoading: false,
  error: null,
};

export default function tasks(state = initialState, action) {
  switch (action.type) {
    ...
    case 'FETCH_TASKS_SUCCEEDED': {
```

```
      return {
        ...state,
        tasks: action.payload,
        isLoading: false,
      };
    }

    ...
    default: {
      return state;
    }
  }
}
```

使用新的 action 结构来更新任务状态

你对改变并不情愿，但也并非灾难。在reducer中，虽然将新任务置于 action.payload.tasks 更具描述性，但是从大局看，这只是很小的代价。像 normalizr 这样的库允许 API 中间件派发负载更为具体的 action，我们将在后续章节中加以讨论。

5.5.5 API 中间件总结

如你所见，强大的 API 中间件用于将 Redux 中有关发送 AJAX 请求的通用主题集中。但是请记住，抽象都有成本，这里的成本是代码复杂度。考虑一下权衡，根据项目实际情况做最有意义的事情。

5.6 练习

你已经构建了新的 API 中间件，所以有理由去更新其他异步 action 来使用它。看看是否可以像之前章节中迁移 fetchTasks 时一样迁移 createTask。createTask 当前派发了三种典型的 action，分别表示请求的开始、成功和失败。

这并不像只实现一个新的 createTask 来使用 API 中间件那样简单。除了GET 请求之外，还必须更新中间件来支持 POST 请求。

5.7 解决方案

将任务拆解成易于管理的更小部分：

- 更新 API 中间件以接收请求方法和请求体，以在发起 AJAX 请求时使用。
- 使用 CALL_API 实现一个新版的 createTask，它给 API 中间件传递 4 个参数：由三个请求相关的 action 组成的数组、端点地址、请求方法以及 POST 数据。
- 更新 reducer 以处理 API 中间件提供的用于 CREATE_TASK_SUCCEEDED action 的新负载。

首先，如下面的代码清单 5.15 所示，更新中间件以处理 POST 请求。

代码清单 5.15　更新 API 中间件：src/middleware/api.js

```
function makeCall({ endpoint, method = 'GET', body }) {   ← 更新 makeCall 来接收 method 和请求体参数
  const url = `${API_BASE_URL}${endpoint}`;

  const params = {
    method: method,
    url,
    data: body,
    headers: {
      'Content-Type': 'application/json',
    },
  };

  return axios(params).then(resp => resp).catch(err => err);
}

...

const apiMiddleware = store => next => action => {
  ...

  return makeCall({
    method: callApi.method,          | 传递 action 提供
    body: callApi.body,              | 的新参数
    endpoint: callApi.endpoint,
  }).then(
    response =>
      next({
        type: successType,
        response,
      }),
    error =>
      next({
        type: failureType,
        error: error.message,
      }),
  );
};
```

只需要努力一点儿，但对我们来说收益是巨大的。虽然只添加了几行代码，但在这个过程中，你为代码的用户提供了更为灵活的中间件。接下来，请注意更新 `createTask` 以使用 `CALL_API` action，确保提供了请求方法和请求体。与 `fetchTasks` 类似，在此移除了大量代码，并以更具声明性的策略进行编写，如下面的代码清单 5.16 所示。

代码清单 5.16　实现新的 createTasks：src/actions/index.js

```
export const CREATE_TASK_STARTED = 'CREATE_TASK_STARTED';       | 为请求 action
export const CREATE_TASK_SUCCEEDED = 'CREATE_TASK_SUCCEEDED';   | 创建新的 action
export const CREATE_TASK_FAILED = 'CREATE_TASK_FAILED';         | 常量
```

```
export function createTask({ title, description, status = 'Unstarted' }) {
  return {
    [CALL_API]: {
      types: [CREATE_TASK_STARTED, CREATE_TASK_SUCCEEDED,
     CREATE_TASK_FAILED],           ◀— 确保以正确的顺序传入
      endpoint: '/tasks',
      method: 'POST',
      body: {
        title,
        description,
        status,
      },              — 传入所需参数，包括新的 method 和 body 属性
    },
  };
}
```

还差一小步就完成了。与 fetchTasks 类似，需要更新 reducer 以接收 CREATE_TASKS_SUCCEEDED action 的新结构。因为还没有添加逻辑使 API 中间件以特定负载派发 action，所以最佳办法是将整个响应对象传入 reducer。如下面的代码清单 5.17 所示，打开 src/reducers/index.js 来做最后的修改。

代码清单 5.17 更新任务 reducer：src/reducers/index.js

```
...
  case 'CREATE_TASK_SUCCEEDED': {
    return {
      ...state,
      tasks: state.tasks.concat(action.payload),    ◀— 向列表中添加新任务
    };
  }
...
```

好极了！勤奋的话可以更新 editTask action，让它也使用 API 中间件。总的来说，你更倾向于哪种风格？你愿意让每个 action 创建器(fetchTasks、createTasks)使用 redux-thunk 显式派发多个 action 吗？或者更喜欢强大的 API 中间件？Redux 并不是一个庞大的、固执己见的框架，解决问题的方法并不总是一种。

中间件是 Redux 的基础，也是其最强大的功能之一。但是力量越大，责任越重。中间件是集中代码和减少重复的好方法，有时可以为自己和协作者创建更友好、更强大的 API。

在下一章中，我们将探讨异步 action 的另一种常见抽象。在实现所有中间件之前，你是否遵从本章中的提醒并提交了所做的工作？在开始下一章之前，请将代码回滚到那次提交或切换到相应的分支。在介绍 Redux saga 之前，你需要一个干净的“白板”。

5.8　本章小结

- 中间件是一些代码，它们位于 action 派发和 store 处理 action 之间。
- 中间件最适合日志记录之类的通用任务，需要应用大量(如果不是全部)的 action。
- 中间件可以产生功能强大的抽象，如 API 中间件，但这往往是以复杂性和间接性为代价的。

第 6 章

处理复杂的副作用

本章涵盖：

- 回顾 redux-thunk
- 介绍生成器
- 使用 saga 管理复杂的异步 操作

最终，我们期望在响应用户交互时，能够处理一系列更复杂的事件。使用目前所学知识，如何处理用户登录流程呢？当然，不同应用程序间的需求千差万别，但是可以先思考一些可能涉及的内容。应用程序可能需要验证登录证书，发出授权令牌，获取用户数据，并在失败时处理重试，在成功时重定向。基于此，有哪些工具可供使用呢？

到目前为止，我们通过 redux-thunk 软件包探索了 `thunk`，学习了 `redux-thunk` 作为一种处理副作用和异步操作的方式是如何工作的。`thunk` 拥有友好的学习曲线，并且功能强大，足以处理你能想到的任何用例。然而，这并不是处理副作用和异步操作的唯一方式。在本章中，我们将重新讨论 `thunk`，然后介绍另一种处理副作用之复杂性的方式：`Redux saga`。本章的末尾，在状态管理工具集中，将至少再增加一个工具。

6.1 什么是副作用

Redux 以尽可能纯净的方式处理数据，但是对于大部分应用程序而言，并不能避免副作用。如果期望与客户端应用程序之外的世界进行交互，副作用必不可少。此时，副作用代指与 Redux 应用程序之外的世界进行的所有交互。大多数情况可以概括归属于与服务器或本地存储进行的交互。例如，可以将授权令牌存储在浏览器的 `sessionStorage` 中，从远程服务器获取数据，或者记录统计事件。

简单思考一下，我们可以在哪里处理副作用呢？从前面你已经了解到，只有当 reducer 是纯函数时才能发挥 Redux 的优势，并且组件应该派发 action 创建器。在本节中，这使得 action 创建器和中间件成为可选项。

所幸的是，你已经拥有使用 action 创建器和中间件处理副作用的使用经验。在上一章中，介绍了一个处理 AJAX 请求的 API 中间件。在第 4 章中，利用 `redux-thunk` 处理了 action 创建器中的简单副作用。

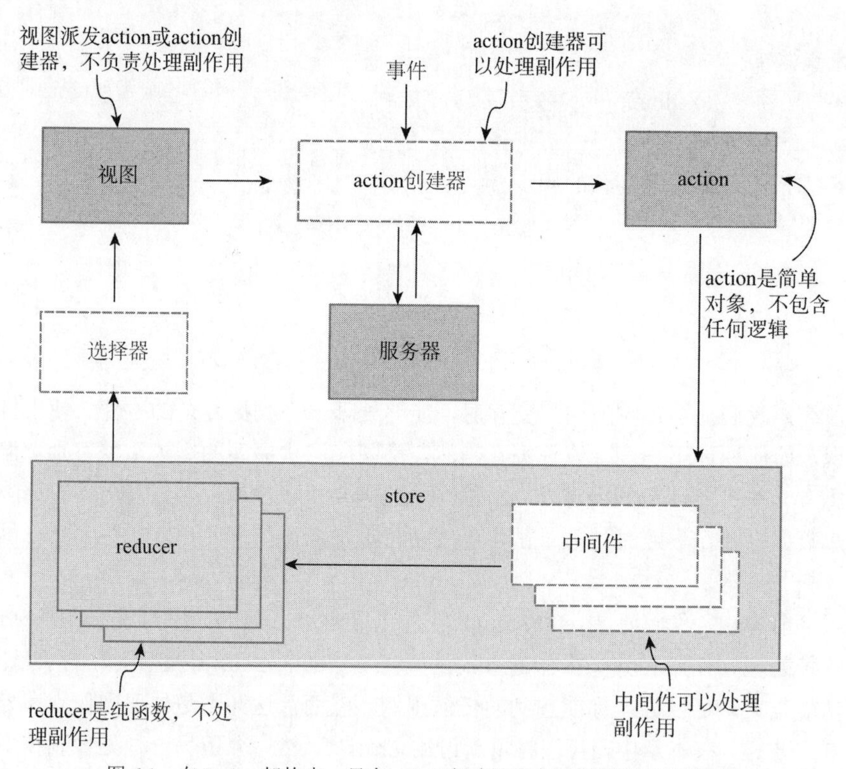

图 6.1　在 Redux 架构中，只有 action 创建器和中间件应该处理副作用

应该明确的是：当问及期望在何处处理副作用时，答案并不限于 action 创建器或中间件中的任何一个，两者都是完全合理的答案。`redux-thunk` 软件包提供了中间

件来处理 action 创建器返回的函数，这也是 action 创建器和中间件协作管理副作用的典型示例。

在后续内容中，将对比 thunk 和另一种利用中间件的模式：Redux saga。接下来从 thunk 开始。

6.2 回顾 thunk

通过前面的学习，你已经非常了解 thunk 了，可以使用它们与远程服务器交互以获取任务列表或创建新任务。如前所述，Redux store 及其 reducer 知道如何处理 action。action 通常可以描述事件，例如，打开模态对话框，这可能是单击按钮或派发类型为 `OPEN_MODAL` 的 action 后产生的结果。

当需要调用 AJAX 以填充模态对话框的内容时，事情变得更加复杂。例如，可以选择仅在 AJAX 调用返回结果后派发一个 action，或者在 AJAX 调用过程中派发多个 action 以指示加载进度。同样，store 可以处理 action，但是 store 并不具备处理函数或 promise 的能力，因此，依赖于开发人员确定到达 store 的内容是不是 action。

当需要执行异步任务时，`redux-thunk` 使得 action 创建器可以返回一个函数来替代 action。在 action 创建器 `fetchTasks` 中，返回了一个匿名函数(thunk)。thunk 中间件提供了 `dispatch` 和 `getState` 参数，因此在函数内可以访问当前 store 的内容并派发新的 action，以指示当前加载状态是处于成功状态还是失败状态。查看代码清单 6.1 以进行简单回顾。

代码清单 6.1　src/actions/index.js

```
export function fetchTasks() {            ◄── action 创建器返回的函数也称为 thunk
  return (dispatch, getState) => {
    dispatch(fetchTasksRequest());        ◄── 在 thunk 内，可以派发更多 action 创建器
    ...
    dispatch(fetchTasksSuccess());        ◄── 基于副作用的结果，可能发生更多派发操作
    ...
  }
}
```

6.2.1 优势

thunk 对 Redux 应用程序而言非常有意义，thunk 易于使用，文档完善，并且功能强大，足以成为唯一需要的副作用管理工具。

简单

在代码编写层面，`redux-thunk` 的源代码为 14 行，如果不计算换行符，则仅有

11 行。安装和使用都非常直观，且对新手友好。此外，可以在 GitHub 仓库中找到非常优秀的文档，并在 Redux 教程中找到使用示例。

鲁棒性

虽然在本章中你会了解到一些其他的副作用管理工具，但是可以仅使用 thunk 完成工作。任务的复杂程度可能是任意的，使用 thunk，可以自由地派发其他 action 创建器，发起并响应 AJAX 请求和本地存储交互，等等。

缓和的中间件

虽然这是一个次要相关的话题，但是值得一提。对于大部分开发人员而言，`redux-thunk` 是他们接触 Redux 中间件的第一站。中间件通常是 Redux 众多难点中最不易掌握的难点之一，而实现 `redux-thunk` 的过程与我们可获得的中间件介绍内容基本一致，曲线比较缓和。对于 Redux 社区和开发人员而言，这是一种净收益，因为有助于揭开架构的部分神秘面纱。

6.2.2 不足

当然，任何工具都有两面性，thunk 的简单性是一把双刃剑，thunk 易于编写，但是也意味着需要开发人员自己编写所需的高级功能。

冗余

将复杂逻辑或多个异步事件汇总至同一个 thunk 可能产生可读性及可维护性较差的函数。无法发现这些情况背后的问题，当然也就无法引入工具函数来帮助解决问题，所以需要开发人员自己管理这类问题。

测试

测试是 thunk 最明显的弱点之一，这通常是因为需要导入、创建、填充模拟 store，然后才能断言派发的 action。最重要的是，可能需要模拟任何 HTTP 请求。

6.3 saga 介绍

见名知意，saga 旨在处理数据粗糙、杂糅的问题。通过使用 ES2015 中的功能——生成器，`redux-saga` 软件包提供了一种强有力的方式，可以编写并合理组织复杂的异步行为。使用一点新语法，saga 可以使异步代码拥有与同步代码一致的可读性。

本章不会详尽地介绍 `redux-saga` 及其所有用例或功能，目标是要对基础知识足够熟悉，进而清楚下一个功能是否可以从使用 saga 中获益。答案并不总是肯定的。

典型示例是用户登录工作流程。用户登录可能需要多次调用远程服务器以验证凭证，发出或验证授权令牌，然后返回用户数据。毫无疑问，可以使用 thunk 处理这些流程，但是这些领域正是 saga 擅长之处。

6.3.1　优势

如前所述，saga 并不是每个问题的答案，接下来将探索 saga 的优势所在。

处理复杂性及长时间运行的任务

saga 帮助开发人员以同步方式思考异步代码。可以使用替代控制流而非手动处理链式 promise 以及伴随的面条似的长段代码，从而产生更为清晰的代码。尤其具有挑战性的一类副作用是长时间运行的任务。可以遇到的这类问题的简单示例是秒表应用。使用 `redux-saga` 实现时则很简单。

测试

saga 不执行或解决副作用，而只是返回如何处理副作用的描述。执行权则留给了里面的中间件。因此，测试 saga 是很简单的。可以测试 saga 是否返回正确的副作用描述，而无须模拟 store。本章中不会介绍 saga 测试，但是官方文档(https://redux-saga.js.org/docs/advanced/Testing.html)中有示例。

6.3.2　不足

权力越大，责任越大。接下来将讨论 `redux-saga` 的两面性。

学习曲线

当雇用新的 Redux 开发人员加入团队时，可以安全地假设他们精通 thunk。但是对于 saga 而言，并非如此。使用 `redux-saga` 的常见成本是让不熟悉的开发人员或开发团队快速上手时所需耗费的时间。生成器的使用和不熟悉的范例可以使学习曲线变得陡峭。

笨重

简而言之，对于简单的应用程序而言，`redux-saga` 过于繁杂。根据以往经验，更偏向于在使用 thunk 的过程中，当遇到足够多的痛点时才引入 saga。须知，这里会存在关联的额外成本，对于开发人员入职和额外的文件大小而言，尤其如此。

6.4　生成器概述

本书假设你熟悉最著名的 ECMAScript 2015 语法，但是生成器例外。虽然生成器启用强大的功能，但是语法比较陌生，对于它们的用例也仍在探索。对于许多 React

开发人员而言，redux-saga 是他们关于生成器函数的第一堂课。

简而言之，生成器是可以暂停和恢复的函数。Mozilla 开发人员网站将生成器描述为“可以退出，之后重新进入的函数”。它们的上下文(变量绑定)将在恢复的入口处保留。将生成器视为后台进程或子程序对于理解很有帮助。

6.4.1 生成器语法

生成器与任何其他函数类似，只是声明时要在关键字 function 的后面添加一个星号，如下所示：

```
function* exampleGenerator (){ … }
```

注意，当声明生成器时，星号可能在 function 关键字和函数名之间的任何位置。以下示例在功能上是一致的：

```
function* exampleGenerator() { … }
function *exampleGenerator() { … }
function*exampleGenerator() { … }
function * exampleGenerator() { … }
```

本书以第一个示例作为标准，因为它在业界更受欢迎，并且是 redux-saga 文档中书写格式的首选。虽然在本章中不会编写代码，但是你需要知道生成器也可以是匿名的：

```
function* () { ... }
function *() { ... }
function*() { ... }
function * () { ... }
```

生成器可以产生结果。yield 关键字可用于从生成器函数返回值。请参阅以下代码清单 6.2。

代码清单 6.2 基本的生成器示例

```
function* exampleGenerator() {      ← 生成器函数用星号表示
  yield 42;                         ← yield 关键字提供生成器函数的返回值
  return 'fin';
}
```

执行exampleGenerator()函数会发生什么情况呢？可以在终端输入并尝试一下。假设已经安装了 Node.js，可以在终端窗口中输入 node 以启动 NOde.js REPL，然后编写代码清单 6.2 中的函数并执行。与期望不一致，对吗？终端似乎输出了一个空对象。

6.4.2　迭代器

生成器返回的是一个迭代器。迭代器是对象，但是非空。迭代器跟踪自己在序列中的位置，并返回序列中的下一个值。迭代器有一个 `next` 函数，可以用来执行生成器中的代码，直至遇到下一个 `yield`，如下所示：

```
exampleGenerator();        //=> {}
exampleGenerator().next(); //=> { value: 42, done: false }
```

注意 `next` 函数的输出。结果是一个对象，包含两个键——`value` 和 `done`。`value` 表示 `yield` 输出的内容 42。`done` 对应的值为 false，表示如果继续调用，生成器将提供更多数据。此时，生成器被有效暂停并等待再次调用，以便在 `yield` 语句之后恢复执行。继续执行：

```
exampleGenerator();        //=> {}
exampleGenerator().next(); //=> { value: 42, done: false }
exampleGenerator().next(); //=> { value: 42, done: false }
exampleGenerator().next(); //=> { value: 42, done: false }
```

发生了什么呢？是 `value` 不应该为字符串 `fin` 并且 `done` 返回 `true` 吗？不要因此而感到困惑。

每次执行 `exampleGenerator` 函数时都会返回一个新的迭代器，需要将这个迭代器保存到变量中，然后在存储的迭代器上调用 next 方法。有关示例请参阅以下代码清单 6.3。

代码清单 6.3　迭代生成器示例

```
const iterator = exampleGenerator();                 ← 存储生成器函数创建的迭代器
iterator.next(); // { value: 42, done: false }
iterator.next(); // { value: 'fin', done: true }     ← 到达 return 语句，done 的值变为 true
iterator.next(); // { value: undefined, done: true } ← 继续调用 next，value 值为 undefined
```

至此，你已经看到了在生成器中使用的 `yield` 和 `return` 语句，并且了解了 `yield` 语句将返回一个值，并且 `done` 的值变为 false。`return` 与 `yield` 语句一样，但是 `done` 的值变为 true。还存在第三种选项：`throw`。在本章中不会使用 throw，但是使用 throw 可以在发生错误时中断生成器函数。有关 throw 的更多信息，请参见 https://developer.mozilla.org/en-US/docs/Web/JavaScript/Reference/Global_Objects/Generator/throw。

6.4.3　生成器循环

通常，程序中出现的无限循环都是意外编写出现的，也可能发生在团队中最优秀的开发人员身上。而对于生成器而言，无限循环是一种可行的使用模式。以下代码清单 6.4 是一个有意为之的无限循环示例。

代码清单 6.4　无限循环示例

```
function* optimisticMagicEightBall() {
  while (true) {                          ← 使用 while(true)块创
    yield 'Yup, definitely.';               建一个无限循环
  }
}
```

使用生成器函数 optimisticMagicEightBall 可以回答无限个问题。每次调用迭代器的 next 函数都将返回肯定的答案，然后暂停，等待循环再次开始。

也可以组合生成器，也就是在生成器中使用生成器。在这种情况下，如代码清单 6.5 所示，循环遍历 count 函数会按序输出数字 1～5，因为 count 函数会被阻塞，直至 middleNumbers 执行完。yield*语法用于将当前执行权委托给另一个生成器。

代码清单 6.5　组合生成器示例

```
function* count() {
  yield 1;
  yield 2;
  yield* middleNumbers();    ← middleNumbers 生成器在
  yield 5;                     继续执行 5 之前完成
}

function* middleNumbers() {
  yield 3;
  yield 4;
}
```

尽管这些示例是人为随意编写的，但是在继续之前务必确保它们有意义。redux-saga 软件包会大量使用它们。

6.4.4　使用生成器的原因

JavaScript 虽然功能很强大，但却在管理一系列异步事件方面素来声誉不太好。众所周知，回调地狱(callback hell)用于描述 JavaScript 代码库中经常出现的深层嵌套的链式异步函数。创建生成器是在为异步操作提供备用控制流。

生成器是适用广泛的工具，同样，这些应用仍然未被发现。复杂的异步操作和长时间运行的任务是引入生成器以获得可读性和可维护性的两个最常见的机会。

生成器也是工具构建平台，可以构建更强大或对开发更友好的工具。流行的 ES7 功能 sync/await 利用生成器创建了另一种非常易于使用的方式以处理复杂的异步事件，从而为构建更复杂的特定领域库，例如 redux-saga，大开方便之门。

6.5　实现 saga

我们从理解生成器的基础原理，开始逐步深入 saga。作为练习，尝试将 Parsnip 应用程序的一个 thunk，比如 `fetchTasks` action 创建器，重构成 saga。从视觉上看，最终结果与现有功能保持一致，但在底层细节上，使用的是一种全新的范例。需要明确的是，重构的净收益并不会太大：更好的可测试性也带来代码的复杂性。价值在于理论实践。

第一步是安装软件包。在 Parsnip 应用程序中，添加 `redux-saga`：

```
npm install redux-saga
```

在后续章节中，将介绍如何配置应用程序以使用 `redux-saga` 中间件，然后就可以开始编写第一个 saga。其实，saga 和 thunk 都是实现同一目标的工具，并且对于构建的每个功能，都可以选择任意合适的工具。

6.5.1　将 saga 中间件连接至 store

saga 作为中间件运行，并且中间件在创建 store 时进行注册。提示一下，Redux 的 `createStore` 函数最多可以接收三个参数：reducer、初始状态和增强器。在上一章中，介绍了中间件在最后一个参数中作为 store 增强器传递使用。此处将再次注册 `redux-saga` 为中间件。提示：本章以第 4 章中的代码为起点。如果正在编写代码，则需要回滚变更或者切换到第 5 章中的代码分支。

在代码清单6.6中，导入并使用 `createSagaMiddleware` 工厂函数。Redux 的 `applyMiddleware` 函数接收一个参数列表，所以可以同时添加 saga 中间件和 thunk 中间件。需要明白的是，中间件的顺序决定了 action 将通过它们的顺序。

代码清单 6.6　src/index.js

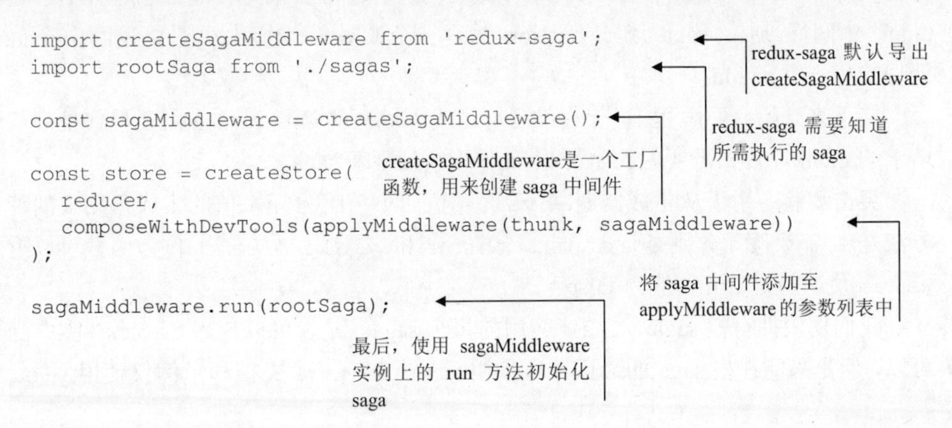
redux-saga 默认导出 createSagaMiddleware
redux-saga 需要知道所需执行的 saga
createSagaMiddleware是一个工厂函数，用来创建 saga 中间件
将 saga 中间件添加至 applyMiddleware 的参数列表中
最后，使用 sagaMiddleware 实例上的 run 方法初始化 saga

```
import createSagaMiddleware from 'redux-saga';
import rootSaga from './sagas';

const sagaMiddleware = createSagaMiddleware();

const store = createStore(
  reducer,
  composeWithDevTools(applyMiddleware(thunk, sagaMiddleware))
);

sagaMiddleware.run(rootSaga);
```

另外，没有理由不在同一个应用程序中同时使用 thunk 和 saga，事实上，确实很多应用程序遵循这个原则。

将 saga 视为子程序或许会有所帮助，并且子程序需要调用代码清单 6.6 的最后一行代码中的 run 方法，以便开始监听 action。一旦配置好 saga 中间件，就可以执行顶级或根 saga。在 6.5.2 节中，开始介绍如何编写根 saga，将生成器投入使用。

6.5.2 根 saga 介绍

代码清单 6.6 中的代码并不执行任何操作，因为导入的根 saga 还没有编写任何内容。下面开始配置 redux-saga。在 src 目录下创建一个名为 saga.js 的新文件。在该文件中，编写 rootSaga 生成器函数，在该函数内打印一条日志信息到控制台，如代码清单 6.7 所示。

代码清单 6.7 src/sagas.js

```
export default function* rootSaga() {
  console.log('rootSaga reporting for duty');
}
```

在 function 关键字的后面添加星号以表示生成器

如果一切顺利，在重启服务器后可以看到控制台输出了日志信息。如果在使用 json-server 时遇到问题，可阅读附录中的设置说明。到目前为止，一切顺利。现在先暂停介绍 saga，总结一下目前获得的成果和后续目标。

配置 store 以使用 saga 中间件后，使用中间件执行根 saga。因为跟踪单个入口点更简单，所以根 saga 的作用就是协调应用程序中使用的所有其他 saga。根 saga 实现后，它将启动其他 saga 并在后台运行，监听并响应特定类型的 action。如前所述，可以同时使用 thunk，所以每个 saga 都会监听并仅响应特定类型的 action。对上述过程进行可视化展示，如图 6.2 所示。

applyMiddleware 函数接收的参数中，中间件的顺序是 action 通过中间件的顺序。sagaMiddleware 列为第一个，派发的所有值都会优先传递给它，然后才传给 thunk 中间件。通常，saga 会响应 action，处理一个或多个副作用，并最终返回由 reducer 处理的另一个 action。

接下来开始介绍编程细节，你准备好了吗？编写的第一个 saga 需要替代处理任务请求的 thunk。首先需要做的是让根 saga 接收处理新 saga。

突击测验：用于从生成器返回 value 值而不声明 done 值的生成器相关的特定方法是哪 3 个呢？分别是 return、throw 和 yield。Yield 作为函数可以返回 value 值，但是 done 值为 false。

我们期望拥有根 saga yield 应用的每个 saga。是否可以使用 return 呢？当然可以，但是只能在根 saga 的最后一行使用。redux-saga 文档和示例仅使用 yield，这也是通常使用的模式。

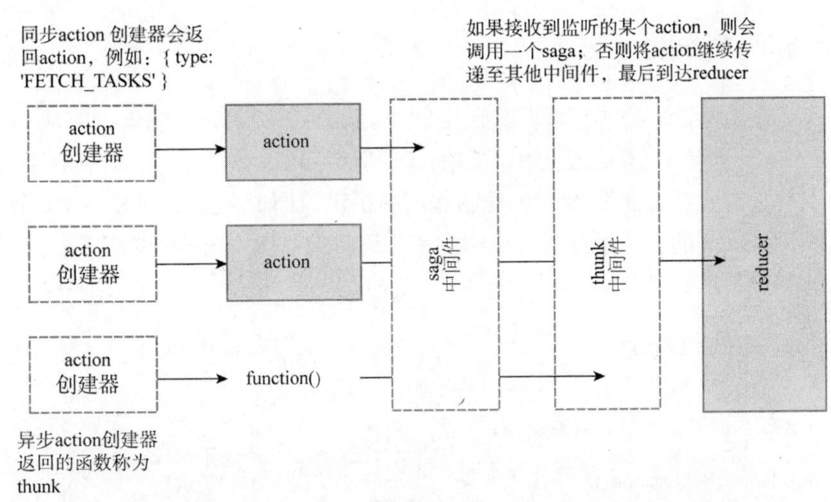

图 6.2　saga 将响应特定类型的 action。如果接收到另一种 action 类型或 thunk，saga 会将其原封不动地透传给 saga 中间件

在代码清单 6.8 中，会将根 saga `yield` 展示给另一个 saga，该 saga 负责最终监听 `FETCH_ TASKS` action。诸如 `watchFetchTasks` 之类的 saga 有时候被称为监听者，因为它们无限地等待并监听特定 action。组织多个监听者的一种常见范式是使用 fork 将它们形成分支。只需要花一分钟时间就可以了解关于 fork 的基本信息。目前只编写了一个监听者，但是为了示范，需要在以下代码清单 6.8 中添加第二个监听者，以便演示这种通用范式。

代码清单 6.8　src/sagas.js

```
import { fork } from 'redux-saga/effects';          // 从 redux-saga/effects 软件包引入 fork

export function* rootSaga() {
  yield fork(watchFetchTasks);          // 每个监听者将允许
  yield fork(watchSomethingElse);       // 根 saga 前进到下一个监听者
}

function* watchFetchTasks() {          // 每个监听者也是生成器
  console.log('watching!');
}

function* watchSomethingElse() {
  console.log('watching something else!');
}
```

fork 又处理了什么呢？当执行根 saga 时，fork 会在每个 yield 语句处暂停，直至副作用完成。fork 允许根 saga 前进到下一个 yield 语句，而无须解决当前分支监听者。每一个分支应该都是非阻塞的。这种实现是有意义的，因为我们期望在初始化时启动所有监听者，而非仅仅启动列表中的第一个。

6.5.3 副作用

在代码清单 6.8 中，可以看到并非从 `redux-saga` 引入 fork，而是从 `redux-saga/effects` 引入。fork 是可用于辅助管理所谓 effect 方法之一。对于新手而言，常见的误解是需要在 saga 中编写处理副作用的逻辑。比如，执行 AJAX 请求。事实并非如此！相反，saga 的作用是返回对象结构所需逻辑的描述。图 6.3 介绍了 `call` 方法以说明这类关系。

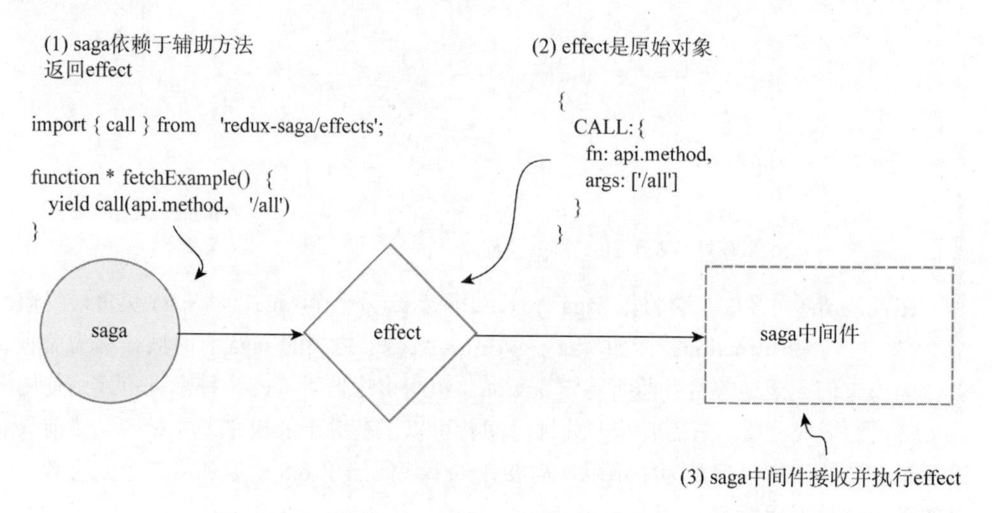

图 6.3 saga 返回 effect，这些 effect 是 saga 中间件执行的指令

代码清单 6.8 中使用的 `call` 方法类似于 JavaScript 的 `call` 函数，后面很快会再次使用，调用 AJAX 请求以获取任务列表。一旦使用 `redux-saga` 的特定方法生成 effect，saga 中间件将独立于视图进程处理并执行所需的副作用。在后续获取任务的实现中，将介绍关于这些方法的更多信息。

6.5.4 响应并派发 action

监听者只有在接收到正确的 action 时才会做出响应，这引起了许多讨论。我们需要的方法也是从 `redux-saga/effects` 引入的辅助工具方法：`take`。`Take` 方法用于在接收到特定 action 时唤起并组合 saga。与 fork 不同，这是阻塞调用，意味着无限循环将暂停以等待另一个类型为 `FETCH_TASKS_STARTED` 的 action 到达。代码清单 6.9 展示了基础用法。

只有在 `FETCH_TASKS_STARTED` action 被派发并且调用 `take` 方法后才会输出“started!”日志至控制台中展示。我们在 saga 中引入一个无限循环来强化突出此功能。

在阅读本章前面的生成器相关介绍后，你对于这些技术应该没有什么疑问了。

代码清单 6.9　src/sagas.js

```
import { fork, take } from 'redux-saga/effects';    ← 从 effects 软件包引入 take
...
function* watchFetchTasks() {
  while (true) {                                    ← 监听者使用无限循环来处理 action
    yield take('FETCH_TASKS_STARTED');              ← 在允许 saga 继续之前等待给定的 action 类型
    console.log('started!');
  }
}
```

如果期望继续编写代码，则需要删除或注释 thunk 相关的功能代码。我们需要与 saga 进行的交互只是派发一个 `FETCH_TASKS_STARTED` 类型的 action。可以导出 `fetchTasksStarted` action 并将其传递至 `App` 组件的 `componentDidMount`，通过使用 `dispatch` 方法实现此操作。

至此，基本介绍完了关于响应 action 的基本知识，后续开始介绍另一个相关知识点：派发新 action。此时需要使用的方法就是 `put`。`put` 将期望传递的 action 以参数的方式，传递给中间件的其余部分和 reducer。现在回到 `call` 方法，并且串联剩余内容以完成此功能。

代码清单 6.10　src/sagas.js

```
import { call, fork, put, take } from 'redux-saga/effects';    ← 导入使用的辅助方法
...
function* watchFetchTasks() {
  while (true) {
    yield take('FETCH_TASKS_STARTED');
    try {
      const { data } = yield call(api.fetchTasks);    ← call 是一个阻塞方法，用于调用 AJAX 请求
      yield put({                                     ← 在请求成功或失败后，使用 put 方法派发一个新的 action
        type: 'FETCH_TASKS_SUCCEEDED',
        payload: { tasks: data }
      });
    } catch (e) {
      yield put({
        type: 'FETCH_TASKS_FAILED',
        payload: { error: e.message }
      });
    }
  }
}
```

整个任务获取功能都已经使用 saga 替代 thunk 实现了！当派发 `FETCH_TASKS_STARTED` action 时，saga 被唤醒。之后等待中间件执行 AJAX 请求，然后使用请求

结果派发表示请求成功或失败的 action。

为了验证代码是否可运行，需要在 action 创建器 `fetchTasks` 中删除或注释相关的 thunk 代码，如此才不会导致两个系统竞争处理 action。只需要一个同步 action 创建器来派发 `FETCH_TASKS_STARTED` action。有关示例，请参见代码清单 6.11。而且，本书已经介绍了如何调试这类应用程序。通过前面的学习，你应该已经了解到：传递给 `applyMiddleware` 的列表内中间件的顺序就是action 传递通过这些中间件的顺序。

代码清单 6.11 src/actions/index.js

```
...
export function fetchTasks() {
  return { type: 'FETCH_TASKS_STARTED' };
}
...
```

saga 中间件处理 AJAX 请求以响应此类 action

如果将任务获取功能的完整 saga 实现与 thunk 实现做对比，就可以发现它们依然有相同之处。它们的代码量大致相同，逻辑也比较相似。然而，引入 saga 无疑增加了复杂性，更陡峭的学习曲线是否值得在应用程序中引入使用呢？

前面提到过，saga 比 thunk 更易于测试，但并未加以证明。这个优势确实有一定的价值。学习一种新的编程范式也很有价值。然而，如果对此依然存在疑问，或者说不同意这个观点，也没关系。说服开发团队引入没有清晰价值的新的复杂工具是一件很难的事。

幸运的是，目前尚未深入讨论 saga 优势所在。举个简单的例子，假设希望在接收新请求时，取消未完成的旧的同类请求。在 thunk 中，需要做额外的工作，但是 `redux-saga/effects` 提供的 `takeLatest` 方法可以实现此功能。`takeLatest` 方法可以替换根 saga 中的 `fork` 方法，如下面的代码清单 6.12 所示。

代码清单 6.12 src/sagas.js

```
import { call, put, takeLatest } from 'redux-saga/effects';
...
export default function* rootSaga() {
  yield takeLatest('FETCH_TASKS_STARTED', fetchTasks);
}

function* fetchTasks() {
  try {
    const { data } = yield call(api.fetchTasks);
    yield put({
      type: 'FETCH_TASKS_SUCCEEDED',
      payload: { tasks: data },
    });
  } catch (e) {
    yield put({
```

takeLatest 在新进程开始时取消旧进程

不再需要其他无限循环，因为 takeLatest 继续监听 action 类型

```
        type: 'FETCH_TASKS_FAILED',
        payload: { error: e.message },
      });
    }
  }
  ...
```

takeLatest 方法在后台创建了一个具有额外功能的分支。为了提供预期功能，必须监听每个类型为 FETCH_TASKS _STARTED 的 action。这使得无须执行前面介绍的相同操作，就可以从 watchFetchTasks saga 中移除无限循环和 take 函数。当执行 watchFetchTasks saga 时，不再负责监听 action 类型，所以建议将名称调整为 fetchTasks。

刷新浏览器即可看到相同的结果，但是后面还有更多的使用旧处理方式的代码。为了实现新功能，需要删除的代码多于新增代码。这几乎是一种双赢的操作。

6.6 处理长时间运行的进程

在介绍生成器时，提到了处理长时间运行的进程可能是理想的用例。长时间运行的进程，其形式可能是多种多样的，其中的教科书式示例是计时器或秒表。按照这个想法，为 Parsnip 应用程序添加一项额外的功能，但是稍微做些调整。在本节中，将为每个任务添加一个唯一的计时器，计时器在对应任务的状态变成“进行中”(In Progress)时开始。当完成此功能时，效果如图 6.4 所示。

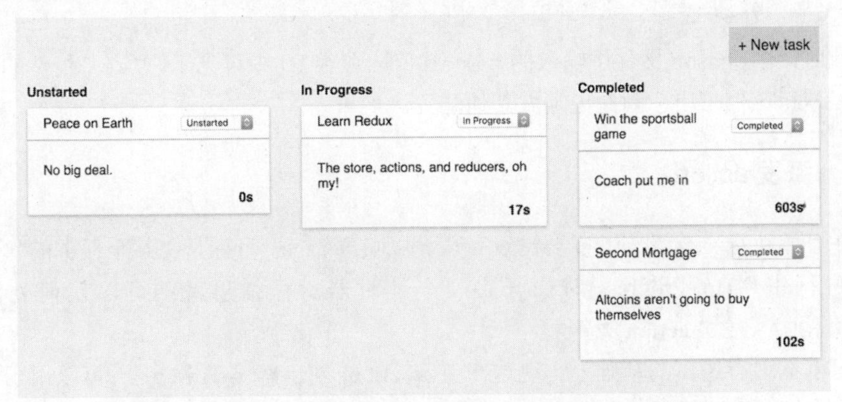

图 6.4　为每个任务都展示一个计时器，显示它们运行了多长时间

6.6.1 准备数据

至少需要从服务器获取每个任务的计时器的起始时间值。为了简单起见，每个任务拥有 timer 键，值的类型为整数，表示任务处于进行中的时间，单位为秒。有关简要示例，请参阅以下代码清单 6.13。选择的具体数值并不重要。

代码清单 6.13 db.json

```
...
{
  "tasks": [
    ...
    {
      "id": 2,
      "title": "Peace on Earth",
      "description": "No big deal.",
      "status": "Unstarted",
      "timer": 0        ← 为每个任务提供 timer 键，值为整数
    }
    ...
  ]
}
...
```

务必为每个任务添加 timer 键。另外，这是 JSON 格式，所以不要忘记给 timer 键添加引号，整数则不需要引号。

6.6.2 更新用户界面

接下来开始在任务中显示新的计时器数据。由于只是在非常简单的 React 代码中添加少量代码，因此无须发布整个组件。在 Task 组件内，在任务主体的某处渲染 timer 属性。以下面的代码为示例，样式可以自定义设置，“s”是秒的缩写：

```
<div className="task-timer">{props.task.timer}s</div>
```

此时，在 db.json 文件中输入的 timer 值应该在 UI 中可见了。Task 组件的父组件已经使得该值可用，因此无须做其他配置。

6.6.3 派发 action

在开始执行 saga 之前，需要派发 action 以唤醒 saga。目标是在某个任务的状态变为“进行中”(In Progress)时，开启一个计时器。仔细思考：可以在何处派发 TIMER_STARTED action 呢？

可以在现有逻辑的基础上实现这一点。action 创建器 editTask 可以用于切换 action 状态值，因此只要目标任务的 action 状态值是“进行中”，就可以派发其他 action。有关示例实现，请参阅代码清单 6.14。

代码清单 6.14 src/actions/index.js

```
...
function progressTimerStart(taskId) {
  return { type: 'TIMER_STARTED', payload: { taskId } };    ← saga 将监听的 action
```

```
}

export function editTask(id, params = {}) {
  return (dispatch, getState) => {
    const task = getTaskById(getState().tasks.tasks, id);
    const updatedTask = {
      ...task,
      ...params,
    };
    api.editTask(id, updatedTask).then(resp => {
      dispatch(editTaskSucceeded(resp.data));
      if (resp.data.status === 'In Progress') {       ◄── 如果任务的状态切换至“进行中”，则派发其他 action
        dispatch(progressTimerStart(resp.data.id));
      }
    });
  };
}
```

需要将任务的 ID 传递至 action，当同时有多个计时器递增时，需要确切地知道哪个任务需要进行递增或暂停。

6.6.4　编写长时间运行的进程

如果理解了本章的所有内容，那么关于在何处处理 saga，你也许已经有了自己的想法。一种策略是监听 `TIMER_STARTED` 类型的 action，然后在无限循环内每秒递增一次计时器。这也是适合开始学习的地方。

可以从在根 saga 中注册名为 `handleProgressTimer` 的 saga 开始，也可以在此处介绍一下 fork 的替代方法。当期望限制对远程服务器的 API 请求的使用频次时，`takeLatest` 方法很有意义。但是有时候我们也期望放开所有请求限制，需要使用的方法是 `takeEvery`。

`handleProgressTimer` 的实现将引入新方法 `delay`。`delay` 是阻塞方法，意味着 saga 将暂停，直至 `delay` 方法被决议。完整实现参见代码清单 6.15。

注意我们不是从 `redux-saga/effects` 导入 `delay`，而是从 `redux-saga` 导入。`Delay` 方法对于产生新的 effect 对象没有帮助作用，因此它不与其他 `effect` 辅助方法一起出现。代码清单 6.15 中的 `call` 方法将接收 `delay` 作为参数，然后产生一个新的 effect，这与前面发起的 API 请求的使用方式相同。

代码清单 6.15　src/sagas.js

```
import { delay } from 'redux-saga';       ◄── 从 redux-saga 导入 delay 方法
import { call, put, takeEvery, takeLatest } from 'redux-saga/effects';   ◄── 将 takeEvery 方法添加至导入列表
```

```
export default function* rootSaga() {
  yield takeLatest('FETCH_TASKS_STARTED', fetchTasks);
  yield takeEvery('TIMER_STARTED', handleProgressTimer);
}

function* handleProgressTimer({ payload }) {
  while (true) {
    yield call(delay, 1000);
    yield put({
      type: 'TIMER_INCREMENT',
      payload: { taskId: payload.taskId },
    });
  }
}
...
```

每次派发 TIMER_STARTED 时都调用 handleProgressTimer 函数

action 属性以参数形式可用

action 状态为“进行中”时，执行无限循环

将任务的 ID 传递给 reducer 以查找需要递增的任务

delay 用于在递增之间等待 1 秒(1000 毫秒)

无须做其他配置，take、takeEvery 和 takeLatest 方法将 action 传递给提供的函数或 saga。

handleProgressTimer 可以从 action 负载访问 taskId，最终指定需要更新的任务。

6.6.5 处理 reducer 中的 action

saga 每秒都会派发一个 TIMER_STARTED 类型的 action。到目前为止，你已经明确了 reducer 的职责就是定义如何在响应 action 时更新 store。需要在 tasks reducer 中创建 case 语句以处理 action。大部分代码与在 tasks reducer 中处理 EDIT_TASK_SUCCEEDED action 的代码相同。

目标是找到所需任务，更新其 timer 值，然后返回任务列表，如下列代码清单 6.16 所示。

代码清单 6.16 src/reducers/index.js

```
...
case 'TIMER_INCREMENT': {
  const nextTasks = state.tasks.map(task => {
    if (task.id === action.payload.taskId) {

      return { ...task, timer: task.timer + 1 };
    }
    return task;
  });

  return { ...state, tasks: nextTasks };
}
...
```

将新的 action 类型添加至 tasks reducer

遍历现有任务，创建更新版本

如果匹配任务的 ID，则递增任务的 timer 值

返回更新后的任务列表

以上代码中包含了实现。如果尝试在本地机器上运行，则会发现当任何任务进入“进行中”状态时，计时器将开始计时。效果与期望的一致，多任务可以并行、独立地递增。很不错，对吧？

但是不要过早开始庆祝，目前的解决方案比较勉强。在本章的练习中，当进行中的任务切换至“已完成”或“未开始”时，需要实现停止计时器的功能。如果尝试将这种功能添加至现有 saga 中，你最终会对任务没有响应 `TIMER_STOPPED` action 或者递增循环次数超出预期感到疑惑。

6.6.6 使用通道

本节将解决令人困惑的问题，并揭示此处的细节。`takeEvery` 为收到的每个 `TIMER_STARTE` 类型的 action 启动一个新的进程。每次将任务的状态切换至“进行中”时，一个独立的进程开始派发 `TIMER_INCREMENT` action。这是正确的，我们期望每个任务可以独立地递增。然而，`TIMER_STOPPED` action 是由 `handleProgressTimer` saga 接收处理的，它也会启动一个新的进程，该进程独立于处理计时器递增的进程。如果无法追踪特定的递增进程，则无法停止该进程。有关说明参见图 6.5。

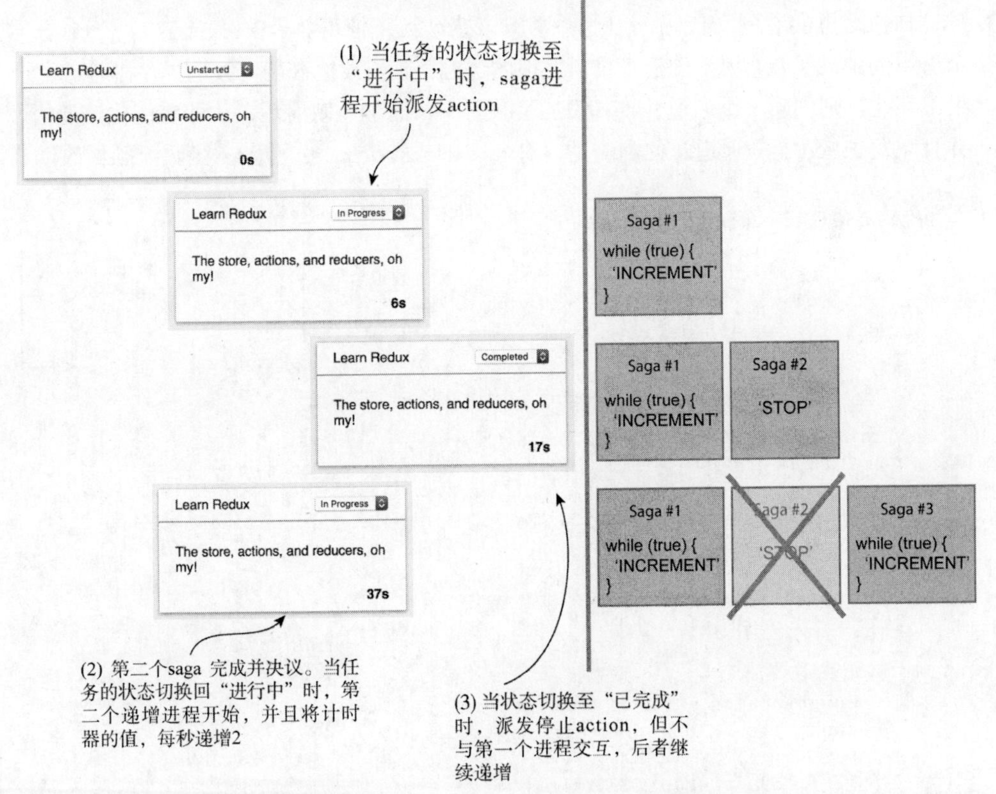

图 6.5　takeEvery 方法为每个 action 创建一个新的 saga 进程

在图 6.5 中，可以看到有两次在将某任务的状态切换至“进行中”时，有两个独立的循环会每秒递增一次计时器的值。这显然不符合期望的效果。如果使用 takeLatest 而非 takeEvery，则每次仅有一个任务递增其计时器的值。最终，我们期望的功能恰恰与 takeLatest 实现的效果吻合，每个任务有其独立的进程。简而言之，如果启动一个进程，就需要支持停止该进程。这正是期望建立的功能。

为了实现此功能，需要使用另一个 redux-saga 工具——通道(channel)。在官方文档中，通道被描述为“用于在任务之间发送和接收消息的对象”。此处引用的任务是指我们前面所说的进程，以免命名与 Parsnip 任务混淆。通常，我们使用通道作为 saga 进程的命名方式，以便可以再次访问同一通道。如果对语言描述感到困惑，可以使用代码清晰解释该过程。

我们期望实现的是为每个启动了计时器的 Parsnip 任务创建唯一的通道。如果保留一个通道列表，那么当任务的状态切换至“已完成”时，可以将 TIMER_STOPPED action 发送至正确通道。

可通过创建一个辅助函数来管理这些通道，从而使实现思路变得清晰一些。将此函数命名为 takeLatestById，它可以将每个 action 发送至正确通道。如果发送进程不存在，则会创建一个新进程。代码清单 6.17 中的代码提供了一个实现示例。

你在这里会看到新代码，但是并不应该感动丝毫惊讶。takeLatestById 是一个通用的辅助函数，用于创建可重新发现的进程。该函数检查某任务是否存在通道，如果不存在，则创建一个通道并将其添加至映射中。添加至映射后，立即实例化该通道，并且派发 action 至新通道。便利的是，对 handleProgressTimer 函数无须做改动。

代码清单 6.17 src/sagas.js

```
import { channel, delay } from 'redux-saga';                         ← 添加通道至导入列表
import { call, put, take, takeLatest } from 'redux-saga/effects';    ← 将 take 添加回 effect 导入列表
...

export default function* rootSaga() {
  yield takeLatest('FETCH_TASKS_STARTED', fetchTasks);

  yield takeLatestById('TIMER_STARTED', handleProgressTimer);   ← 使用根 saga 初始化辅助函数
}

function* takeLatestById(actionType, saga) {
  const channelsMap = {};                    ← 存储创建通道的映射

  while (true) {
    const action = yield take(actionType);
    const { taskId } = action.payload;

    if (!channelsMap[taskId]) {
      channelsMap[taskId] = channel();       ← 如果任务中不存在通道，则创建一个
```

```
      yield takeLatest(channelsMap[taskId], saga);  ← 为任务创建新进程
    }

    yield put(channelsMap[taskId], action);  ← 派发一个 action 至特定进程
  }
}
...
```

如果在本地机器上启动应用程序，就可以体验到相同的功能，但是有一个重要差异。两次切换某任务的状态至“进行中”时，会产生一个而非两个 saga 进程。辅助函数设置使用 takeLatest 监听者操作 saga。当任务的状态被第二次切换至“进行中”时，`takeLatest` 函数取消第一个进程并启动一个新进程，但不会为某任务创建多个递增循环。实现过程大致如此。

6.7　练习

所有脚手架都已配置好，只需要编写一些代码，将停止计时器功能添加至 Parsnip 应用程序。具体而言，期望的是在任务的状态从“进行中”切换至“未开始”或“已完成”时，停止计时器。

只需要编写几行代码并不意味着很简单。完成这项练习将是对目前所学内容的一次很好的自我验证。可以从如下小提示开始：可以配置 `take` 等函数以一次性接收和响应多种 action 类型。为了实现此功能，可以将 action 类型的字符串数组作为第一个参数传递。

6.8　解决方案

你是否清楚整个过程呢？第 1 步需要确定何时派发 `TIMER_STOPPED` action。处理逻辑之后是选择合理的时机，可以判断是否派发 `TIMER_STARTED` action。有关示例，请参考下列代码清单 6.18。

代码清单 6.18　src/actions/index.js

```
...
export function editTask(id, params = {}) {
  ...
  api.editTask(id, updatedTask).then(resp => {
    dispatch(editTaskSucceeded(resp.data));

    if (resp.data.status === 'In Progress') {
      return dispatch(progressTimerStart(resp.data.id));  ← 不要忘记派发启动action时使用return关键字
    }
```

```
    if (task.status === 'In Progress') {
      return dispatch(progressTimerStop(resp.data.id));
    }
  });
}

function progressTimerStop(taskId) {
  return { type: 'TIMER_STOPPED', payload: { taskId } };
}
```

如果更新前任务的状态为“进行中”，则停止计时器

携带任务的 ID，返回新的 TIMER_STOPPED action

令人困惑的可能是 editTask 函数，task 是指更新前的任务，而 res.data 是指从 AJAX 请求返回的更新后的任务。启动计时器前需要校验新任务是否处于进行中状态。如果是，editTask 函数将派发另一个 action，并在该 action 中完成计时器的启动，并不需要继续判断是否需要停止计时器。如果更新后的任务未处于进行中状态，但是更新前处于进行中状态，则停止计时器。

之后需要在 saga 中处理新的 TIMER_STOPPED action。实现的相关代码比预期的还少，参见代码清单 6.19。

代码清单 6.19 src/sagas.js

```
...
export default function* rootSaga() {
  yield takeLatest('FETCH_TASKS_STARTED', fetchTasks);
  yield takeLatestById(['TIMER_STARTED', 'TIMER_STOPPED'],
    handleProgressTimer);
}

function* handleProgressTimer({ payload, type }) {

  if (type === 'TIMER_STARTED') {
    while (true) {
      ...
    }
  }
}
...
```

将两种 action 类型以数组形式传递给辅助函数

在参数列表中添加 type

如果 type 为 TIMER_STARTED，则执行条件语句中所有函数的逻辑

确实如此，一旦开始监听两个 action，已经编写的基础代码就会处理其他逻辑。辅助函数接收 action 类型的数组，并传递给 take 函数。此时用于启动和停止计时器的 action 会出现在正确的进程中，执行 handleProgressTimer 函数的代码。

实现停止函数时不需要对函数进行任何修改，因为只需要避免执行递增逻辑即可。TIMER_STOPPED 函数绕过无限循环，移动至 reducer，最终在 Redux DevTools 中可见。

6.9 其他的副作用管理策略

thunk 和 saga 是最受欢迎的副作用管理工具，但是在开源世界中，每个人都能找

到适合自己项目的方案。后续将讨论一些其他工具，但是除此之外还有更多可选方案等待我们去探索发现。

6.9.1　使用 async/await 异步函数

ES7 中引入了一项功能——async/await，在很多 Redux 代码库中都可以发现其使用痕迹，它经常与 thunk 一起使用。使用此功能对于已经习惯使用 thunk 的开发人员而言是很自然的。可以看到其控制流类似于 saga，可以通过 saync/await 底层使用生成器的事实加以解释。关于 thunk 的示例，请参阅下列代码清单 6.20。

代码清单 6.20　一个 async/await 示例

```
export function fetchTasks() {
  return async dispatch => {        ← 为匿名函数添加 async 关键字
    try {                           ← 一种错误处理策略是使用 try/catch 块
      const { data } = await api.fetchTasks();   ← 使用 await 关键字阻塞函数，直至返回值
      dispatch(fetchTasksSucceeded(data));
    } catch (e) {
      dispatch(fetchTasksFailed(e));
    }
  }
}
```

为什么选择 async/await 呢？因为它使用简单、功能强大且易于学习。为什么选择 saga 呢？因为需要它提供的更多高级功能，关注高可测试性时，可能更倾向于使用 saga。

6.9.2　使用 redux-promise 处理 promise

`redux-promise` 库是由 Redux 联合创始人 Andrew Clark 维护的另一个工具库。使用起来很简单：`redux-thunk` 允许 action 创建器返回函数，`redux-promise` 则允许 action 创建器返回 promise。

此外，与 `redux-thunk` 一样，`redux-promise` 也提供可以在创建 store 时使用的中间件。可以在 thunk 的基础上使用 promise 或者两者兼用，这两种使用方式存在一些细微区别，但是选择何种方式主要取决于风格偏好。软件包可以从 GitHub 仓库 https://github.com/acdlite/redux-promis 获取。

6.9.3　redux-loop

这个软件包与我们目前所学的关于 Redux 架构的知识有所不同。准备好打破以往学习的常识了吗？

通过使用 `redux-loop` 可支持在 reducer 中存在副作用。

你可能还记得，Redux 从多个来源汲取灵感，Elm 是其中最有影响力的框架之一。在 Elm 架构中，reducer 足以处理同步和异步状态转换。实现的关键在于 reducer 不仅描述状态应该如何更新，也描述导致变更的影响因素。

当然，Redux 并没有从 Elm 继承这种模式。Redux 只能处理同步转换；所有副作用在到达 reducer 之前必须决议，无论是手动还是由中间件处理决议。然而，Elem 效果模式支持在 Redux 中将 `redux-loop` 作为功能的最小端口使用。可以从 GitHub 仓库 https://github.com/redux-loop/redux-loop 找到该软件包。

6.9.4 redux-observable

这个软件包的功能与 `redux-saga` 类似，甚至还有相似的术语。`redux-observable` 通过创建 epics 而非 saga 来处理副作用。epics 作为中间件实现，和 saga 一样，但不是使用生成器监听新的 action，而是利用 observable—函数响应式编程原语。epics 可以将某个 action 流转换为另一个 action 流。

`redux-saga` 和 `redux-observable` 是可以实现大致相同效果的可替代使用方案。已经熟悉 RxJS 和函数响应式编程的开发人员更倾向于选择后者。选择 epics 而非 saga 的一大亮点在于相关编程模式可以转移到其他开发环境。Rx 端口存在于许多其他编程语言中。

处理复杂副作用的可选方案有好几种。复杂程度可以帮助我们确定哪种工具更适合项目，你也可能在查找更符合开发喜好及编程风格的策略方案时将它们加入开发工具收藏夹。

`redux-saga` 是工具集的另一个可选方案。某些开发人员会选择使用 saga 替代他们所有的 thunk，而其他一些人会认为 saga 并没有什么优势。同样，仍然可以通过使用 thunk 实现所有功能。

在实践中，许多应用程序可以通过找到合适的平衡点成功完成开发。

熟悉 `redux-saga` 之后，就可以自信地认为已经掌握 Redux 应用程序中最混乱的部分。在下一章中，将通过学习如何使用选择器(如 reselect)，来进一步优化代码库的其他部分。

6.10 本章小结

- thunk 足以管理任何大小的副作用。
- 引入 saga 可能有助于管理特别复杂的副作用。
- 我们使用生成器构建 `saga`，生成器是支持暂停和恢复的函数。
- saga 产生的 effect 描述了如何处理副作用。

第 7 章

为组件准备数据

本章涵盖：

- 介绍选择器
- 在 store 中组织状态
- 使用高级选择器获取数据
- 用 reselect 记住选择器

任务管理应用程序 Parsnip 拥有成功的应用程序所需的一切，但仍可以通过一些优化使代码更高效、更有条理、更易于维护。在本章中，将会探讨选择器——用于计算 Redux store 中派生数据的函数。选择器模式无法方便地提供所有这 3 大好处。

到目前为止，你做得不错的一项工作是通过借助于 action 和 reducer 将代码分解为可管理的各个部分。action 可以帮助模拟应用程序中发生的事情，reducer 允许以集中的、可测试的方式将更新应用于状态。action 和 reducer 还有另外两方面的作用：通过减少视图负责的内容来清理视图(React 组件)，而且有助于将应用程序中发生的不同类型的工作解耦并模块化。选择器可能比 action 和 reducer 略鲜为人知一些，但作为软件模式，它们提供类似的好处。

到本章结束时，你将准备好在与臃肿且不可复用的 React 组件的斗争中使用选择器。

7.1 将 Redux 与 React 组件解耦

在前几章，我们已经讨论了关注点解耦的概念，特别是在 action 和 reducer 相关的问题中，但在进行选择器相关的讨论时，这个概念值得重新考虑。作为回顾，当说到软件系统中的东西发生耦合的时候，就是在谈论它们之间的关系。如果实体 A 依赖实体 B 来完成工作，则可以说实体 A 和实体 B 是耦合的。这本身并不一定是坏事。毕竟，现代软件系统就是为实现某个目标而相互作用的不同实体的集合。在本书的应用程序中，这些实体是 action、reducer 和组件。

可能会遇到麻烦的地方是，当不同的实体对于另一个实体的实现细节变得过于了解和依赖时，实体间通常被认为是紧耦合的。通过考量对系统进行更改所需的工作内容，可以确定组件的耦合程度。如果更新了实体 A，还需要在实体 B 中做出更新吗？如果答案是肯定的，那么很可能就存在着紧耦合的实体，这会使维护工作比原本所需的变得更多。

解耦有一些重要的好处，比如对于更改的灵活性。当实体的职责很少，并且对系统其他部分的内部结构感知很少时，更改时就可以不用过多担心相关的连锁反应。

灵活性是一个主要的关注点。假设 Parsnip 应用程序没有使用 Redux，并且创建和更新任务的逻辑是直接在 React 组件中实现的。如果收到新的需求，就需要在应用程序中的其他位置(可能是对话框或新的页面)添加该功能，这很可能就不得不在大量代码中翻来覆去，以确保所有组件都使用正确的属性。通过将任务逻辑和 React 解耦，就能够复用已有的 action 和 reducer，对使用它们的组件产生极小的影响或不产生影响。

如果同意解耦是值得追求的目标，那么好消息是我们已经在前进的路上了。通过 action 和 reducer，我们已经从组件中抽取了一些主要职责：更新逻辑和状态管理。如果想要知道是否能更进一步，让组件更简单、更灵活，那么来对了地方。

应用程序架构的另一职责，就是从 Redux 获取应用程序状态，并通过一些管道代码传递给 React。然后，React 就能够将从 store 接收到的数据渲染到页面上。可以将整个 Redux store 传递给 React，然后让组件找出它们需要的东西。这适用于比较简单的情况，甚至可能更方便。但如果在应用程序的不同部分需要使用相同的数据，该怎么办呢？突然间，就可能需要复制从 Redux 获取或转换数据的逻辑了。一种更好的方法是，为组件定义更通用的属性，并且将任何为 React 从 Redux 准备数据的逻辑抽取到某个地方。

在这种情况下，究竟是在解耦什么呢？是将 Redux store 中数据的形式与最终要呈现数据的 React 组件解耦。编写的 React 组件不必知道 Redux。可以(并且多数时候应该)以数据源无关的方式编写组件，从而允许在不同的配置中使用它们。

或许某天要对 store 做大的重构。通过保持组件通用，只需要更新一个位置的代码——连接 Redux 和 React 的衔接代码。也或许某天需要完全换掉 Redux，你可以直接使用现有的组件，而无须对 UI 代码进行大量修改。

在第 2 章简单介绍过，在顶层，Redux 应用程序由 3 部分构成：Redux、React 以及相当于这两者之间桥梁的代码。在本章中，首先主要关注连接 React(视图)和 Redux(应用程序状态)的管道。然后再介绍一下高层级图解(见图 7.1)，它显示了 React 和 Redux 如何协同工作，重点关注提供管道代码的中间部分。

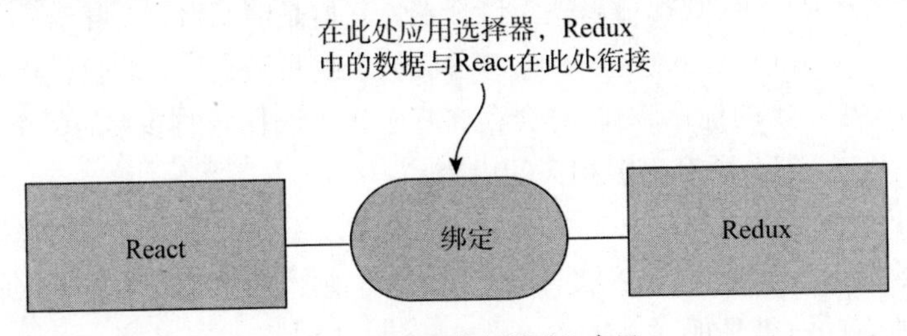

图 7.1　选择器在何处融入全局

某些组件必须与 Redux store 交互，并且使用传入 connect 函数的 mapStateToProps 函数进行交互。到目前为止，mapStateToProps 函数不需要执行太复杂的逻辑，因此它主要用来从 Redux 到 React 传递数据。本章的目标是探索 mapStateToProps 背后的理念，如何有效地使用它，以及如何创建可复用的选择器函数，确保同样的工作只需要做一次。

函数 mapStateToProps 的目的是，使每个连接的组件都能轻松接收并渲染传递给它们的数据。通常，我们会为 mapStateToProps 函数保留该角色，而不是在组件中从 Redux store 操作或取得数据。在前面的章节中，你已经了解了如何使用 mapStateToProps，以便将已连接的组件可以读取的一个或多个 Redux store 切片有效地列入白名单。

Redux store 的每个切片都由(有时)称作转换的东西指定。有关转换的示例，请参阅代码清单 7.1 中 App 组件的 mapStateToProps 函数。由于 ES6 的解构特性，mapStateToProps 函数的第二行实际上是 3 个转换，每个键一个转换：tasks、isLoading 和 error。这些转换的实现和产出比较直观：对于从 Redux store 返回的每个键，通过属性将数据提供给组件。

代码清单 7.1　mapStateToProps：src/App.js

```
...
function mapStateToProps(state) {
  const { tasks, isLoading, error } = state.tasks;   ◄── Redux store 的转换指定了可供组件使用的数据
  return { tasks, isLoading, error };
}
...
```

对于简单转换，上述就是需要介绍的所有内容。本章剩余部分将描述并讨论高级转换，这些可以称为转换函数，或者更普遍地称为选择器(selector)。

7.2 选择器概述

选择器就是一些函数，它们接收 Redux store 中的状态并计算数据，这些数据最终会作为属性传递给 React。通常认为选择器就是 `reselect` 库，本章后面将会用到它，但是执行此任务的任何函数都可以视为选择器。它们是纯函数，意味着它们不会产生任何副作用；并且和所有的纯函数一样，它们易于编写和维护。这也使得它们易于记忆(memoize，一种可用的优化方式，将会存储基于传入选择器的参数的每个计算结果)。后续在 `reselect` 部分会有更多相关的内容。

再看一下整体架构，如图 7.2 所示。在这里可以更详细地了解到选择器是如何融入架构的。数据来自于store，通过选择器来传递，视图(例子中是 React)接收选择器的输出并负责所有的渲染呈现。

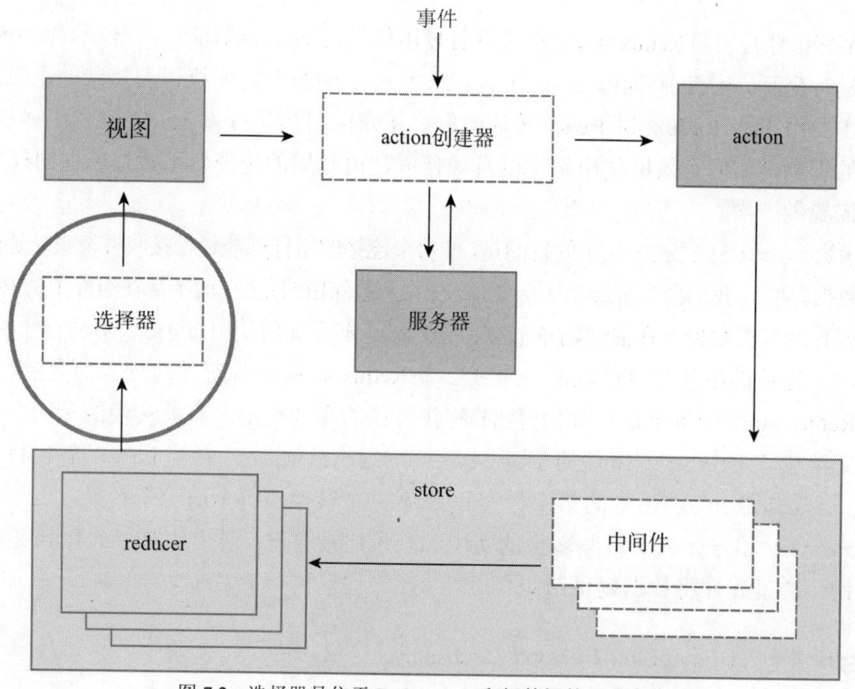

图 7.2 选择器是位于 Redux store 和组件间的可选实体

与所有的编程概念一样，选择器的存在是为了解决问题。但问题是：没有选择器，组件将直接与 Redux store 的(数据)结构相耦合。如果 store 的结构发生改变，就必须更新可能依赖于该结构的所有组件。

最终目标是要以这样一种方式编写 React 组件：如果 Redux 结构发生变化，无须更新任何组件。锁定组件级别的接口，并让上游代码处理数据结构的更改。不仅不需要更新组件以响应 Redux 中的更改，而且还意味着组件足够通用，可以在不同上下文中使用。随着应用程序的规模不断扩张，这可以产生很大的影响。

下面举一个真实的例子，我们曾经在一个大型的 Backbone(项目)重构中遇到这个问题。太多的组件直接接收 Backbone 的模型(model)作为属性，并在模型上进行操作，以获取呈现页面所需的数据。当要摆脱 Backbone 时，就需要花费大量精力来更新每个受影响的组件。教训是什么呢？如果编写的组件只接收较简单的数据类型，例如字符串、数组以及对象，就能节省大量的工作时间，因为只需要更新将数据源连接到组件的管道。

7.3 实现搜索

到目前为止，我们在 Parsnip 中使用的转换相对简单。`mapStateToProps` 函数可以在 Redux 和 React 之间架起桥梁。当更复杂的功能特性需要这样做时，引入选择器的价值就会变得更加清晰。

在本节中，我们将引入一项新功能——搜索——以增加复杂性，并更好地说明这一点。搜索是个典型的例子，因为可以演示选择器如何根据 Redux store 的输入来计算派生数据。提醒一下，当讨论派生数据时，通常是指为了在 React 组件中展示数据，而对 Redux 状态进行的任何计算或改变。

接下来，将添加一个文本输入框，用户可以在其中键入搜索词，并期待页面过滤器上的任务仅显示标题与搜索输入相匹配的任务。最终结果的屏幕截图如图 7.3 所示。

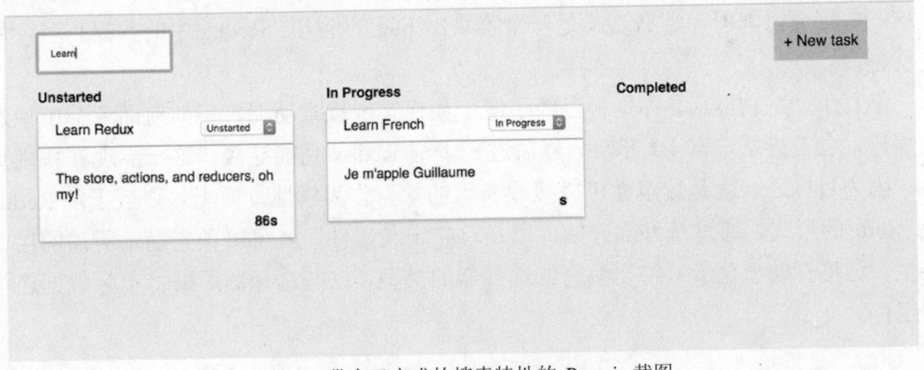

图 7.3　带有已完成的搜索特性的 Parsnip 截图

选择器的最大优点之一，是它们允许将可能的最小状态表示存储在 Redux 中。例如，可以直接在 store 中存储任何过滤后的任务列表。无论何时派发过滤器 action，都可以直接在 reducer 中应用过滤器，并将结果存储在一个键(如 `filteredTasks`)中，然后将其直接传给 React。最终得到的结构类似于代码清单 7.2。

代码清单 7.2 存储在 Redux 中的 filteredTasks

```
{
  tasks: [
    {id: 1, title: 'foo'},
    {id: 2, title: 'bar'},
  ],
  filteredTasks: [
    {id: 1, title: 'foo'},
  ],
  searchText: 'foo',
}
```

即使是像这样的实现，也会达成两个目标：

- 由于过滤器直接应用于 reducer，因此逻辑仅存在于一个地方。
- 由于结果直接存储于状态树中，因此每次渲染后都不会重新计算该值。

但这种实现在有些地方感觉不太正确。存在的主要问题是，现在就有一个任务是非规范化的，这意味着会在多个地方存在相同的表示。如果编辑任务，会发生什么？现在，必须确保在状态树中找到每个引用，并相应地更新它，而不是更新某个规范的表示。

提示 Redux 的经验法则之一，就是尝试总是存储最小的状态表示。选择器可用于计算派生数据，如过滤后的任务列表。

向store 中添加的每一段新的数据，都是要负责更新并保持同步的数据。或者，如果这些数据变得陈旧，那么这又是一个容易出 bug 的地方。Redux 中的数据越多，问题就越多。

编写了一些功能后，你是否已经了解了如何实现搜索功能？正如前面章节中做过的那样，会首先从丰富 UI 开始，然后进一步与 Redux 功能连接。这一点现在特别重要，因为目标之一就是让组件可以接收通用的数据作为属性，而无须直接了解 Redux 或 store 的形式。通过从外部开始，以及首先定义组件，就可以预先确定所需的接口类型。这将有助于理清最终要编写的选择器的类型，这些选择器用来将实际数据连接到组件。

7.3.1 搭建 UI

请记住，从 UI 开始有助于理解需要从 Redux 获取什么，并将视图与应用程序逻辑分离。可以从组件的角度声明有意义的接口(属性)，而无须考虑任何针对 Redux 的东西。

对于这个功能，需要很少的代码就能搭建好 UI 架构。最终，所需的只是一个文本输入框。理想的用户体验是，在搜索框中键入每个字符时就更新可见的任务。不需要按钮即可启动搜索。

假设已经准备就绪，并已接收到产品经理的命令，搜索框需要在标题中，位于 New task 按钮附近。(假如)你被指派完成这项任务，你会从哪里开始呢？

一个合理的起点是，转到 `TasksPage` 组件，并在 New task 按钮上方插入一个文本输入框。这里有个很好的问题，“这个搜索表单应该是一个组件吗？”也许是。决策过程更像是一门艺术，而非一门科学。根据经验，我们倾向于为较小的功能特性在已有的组件中构建 UI 原型，然后决定将其重构为另一个组件是否有意义。

许多因素都会影响这一决定。例如，如果一组元素很有可能在应用程序中的其他地方复用，那么将会更快地将这些元素封装为组件。如果这个决策过程感觉不自然，请不要惊慌。组件组合是一项基本的 React 技能，需要时间来磨炼。

在 `TasksPage` 组件中，在 New task 按钮的旁边添加一个文本输入框。因为希望对文本输入框中添加或删除的每个字符都进行任务过滤，所以需要使用 `onChange` 回调。目前，该回调将会打印输入值。

在 `TasksPage` 组件中，添加一个带有 `onChange` 回调的文本输入框。此 UI 清楚地说明了接下来要执行的步骤。你想让搜索项冒泡到已连接的父组件 `App`，并最终影响显示哪些任务，如下面的代码清单 7.3 所示。

代码清单 7.3 添加搜索用的文本输入框：src/components/TasksPage.js

```
...
onSearch = e => {
  console.log('search term', e.target.value);      // 每输入一个字符，这个回调就会执行一次
};

render() {
  if (this.props.isLoading) {
    return <div className="tasks-loading">Loading...</div>;
  }

  return (
    <div className="tasks">
      <div className="tasks-header">
        <input
          onChange={this.onSearch}              // 使用文本输入框来获取搜索词
          type="text"
          placeholder="Search..."
        />

        <button className="button button-default"
➥ onClick={this.toggleForm}>
          + New task
        </button>
      </div>
...
```

我们不习惯包含样式，但还是需要添加一些样式，以确保输入的文本显示在页面的左上角，如下面的代码清单 7.4 所示。

代码清单 7.4　添加样式：src/index.css

```
...
.tasks-header {
  font-size: 18px;
  margin-bottom: 20px;
  text-align: right;
  display: flex;
  justify-content: space-between;
}
...
```

添加 flex，并确保搜索用的文本输入框和 New task 按钮分别显示在页面的左上角和右上角

你遇到的下一个问题是，要在本地状态还是 Redux 状态中处理功能。可以在本地状态中处理过滤吗？如果可以，应该这样做吗？你怎么看？

7.3.2　本地状态与 Redux 状态

思考本地状态(local state)与 Redux 状态可以并应该处理哪些功能是一次很好的练习。下面回答提出的第一个问题：使用存储在本地状态中的搜索项来过滤任务是绝对可行的。第二个问题更有哲学味道：应该使用本地状态来处理吗？相关示例实现，请参阅下面的代码清单 7.5。在此例中，`searchTerm` 存储在本地状态中，并与正则表达式一起使用，以将全部任务削减为与之匹配的那些。

代码清单 7.5　使用组件的本地状态进行搜索：src/components/TasksPage.js

```
...
renderTaskLists() {
  const { onStatusChange, tasks } = this.props;

  const filteredTasks = tasks.filter(task => {
    return task.title.match(new RegExp(this.state.searchTerm, 'i'));
  });

  return TASK_STATUSES.map(status => {
    const statusTasks = filteredTasks.filter(task => task.status ===
➥status);
    return (
      <TaskList
        key={status}
        status={status}
        tasks={statusTasks}
        onStatusChange={onStatusChange}
      />
    );
  });
}
```

在显示任务之前，筛选出与搜索词匹配的任务

在 App 组件的本地状态中记录 searchTerm

显然没有多少代码。有没有理由不这样做呢？我们需要为了这个功能而使用 Redux 状态，这可以从几个方面进行论证。首先，使用本地状态并要求组件计算应该

渲染哪个任务，这样就将逻辑与组件耦合在了一起。请记住，使用 Redux 的主要额外收益就是将逻辑与视图分离。其次，使用 Redux 和选择器函数可以获得性能提升。本章后面将详细介绍这一点。

对于使用 Redux 状态实现这一特性，通常的质疑是：产生了更多的样板代码。这也是本书中经常要检查的权衡点。通常，多一点代码可以使应用程序更易于推理和维护。

7.3.3 派发过滤器 action

正如我们所讨论过的，首先要做的是调用一个 action 创建器，它将派发一个 action。由于 `TasksPage` 不是连接组件，因此必须在父组件 `App` 中进行派发。每次在搜索框中添加或删除字符时，`App` 都会将一个回调传递给 `TasksPage` 用于派发 action。有关 `App` 组件的新增内容，请参阅以下代码清单 7.6。

代码清单 7.6 为 App 组件添加 onSearch 回调函数：src/App.js

```
...
import { createTask, editTask, fetchTasks, filterTasks } from './actions';   ← 导入将要创建的 action 创建器 filterTasks

class App extends Component {
  ...
  onSearch = searchTerm => {
    this.props.dispatch(filterTasks(searchTerm));   ← 回调函数调用 action 创建器 filterTasks
  };

  render() {
    return (
      <div className="container">
        {this.props.error && <FlashMessage message={this.props.error} />}
        <div className="main-content">
          <TasksPage
            tasks={this.props.tasks}
            onCreateTask={this.onCreateTask}
            onSearch={this.onSearch}   ← 将回调函数 onSearch 传递给带有搜索框的组件
            onStatusChange={this.onStatusChange}
            isLoading={this.props.isLoading}
          />
        </div>
      </div>
    );
  }
}
...
```

将回调函数传递给子组件，到现在这已经做过几次了，所以代码清单 7.6 中没有任何令人惊讶的内容。要完成 Redux 工作流的视图部分，需要对 `TasksPage` 组件进行最后的调整，如下面的代码清单 7.7 所示。执行在前面的代码清单 7.6 中编写的 onSearch 回调函数，而不是打印搜索内容。

代码清单 7.7 执行 onSearch 回调函数：src/components/TasksPage.js

```
...
onSearch = e => {
  this.props.onSearch(e.target.value);    ◄── 将输出控制台日志换成执行回调函数
};
...
```

现在，你已经完成了这些组件。在浏览器中刷新应用程序，将会报错："'./actions' does not contain an export named 'filterTasks'"。很简单，报错准确描述了下一步需要注意的地方：需要实现 action 创建器 `filterTasks`。这是个很好的十字路口，可以暂停下来并提前计划。在这个新的 action 创建器 `filterTasks` 中应该发生什么？需要使用 thunk 并处理任何异步操作吗？之前的本地状态实践练习为此提供了充分的思考。然而，实现任务过滤不需要异步活动，所以此处与之前相同。所有 Redux store 都需要跟踪搜索词，因此又回到了同步(action)范畴。请在 action 文件中参阅下面的代码清单 7.8。

代码清单 7.8 添加新的 action 创建器：src/actions/index.js

```
...
export function filterTasks(searchTerm) {    ◄── 导出 action 创建器
  return { type: 'FILTER_TASKS', payload: { searchTerm } };    ◄── 返回一个带有搜索词的 action
}
...
```

现在，这个应用程序可以编译了。可以通过在搜索框中输入一些字符来测试功能。在 Redux DevTools 打开的情况下，通过在审查监视器中输出的 action `FILTER_TASKS` 的表现，应该可以看到是否正确追踪了操作，如图 7.4 所示。

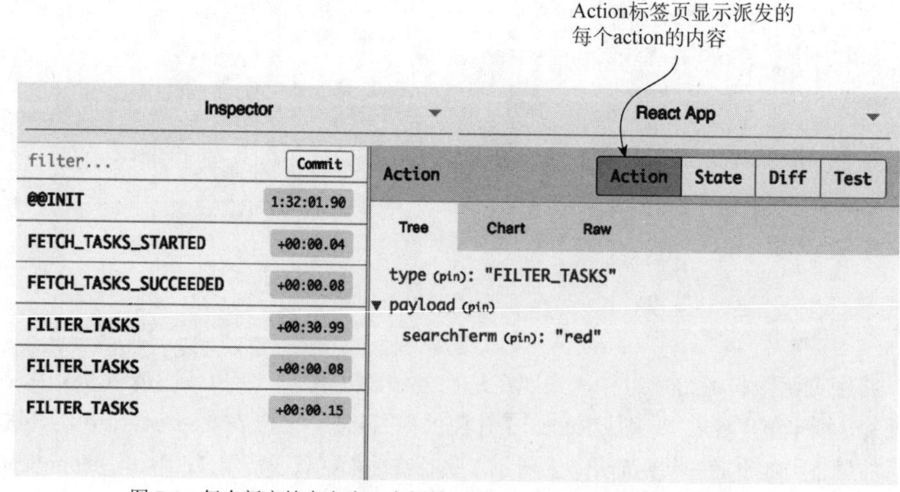

图 7.4 每个新字符会产生一个新的 action，由 Redux DevTools 记录下来

在这个示例中，在搜索框中键入“red”，目的是仅显示标题中包含“Redux”的任务。如图 7.4 所示，将为键入的 3 个字符中的每一个都触发一个 action。与预期的一样，searchTerm 的值是每次更改后搜索框的完整内容。第一个 action 的 searchTerm 是 r，第二个 action 的是 re，最后一个 action 的是 red。

有了这个成功的标识后，就可以开始考虑接收 action 了。目前来看，没有 reducer 监听 FILTER_TASKS action，因此它们会在不影响应用程序的情况下飘过。在 7.3.4 节中，将会对此进行补全。

7.3.4　在 reducer 中处理过滤器 action

如果当要处理新的 action 类型，那么无论何时都应该问一下自己，在现有的中处理合理，还是在新的 reducer 中处理合理？同样，每个 reducer 都是为了处理一个逻辑领域或 action 分组。可能需要引入一个新的用于处理全局 UI 问题的 reducer。第 8 章将更深入地探讨这个主题。

在这个例子中，tasks 仍然是处理过滤任务 action 的合适的 reducer。有关示例实现，请参阅如下代码清单 7.9。我们将会扩充 initialState，并在 reducer 的函数体中添加另一条 case 语句。

代码清单 7.9　给 tasks reducer 添加更新逻辑：src/reducers/index.js

```
const initialState = {
  tasks: [],
  isLoading: false,
  error: null,
  searchTerm: ''          <-- 将空的searchTerm 添加到 initialState 中
};

export default function tasks(state = initialState, action) {
  switch (action.type) {
  ...
  case 'FILTER_TASKS': {          <-- 让 reducer 监听新的 action 类型
    return { ...state, searchTerm: action.payload.searchTerm };          <-- 接收到合适的 action 后更新 searchTerm
  }
  ...
}
```

现在，只要有字符添加到搜索框中，就会导致 Redux store 发生改变。当在搜索框中键入“red”时，可以通过观察 Redux DevTools 来确认这一点，如图 7.5 所示。

很棒！这就是整个 Redux 工作流良好协同的过程。审查监视器中的 Diff 标签页显示了在每个 FILTER_TASKS action 后，tasks 键中的 searchTerm 都会被更新。在 7.3.5 节，将介绍选择器函数并完成任务过滤器的实现。

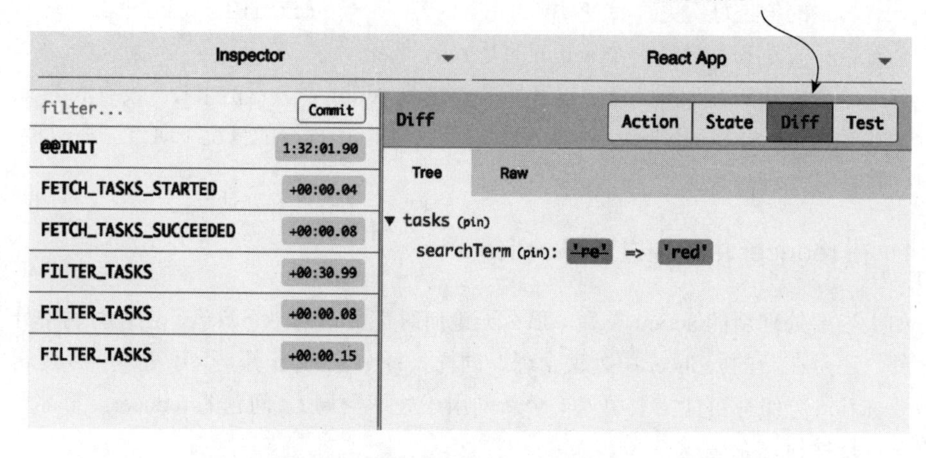

图 7.5 Diff 标签页显示了由于 action 导致 Redux 状态被更新

7.3.5 编写自己的第一个选择器

回想一下本地状态示例的实现，Redux 对搜索项没有任何感知，所以必须在组件中完成过滤。使用 Redux 的优点是，可以在组件感知到过滤已发生之前就完成过滤操作。组件所要做的就是接收并渲染提供给它的任务列表。

在将数据提供给连接的组件之前，获取数据的机会就在函数 `mapStateToProps` 中。回想一下，`mapStateToProps` 是添加任意管道代码(plumbing code)的地方，这些管道代码弥补了 Redux 中的数据与最终作为属性进入组件树的数据之间的差距。这就是通常应用选择器的地方(见图 7.6)。

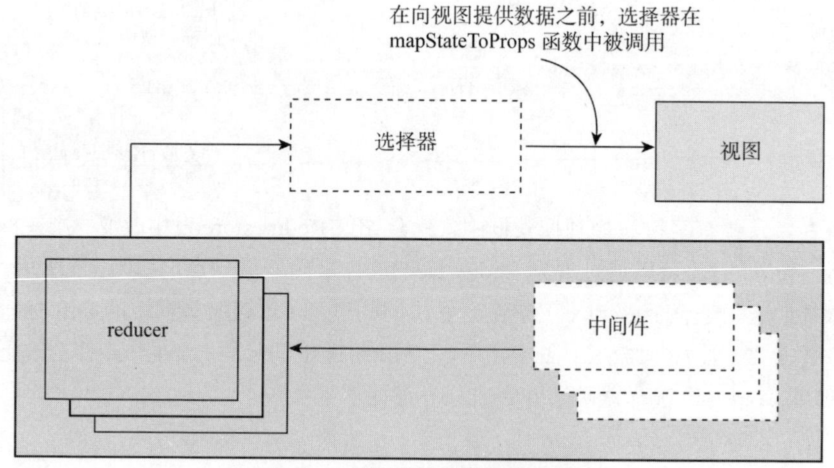

图 7.6 选择器计算视图所需的数据

我们并不希望组件必须接收某个任务列表和搜索项。相反，而是将此视为有关应用程序状态的某些详细信息的结尾，并让组件接收更多的通用信息。

在代码清单 7.10 中，在将任务列表作为 App 组件的属性之前获取了它们。与第一次使用本地状态时的实现相同，基于正则表达式进行过滤和匹配。match 函数将正则表达式作为第一个参数，将任何修饰符作为第二个参数。在本例中，不区分大小写。App 组件中的其他任何内容都无须更改。

代码清单 7.10　在 mapStateToProps 中应用过滤器：src/App.js

```
...
function mapStateToProps(state) {
  const { isLoading, error, searchTerm } = state.tasks;   ◄── 从导入列表中删除 tasks 并添加 searchTerm

  const tasks = state.tasks.tasks.filter(task => {        创建一个新的变量
    return task.title.match(new RegExp(searchTerm, 'i')); tasks，它是过滤后
  });                                                     的任务的集合

  return { tasks, isLoading, error };
}
...
```

这就起到解耦的作用。因为声明了 Redux 和 React 之间的边界，所以可以在将数据传入组件树之前更改数据的转换方式，而无须改变组件本身。通过在中间函数 mapStateToProps 中实现逻辑，可以使组件更加通用和灵活。组件只知道完成它们工作所需的内容，组件不知道的内容也无法破坏它们。组件渲染任何给定的任务，无须特别关注，也不需要关注使用了哪个过滤器。

从技术上讲，你已经编写完一个选择器了！现在，作为属性的任务来自于搜索项和全部任务的列表。正如我们已经讨论过的，这个实现有很多值得关注的地方。组件与展现逻辑解耦了，更易于测试。

虽然这是一种改进，但还有更多优化工作要做。如果一个组件需要 6 个选择器函数，该怎么办？mapStateToProps 可能会膨胀到与组件本身一样大。如果想在多个连接的组件间直接复用选择器，又该怎么办？为每个组件编写相同的逻辑是没有意义的。

一种流行的约定是从 mapStateToProps 函数中将选择器提取出来，并抽取到单独的、可复用的函数中。通常，这些选择器会列在与其领域最合适的 reducer 文件中。在下面的代码清单 7.11 中，会将选择器重新放置在包含 tasks reducer 的文件中。

代码清单 7.11　将过滤逻辑移入 tasks reducer：src/reducers/index.js

```
...                                                          导出通用的选择
export function getFilteredTasks(tasks, searchTerm) {  ◄──   器函数
  return tasks.filter(task => {                        ◄──   调整 tasks 以改用
    return task.title.match(new RegExp(searchTerm, 'i'));    传入的参数
  });
}
```

现在，如果需要，getFilteredTasks 可以被多次导入并使用。方便的是，它也可以单独测试。在 App 组件中导入它，并完成代码清单 7.12 中的重构。

代码清单 7.12　导入并使用选择器：src/App.js

```
...
import { getFilteredTasks } from './reducers/';   ← 从 reducer 中导入选择器
…
function mapStateToProps(state) {
  const { tasks, isLoading, error, searchTerm } = state.tasks;   ← 将 tasks 放回导入列表

  return { tasks: getFilteredTasks(tasks, searchTerm), isLoading, error };   ← 使用选择器来决定提供给组件的任务
}
```

通过将选择器抽象到更合适的位置，这次重构清理了 mapStateToProps 函数。你可能想问为什么要将选择器放在 reducer 文件中？这只是为了便于管理。选择器通常用于reducer，但情况也并非总是如此。请记住，reducer文件默认导出的当然是reducer本身。从同一个文件导入选择器，需要使用花括号来指定导出项。

7.4 reselect 介绍

getFilteredTasks 是第一个运用正确的选择器，就功能而言，它完全没问题。它的功能完全符合我们对选择器的期望：它从 Redux store 获取一个或多个状态切片，并计算想要直接传给 React 组件树的值。一个流行的名为 reselect 的库可用于编写选择器；它还提供了一些关键的好处：记忆(memoization)和组合(composition)。如果决定在应用程序中以任何有效的方式使用选择器，那么值得看看 reselect 并了解一下其工具集。

7.4.1 reselect 和 memoization

memoization(记忆)是软件开发中另一个听上去比实际内容要复杂的术语。简而言之，memoization 是指函数存储过去计算的结果，并用于将来的调用。我们以简单的 double 函数为例。double 函数将一个数字作为参数，并返回乘以 2 之后的值。在下面的代码清单 7.13 中调用 double 函数几次。这些代码不会成为 Parsnip 应用程序的一部分。

代码清单 7.13　探索 memoization

```
function double(x) {
  return x * 2;
}
```

```
double(2)     ← 第一次调用，进行计算并返回 4

double(2)     ← 第二次调用，进行计算并返回相同的结果
```

double 是一个纯函数，这意味着它只接收一个值并返回另一个值，不会产生任何副作用。而且，在给定相同参数的情况下，纯函数始终返回相同的结果。我们可以利用这个优势吗？当然可以。请参阅代码清单 7.14。

为什么不存储过去计算的结果，并在 double 函数被相同的参数多次调用时使用呢？

代码清单 7.14　为 double 函数添加 memoization

```
const memoized = {};     ← 创建一个对象来存储每次调用的结果

function double(x) {
  if (memoized[x]) {     ← 当 double 函数运行时，首先检查当前值是否已经计算过了
   console.log('Returning memoized value!');
   return memoized[x];
  }

  console.log('No memoized value found, running computation and saving')
  const result = x * 2;
  memoized[x] = result;
  return result;
}
     ↑ 如果当前值没有计算过，执行计算并存储计算结果供以后使用

double(2);
double(2);
```

图 7.7 显示了 double 函数的命令行输出。

```
> double(2)
  No memoized value found, running computation and saving
<· 4
> double(2)
  Returning memoized value!
<· 4
```

图 7.7　double 函数的命令行输出

请注意第二次是如何跳过运行 x*2 的？这是 memoization 的核心，在 reselect 中实现 memoization 稍微复杂了一些，但核心思想是相同的。简而言之：

- 调用函数时，检查是否已使用这些参数调用过该函数。
- 如果调用过，就使用存储的值。
- 如果没有调用，就执行计算并存储结果以备将来使用。

这与使用数字并将数字加倍的函数相比可能没有多大差别，但是对于开销更大的操作，这可以产生巨大的差异。使用 reselect 就可以实现开箱即用。

7.4.2 reselect 与 composition

composition(组合)是 reselect 的另一个主要卖点。composition 的含义是：使用 reselect 创建的选择器可以链接在一起。一个选择器的输出可以用作另一个选择器的输入。最好用一个真实的例子来说明这一点，所以我们决定直接将 reselect 添加到 Parsnip 应用程序中，这样就可以看到选择器组合的实际运用了。

7.5 实现 reselect

目前，选择器 getFilteredTasks 需要两个参数：任务列表和搜索词。getFilteredTasks 使用搜索词来过滤任务列表并返回结果。mapStateToProps 在做一些可以提取到选择器中的事情：

- 获取任务列表。
- 获取可见性过滤器。

我们想要尽可能多地从mapStateToProps 中提取内容。如果在mapStateToProps 中实现逻辑，那么在某种意义上可能会是陷阱。如果在应用程序的其他位置需要这个逻辑，则必须在添加新功能时就解决提取问题。只影响与要实施的功能或更改相关的组件，这始终是最理想的情形。因此，可以提前做好工作，使 Parsnip 应用程序更加模块化。以下是将要做的事情的上层视图。

- 创建两个新的选择器：getTasks 和 getSearchTerm。
- 使用 createSelector 函数，将 getFilteredTasks 更新为 reselect 选择器。
- 将 getTasks 和 getSearchTerm 作为 getFilteredTasks 的输入。

首先，通过调整 App 组件中 mapStateToProps 的代码，定义所需的 API。需要做的事情如下面的代码清单 7.15 所示，修改传递给 getFilteredTasks 的参数。任务与搜索词在 Redux store 里的什么地方，留给选择器来确定。

代码清单 7.15 更新 mapStateToProps：src/App.js

```
...
function mapStateToProps(state) {
  const { isLoading, error } = state.tasks;

  return { tasks: getFilteredTasks(state), isLoading, error };   ← 修改 getFilteredTasks 的参数
}
```

如果想要连接另一个需要过滤任务列表的组件，则不需要知道 state.tasks.tasks 中的任务和 state.tasks.searchTerm 中的搜索词是可用的。逻辑被集中到 getFilteredTasks 中，以确保不会遗漏。

接下来，先看看如何使用 `reselect`。首先安装这个软件包：

```
npm install reselect
```

在 reducer 中，导入这个软件包，然后创建选择器 `getTasks` 和 `getSearchTerm`。接着，通过 `reselect` 提供的 `createSelector` 函数，创建记忆型选择器(memoized selector)`getFilteredTasks`。这会确保当接收到相同的参数时，`getFilteredTasks` 不会重新计算任务列表，如下面的代码清单 7.16 所示。

代码清单 7.16　创建新的选择器：src/reducers/index.js

```
import { createSelector } from 'reselect';    ← 导入 createSelector，用于创建记忆型选择器
...
const getTasks = state => state.tasks.tasks;    ← 为任务列表添加选择器
const getSearchTerm = state => state.tasks.searchTerm;    ← 为搜索词添加选择器

export const getFilteredTasks = createSelector(    ← 将 getFilteredTasks 改为记忆型选择器
  [getTasks, getSearchTerm],
  (tasks, searchTerm) => {
   return tasks.filter(task => task.title.match(new RegExp(searchTerm,
➥ 'i')));
  },
);
```

`getTasks` 和 `getSearchTerm` 都被称为输入选择器。它们没有记忆备忘功能，是简单的选择器，旨在用作其他记忆型选择器的输入。`getFilteredTasks` 是记忆型选择器，可使用 `createSelector` 函数创建。`createSelector` 接收两个参数：输入选择器数组和转换函数。转换函数的实参将是每个输入选择器的结果。

目标是在输入选择器的结果发生改变时仅执行转换函数。请记住，由于转换函数是纯函数，因此可以安全地存储之前调用的结果，并在后续调用中使用这些结果。输入选择器声明了记忆型选择器关注 Redux store 的哪个切片。如果整个任务列表发生改变，或者搜索词变了，就需要重新计算结果。相反，我们希望尽可能避免不必要地重新计算状态。

还记得前面将组合看作 `reselect` 的两个主要收益之一吗？这里就是选择器组合的实际应用。将 `getTasks` 和 `getSearchTerm` 用作 `getFilteredTasks` 的输入，并且可以完全自由地将它们用作其他选择器的输入，甚至还可以将 `getFilteredTasks` 用作其他选择器的输入。

7.6　练习

你对选择器感觉不错吧？组件当前负责的另一项事务，对选择器来说似乎也是不

错的候选工作。目前，当渲染任务时我们通过状态对任务进行分组未开始、进行中或已完成)，每个状态都有一列。你是否还记得，之前是在 TasksPage 组件中完成这项工作的。请参阅下面的代码清单 7.17，以唤起相关记忆。

代码清单 7.17 通过状态将任务分组：src/components/TaskPage.js

```
renderTaskLists() {
  const { onStatusChange, tasks } = this.props;

  return TASK_STATUSES.map(status => {
    const statusTasks = tasks.filter(task => task.status === status);
    return (
      <TaskList
        key={status}
        status={status}
        tasks={statusTasks}
        onStatusChange={onStatusChange}
      />
    );
  });
}
```

过滤任务似乎是很好的逻辑示例，可以将任务从组件提取到选择器中。如果决定构建新的 UI，其中的任务以列表格式分组，而非按列分组，该怎么办？让组件接收预先分组的任务列表作为属性，这样将会更加方便，其中的每个键都是状态，映射到任务列表。数据结构可能类似于下面的代码清单 7.18。

代码清单 7.18 分组后的任务

```
{
  'Unstarted': [...],
  'In Progress': [...],
  'Completed': [...]
}
```

运用你到目前为止从本章学习到的知识，是否可以使用一个或多个选择器尝试实现对任务进行预过滤？

7.7 解决方案

下面概述为了达成目标可以采取的一些步骤：

- 更新组件，期望接收预先分组的任务列表而不是扁平的任务列表。
- 在 src/reducers/index.js 中创建一个新的选择器，负责按状态对任务分组。
- 在 App 组件的 mapStateToProps 中，导入并使用这个新的选择器。

再次从外部 UI 开始，更新 src/TasksPage.js 以使用新的设想结构，参见代码清单

7.19。这将会从组件中删除一些关键逻辑：

- 常量 TASK_STATUSES。组件无须知道或关注状态的类型，因为它们知道要为每个状态渲染一列。这将移除一个依赖项，并使组件更易于测试。
- 为所有任务都赋予特定状态的逻辑。同样，只需要渲染任何获取到的数据。

代码清单 7.19　更新任务渲染：src/components/TasksPage.js

```
...
renderTaskLists() {
  const { onStatusChange, tasks } = this.props;

  return Object.keys(tasks).map(status => {      ◄── 遍历对象中的每个状态
    const tasksByStatus = tasks[status];
    return (
      <TaskList
        key={status}
        status={status}
        tasks={tasksByStatus}                    ◄── 对于每个状态，使用对应的任务渲染一个 TaskList 组件
        onStatusChange={onStatusChange}
      />
    );
  });
}
...
```

如下面的代码清单 7.20 所示，为常量 TASK_STATUSES 创建一个新的位置。为应用程序中的所有常量维护一个或一组模块是很常见的，所以新建 constants/目录，并在其中创建一个名为 index.js 的文件。

代码清单 7.20　新建一个常量模块：src/constants/index.js

```
export const TASK_STATUSES = ['Unstarted', 'In Progress', 'Completed'];
```

接下来，添加一个新的选择器 getGroupedAndFilteredTasks，并在App 组件的 mapStateToProps 函数中使用(代码清单 7.21 和代码清单 7.22)。

代码清单 7.21　新建一个选择器：src/reducers/index.js

```
import { TASK_STATUSES } from '../constants';

...
export const getGroupedAndFilteredTasks = createSelector(   ◄── 创建一个选择器
  [getFilteredTasks],                  ◄── 使用另一个选择器 getFilteredTasks 的结果作为输入
  tasks => {
    const grouped = {};

    TASK_STATUSES.forEach(status => {   ◄── 以每个状态为键构建对象
      grouped[status] = tasks.filter(task => task.status === status);
    });
```

```
      return grouped;
    },
  );
```

代码清单 7.22　导入并使用新的选择器：src/App.js

```
...

  import { getGroupedAndFilteredTasks } from './reducers/';   ◄── 导入新的选择器

...
function mapStateToProps(state) {                              使用选择器填充 tasks 属性
  const { isLoading, error } = state.tasks;

  return { tasks: getGroupedAndFilteredTasks(state), isLoading, error };   ◄──
}
```

这里最值得注意的是：使用现有的记忆型选择器 getFilteredTasks 作为新建的 getGroupedAndFilteredTasks 的输入选择器。这就是选择器组合的实际运用！

选择器对于优化 Redux 应用程序发挥着重要作用。它们可以防止业务逻辑堆积在组件内部，并通过 memoization 丢弃不必要的渲染来提高性能。

下一章与本章的内容密切相关。当使用规范化的数据时，使用选择器通常会带来最大收益。接下来，将讨论并实现规范化的 Redux store。

7.8　本章小结

本章主要学习了以下内容：

- 将逻辑与组件解耦的理念。
- 使用 Redux 状态优于本地状态的额外优势。
- 选择器扮演的角色以及如何实现它们。
- 当计算导出数据时，如何利用 reselect 来提升清晰度和性能。

第 8 章

组织 Redux store

本章涵盖：

- 在 Redux 中组织关系数据
- 对比嵌套数据和规范化数据的优缺点
- 使用 normalizr 包
- 在 Redux 中组织不同类型的状态数据

Parsnip 应用是基于 Redux 构建的，但数据需求到目前为止还很简单。只有单一的任务数据源，这意味着你没有机会去处理关系数据，但这就是本章要介绍的内容！通过将项目的概念引入 Parsnip，程序中的资源数量将增加一倍，这意味着任务会属于某个项目。你将探索两种流行的关系数据构造策略的利弊：嵌套数据和规范化数据。

这是 Redux 社区中最热门的话题之一。不管是好是坏，Redux 库没有限制 store 内数据的组织方式。Redux 提供了存储和更新数据的工具，而数据结构由你决定。好消息是，随着时间的推移，经过长时间的试错之后，最佳实践开始出现。规范化数据明显胜出。虽然这不是 Redux 独有的概念，但是你将了解如何在 Parsnip 中规范化数据以及规范化之后带来的好处。

当只有资源数据任务时，数据的组织不是一个必须解决的问题。但随着项目的引入，情况发生了变化。存储数据的最有效方法是什么？坚持只使用一个还是使用多个

reducer？什么样的策略会使数据更容易更新？如果有数据重复怎么办？除了这些，第8章还将回答更多问题。

8.1 如何在 Redux 中存储数据

在 Redux 中如何存储以及存储什么数据的问题在 Redux 社区里算是老生常谈了。像其他一些问题一样，每个人的答案并不相同。在深入研究这些可选策略之前，应当记住，Redux 并不关心你选择的策略。如果数据能放在一个对象中，就放入 Redux store 中。这个对象的维护规则完全由你来确定。

注意 你可能想知道对于 Redux store 中存储的内容是否有限制。官方文档强烈建议只存储可序列化的原始值、对象和数组。这样做可保证外围工具被可靠地使用，例如 Redux DevTools。如果想通过在 Redux 中存储非序列化数据，进而处理独特情况，也是可以的。这种讨论可以在网址 http://redux.js.org/docs/faq/OrganizingState.html#can-i-put-functions-promises-or-other-non-serializable-items-in-my-store-state 提供的文档中找到。

到目前为止，当前系统使用了一种简单且通用的模式来存储任务相关的数据。你拥有含有任务对象列表的 reducer，以及元数据 `isLoading` 和 `error`。这些具体的属性名称并不重要，你可能会在别的地方看到它们的诸多变化。在上一章中，我们还引入了 `searchTerm` 来实现过滤器功能。

对于这种模式，reducer(顶级状态键)像是在模仿 RESTful API 的逻辑。`tasks` 键通常希望包含填充任务首页所需的数据。反过来，如果有一个任务显示页面，就可能会从 `tasks` reducer 中取出数据。

单一的 `tasks` reducer 就 Parsnip 当前状态来讲是合理的。在连接的组件中，通过引用最高一级的 `tasks` 键中的属性，就可以轻松读取和显示任务。虽然 Parsnip 规模很小，但这种模式也有用武之地。每当一个新的领域被引入 Parsnip 时，一个新的 reducer 就被添加到 store，它包含自身的资源数据和元数据。如果决定渲染用户列表，那么可以同样容易地通过引入 `users` reducer 来管理一组用户和元数据。

使用这样的 Redux store 并不难，但是一旦将资源之间的关系引入，情况就会开始变得让人担忧。以 Parsnip 和项目功能为例。程序可能包含许多项目，每个项目可能包含多个任务。如何在 Redux store 中表示项目和任务之间的关系？

先来考虑服务器的响应。如果向`/projects/1` 发起 `GET` 请求，则希望至少接收到 ID、项目名称以及与项目关联的任务列表，如下面的代码清单 8.1 所示。

代码清单 8.1　API 响应示例

```
{
  id: 1,
  title: 'Short-Term Goals',
  tasks: [
    { id: 3, title: 'Learn Redux' },
    { id: 5, title: 'Defend shuffleboard world championship title' },
  ],
}
```

在从成功的 GET 请求中收到负载数据以后，下一个逻辑是把它们装入 project reducer，对吗？在查看项目时，就可以遍历并渲染每个任务。整个 store 可能看起来像下面的代码清单 8.2。

代码清单 8.2　包含项目和任务的 Redux store 示例

```
{
  project: {
    id: 1,
    title: 'Short-Term Goals',
    tasks: [
      { id: 3, title: 'Learn Redux' },
      { id: 5, title: 'Defend shuffleboard world championship title' },
  ],
    isLoading: false,
    error: null,
    searchTerm: '',
  },
}
```

不要这么快下结论，这种模式还存在一些缺点。首先，渲染任务数据的 React 组件可能需要安全防范措施。引用嵌套数据(例如，本例中的任务标题)要求每个父级键名都存在。在类似的场景中，需要防范父级键名不存在的情况。

如何更新任务呢？你需要处理一层嵌套的任务，这就需要在项目对象中进行定位。

一层嵌套通常是可以管理的，但是当想要列出为每个任务指派的用户时，会怎么样呢？问题只会恶化。请参阅代码清单 8.3 中列出的新的 Redux 状态。

代码清单 8.3　为每个任务添加用户

```
{
  project: {
    id: 1,
    title: 'Short-Term Goals',
    tasks: [
      {
        id: 5,
        title: 'Learn Redux',
        user: {
          id: 1,
```

```
          name: 'Richard Roe',
        }
      },
    ],
    isLoading: false,
    error: null,
    searchTerm: '',
  }
}
```

到现在为止，我们还没有说到这种模式最严重的缺点：数据重复。如果 Richard 被分配三个不同的任务，那么在数据状态中他的用户数据将出现三次。如果要将 Richard 的名称更新为 John，则需要在三个位置更新用户对象。这不太理想。如果可以像在关系数据库中那样处理任务和项目，就可以单独存储它们，并使用外键 ID 来维护关系。

8.2 规范化数据介绍

规范化也可以认为是将嵌套的数据结构扁平化。在扁平的层次结构中，每个领域都接收自己的顶级状态属性。任务可以和项目独立管理，而不是作为项目的子属性来管理，用对象 ID 来表达关系。这种数据将被认为是规范化的，在 Redux 文档(http://redux.js.org/docs/faq/OrganizingState.html#how-do-i-organize-nested-or-duplicate-data-in-my-state)中，推荐使用的也是这种类型的数据结构。

这种扁平的 Redux store 看起来是什么样的？类似于关系数据库中的结构，每种资源类型都有一个表。正如之前所讨论的，项目和任务在 store 中都有顶级的键名，而关系由外键链接。因为每个任务都包含 `projectId`，这样就能知道哪些任务属于哪个项目。代码清单 8.4 展示了一个例子。

代码清单 8.4 规范化的 Redux store

```
{
  projects: {
  items: {
    '1': {
      id: 1,                          ← 资源存储在用 ID 索引的对
      name: 'Short-Term Goals',         象中，而不是在数组中
      tasks: [ 1, 3 ]
    },
    '2': {                            每个项目都有任务
      id: 2,                          ID 的列表，可以用
      name: 'Long-Term Goals',        来引用 store 中的另
      tasks: [ 2 ]                    一部分对象
    }
    },
isLoading: false,
```

```
    error: null
  },
  tasks: {
    items: {
      '1': { id: 1, projectId: 1, … },
      '2': { id: 2, projectId: 2, … },
      '3': { id: 3, projectId: 1, … },
    },
    isLoading: false,
    error: null
  },
}
```

现在项目和任务存储在由 ID 索引的对象中，而不是存储在数组中。这使得查找变得容易。例如，要更新任务，不必循环遍历整个数组直到找到正确的任务，通过 ID 就能立即找到任务。现在使用每个项目的任务数组来维护关系，并以关联的任务 ID 数组的形式存储，而不是在各个项目中嵌套存储的任务。

规范化数据的一些重要好处如下：

- 减少复制。如果任务可以属于多个项目呢？使用嵌套数据的话，一个对象会有多个表现。要更新单个任务，就必须找到该任务的每个单独的表现。
- 简化更新逻辑。规范化的扁平数据意味着只需要处理一层深度，而不是挖掘整个嵌套对象。
- 性能更高。当任务位于状态树完全独立的部分时，无须触发 store 中不相关部分的变更就能更新它们。

使用嵌套数据还是规范化数据要依情况而定。通常应该在 Redux 中选择使用规范化数据。但这并非一目了然，需要先在项目中使用嵌套数据来感受一下收益和成本。

8.3　使用嵌套数据实现项目

在经历了所有这些关于项目和 action 的讨论后，终于到了实现它们的时候，来看看在不只有一个 `tasks` reducer 之后，store 会是什么样子。再次说明，选择引入项目是因为这意味着现在需要管理关系数据。现在，任务不再是独立的资源，而是属于项目。

对于用户界面，将添加一个新的下拉菜单，用户可以在项目之间进行选择。每个任务都属于某个项目。当用户选择一个新的项目时，就渲染相应的任务列表。图 8.1 显示了 UI 的一种可能情况。

出于时间上的考虑，我们并不去真正创建新项目或更新现有项目的功能。为了补偿这一点，使用 json-server 和 db.json 预定义一些项目，并给它们分配给任务。

我们已经讨论了关系数据以及在 Redux 中存储关系数据的两种常用方法：嵌套数据和规范化数据。前面提到了我们更倾向于规范化数据。规范化数据正在成为 Redux 社区的推荐标准，特别是对于具有大量关系数据的有一定规模的应用程序。

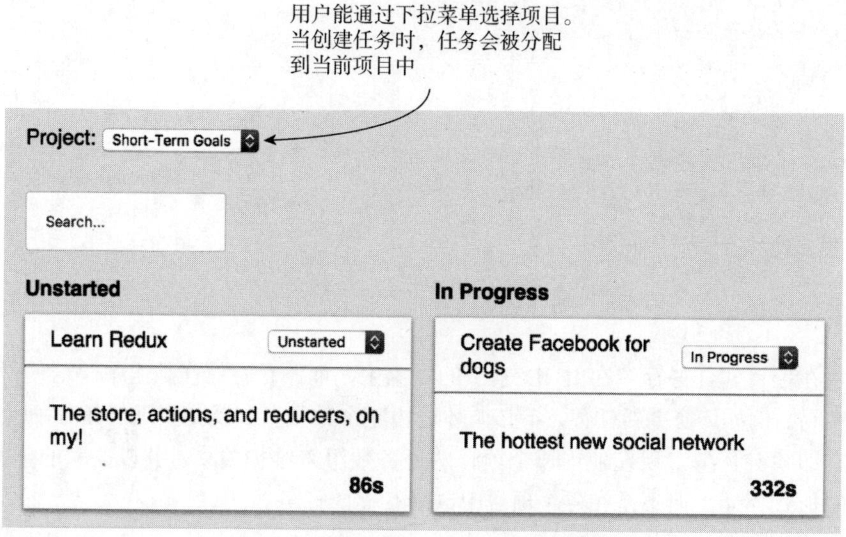

用户能通过下拉菜单选择项目。
当创建任务时，任务会被分配
到当前项目中

图 8.1 允许用户从一系列项目中进行选择

但这并不是说绝对不要以嵌套的方式将关系数据存储在 Redux 中。对于较小型的应用程序来说，规范化数据会让人觉得小题大做。嵌套的数据结构较为直观，通常对渲染过程更加友好。以博客为例。不必从 store 的三个不同部分获取文章、评论和评论人，可以将包含所有必要数据的单个文章对象传递到视图中。在本节中，将实现嵌套的数据结构而不进行规范化，以说明不同策略的利弊。

当有了需要返回关系数据的 API 时，例如项目和任务，一种常见的策略是在父数据内嵌套子数据。更新 API 以返回嵌套数据，这就导致最终在 Redux store 中也存储大致相同的结构。这很直观，对么？API 定义了一种结构，那么为什么不在 Redux 中使用相同的结构呢？数据之间的任何关系都使用嵌套来表示，这意味着不必手动维护任何外键 ID。不需要在 API 和 Redux 之间进行任何转换，维护更少的代码通常是一件好事。

在实现过程中，你会了解其中的几个好处，但在这个过程中，缺点也会暴露出来。你会看到数据重复，更新逻辑也会变得更加困难，并且由于页面的某些部分被不必要地重新渲染，造成渲染性能的降低。

8.3.1 概述：请求与渲染项目

修改 Parsnip 以支持项目功能。主要页面应渲染给定项目的任务，用户可以使用下拉菜单来选择要查看哪个项目。

这些是仅有的用户界面变化。事实上，需要在底层做更多的事情。需要更新服务器及客户端的数据结构。除了新功能之外，还需要确保现有功能(创建或编辑任务、筛选)仍然正常工作。根据 Parsnip 中发生的主要事件，可以把工作分解成三大部分：

- 初始化载入时请求项目数据并渲染主要页面(包括项目菜单和任务列表)。
- 让用户能选择要展示的项目。
- 使用新的 store 结构和 reducer 来更新任务创建流程。

从更高级的视角看，需要按顺序做一些修改。从页面初始加载开始，跟随整个堆栈中的数据流，最终返回到视图，在视图中同时渲染项目和任务。当继续朝着项目功能迈进的时候，大致会遵循以下这条路径：

- 作为先决条件，更新服务器，这意味着修改 db.json。添加项目并将每个任务更新为属于某个项目。
- 在初始页面加载时派发尚未创建的 `fetchProjects` action 创建器。
- 创建和实现 `fetchProjects`，它负责在获取项目数据并载入 store 的过程中相关 action 的触发。
- 使用项目 reducer 代替任务 reducer。
- 更新 reducer 以处理来自服务器的项目数据。
- 增加 `currentProjectId` 的概念，从而知晓要渲染哪个项目的任务。
- 更新所有连接组件和选择器来处理包含项目和任务的新的 Redux store 结构。
- 创建新的项目下拉菜单，并连接到 Redux。

要做出这些改变，每一部分都会涉及。这是一次不错的机会，可以加强对 Redux 程序进行数据流可视化的能力。图 8.2 回顾了架构图以及每个修改所在的位置。对于 Parsnip 这种网页程序来说，从事件的角度进行考虑是有帮助的。一个事件可能由多个 Redux action 组成，但通常只代表用户可以做的(创建任务)或者应用程序中发生的(初始页面加载)一件事。现在，来看看页面初始加载时的样子。

代码清单 8.5 展示了所需的 store 结构。该结构将指导我们创建所需的 action(包括负载)和特定的 reducer 结构。注意三件事：添加了一个新的顶级 `projects` 属性，任务嵌套在每个项目中，以及添加了一个新的顶级 `page` 属性来存储 `currentProjectId`。请注意，状态中用于搜索筛选的部分被移动和重命名了。在添加更典型的应用程序状态(如项目和任务)时，通常将 UI 状态保存在状态树的另一部分。因为这部分状态不直接存在于任务下，所以将 `searchTerm` 重命名为 `tasksSearchTerm`，`searchTerm` 这个名字太过于通用。

代码清单 8.5 使用了嵌套数据的 Redux store 结构

```
{
  projects: {
    isLoading: false,
    error: null,
    items: [                      ← items 属性保存每个项目对象
      {
        id: 1,
        name: 'Short-term goals', ← 每个项目的任务数据现在是嵌套的
```

```
      tasks: [
        { id: 1, projectId: 1, ... },
        { id: 2, projectId: 1, ... }
      ]
    },
    {
      id: 2,
      name: 'Short-term goals',
      tasks: [
        { id: 3, projectId: 2, ... },
        { id: 4, projectId: 2, ... }
      ]
    }
  ]
},
page: {
  currentProjectId: null,
  tasksSearchTerm: null
}
}
```

添加新的 page 属性

currentProjectId 表示当前激活的项目

将用于搜索筛选标签的文本移到页面 reducer 中

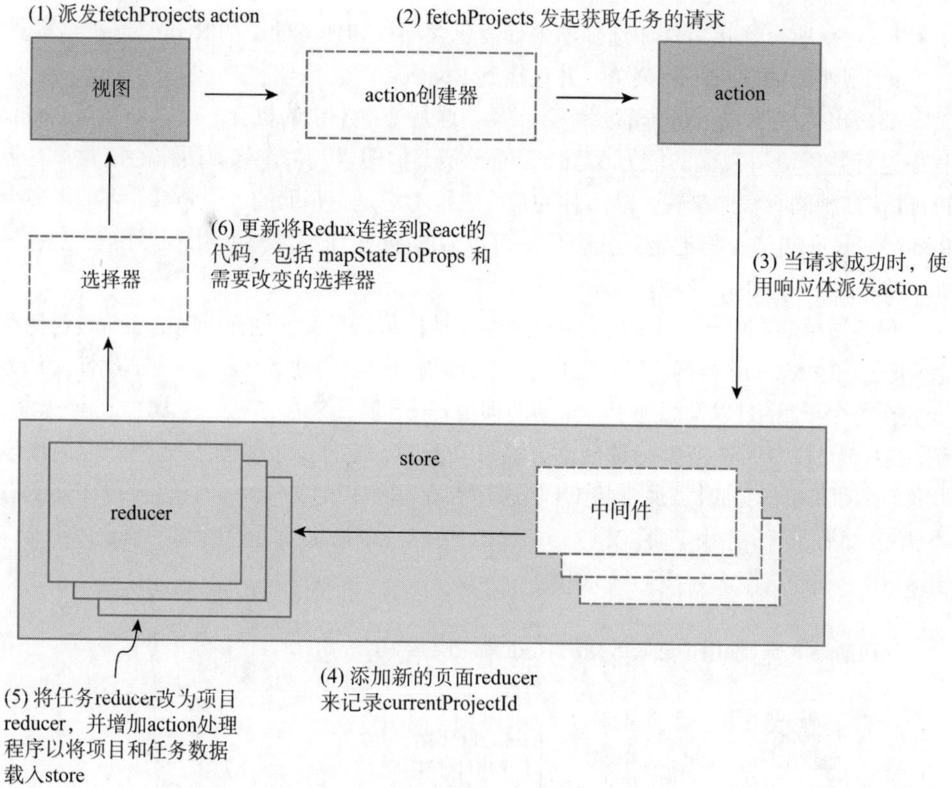

(1) 派发fetchProjects action

(2) fetchProjects 发起获取任务的请求

视图

action创建器

action

(3) 当请求成功时，使用响应体派发action

store

中间件

reducer

(4) 添加新的页面reducer来记录currentProjectId

(5) 将任务reducer改为项目reducer，并增加action处理程序以将项目和任务数据载入store

选择器

(6) 更新将Redux连接到React的代码，包括 mapStateToProps 和需要改变的选择器

图 8.2 为了获取和渲染项目所需要做的改变

让我们先处理服务器上的更新，之后就能专注于客户端了。

8.3.2　使用项目数据更新服务器

作为进入应用程序的正常流程的先决条件，让我们更新 API 以同时返回项目和任务。回顾一下，在向/projects 发出 GET 请求时，你期望服务器返回嵌套的数据结构(如下面的代码清单 8.6 所示)。

代码清单 8.6　API 响应示例

```
[
  {
    id: 1,
    name: 'Short-term goals',
    tasks: [
      { id: 1, title: 'Learn Redux', status: 'In Progress' },
      { id: 2, title: 'Defend shuffleboard championship title', status:
      'Unstarted' }
    ]
  },
  {
    id: 1,
    name: 'Short-term goals',
    tasks: [
      { id: 3, title: 'Achieve world peace', status: 'In Progress' },
      { id: 4, title: 'Invent Facebook for dogs', status: 'Unstarted' }
    ]
  }
]
```

这对于 json-server 来说只是小事一桩。不需要费心编写任何代码，如下面的代码清单 8.7 所示，只需要用 projects 和每个任务的 projectId 更新 db.json 即可。

代码清单 8.7　更新 db.json

```
{
  "projects": [       ← 添加新的顶级 projects
    {                   字段和一些项目对象
      "id": 1,
      "name": "Short-Term Goals"
    },
    {
      "id": 2,
      "name": "Long-Term Goals"
    }
  ],
  "tasks": [
    {
      "id": 1,
      "title": "Learn Redux",
      "description": "The store, actions, and reducers, oh my!",
      "status": "Unstarted",
      "timer": 86,
```

```
      "projectId": 1   ← 给每个任务增加 projectId
    },
    {
      "id": 2,
      "title": "Peace on Earth",
      "description": "No big deal.",
      "status": "Unstarted",
      "timer": 132,
      "projectId": 2
    },
    {
      "id": 3,
      "title": "Create Facebook for dogs",
      "description": "The hottest new social network",
      "status": "Completed",
      "timer": 332,
      "projectId": 1
    }
  ]
}
```

信不信由你，这就是在服务器端需要做的工作。在下面的 8.3.3.节中，将使用 json-server 的查询语法来获取要查找的嵌套数据响应。

8.3.3 添加和派发 fetchProjects

因为试图对单个事件(页面初始渲染)建模，所以先从 UI 开始(参见代码清单 8.8)。之前，当连接的组件 App 最初被装载到页面时(使用恰如其名的 componentDidMount 生命周期钩子)，派发了 fetchTasks action 创建器。因为要改用基于项目的 API 端点，这里所需要做的唯一更改是用 fetchProjects 替换 fetchTasks。

代码清单 8.8 导入和派发 fetchProjects：src/App.js

```
...
import {
  ...
  fetchProjects,
} from './actions';
...

class App extends Component {
  componentDidMount() {
    this.props.dispatch(fetchProjects());
  }
  ...
}
```

在了解 fetchProjects action 创建器的主要内容之前，先进行一项简单但重要的更新，如代码清单 8.9 所示。可以向 API 客户端添加一个新的函数来处理/projects 端点的细节。最终的请求 URL 可能看起来会很陌生，但这是 json-server 的查询语法的一部分。这种语法将告诉 json-server 在发送响应之前直接将项目的任务嵌入每个项目对象中——这正是你所期望的。

代码清单 8.9　更新 API 客户端：src/api/index.js

```
...
export function fetchProjects() {
  return client.get('/projects?_embed=tasks');
}
...
```

使用 json-server 的查询语法明确在 API 响应中，任务应该被嵌入项目中

下面，打开 src/actions/index.js 来实现 `fetchProjects`。如同旧的 `fetchTasks`，`fetchProjects` 也是异步 action 创建器，它负责组织 API 请求和相关的 Reduxaction。这里不会使用类似第 5 章创建的 API 中间件，而是通过在 `fetchProjects` 中返回一个函数来使用 `redux-thunk`。在这个函数中，将发起 API 请求并创建或派发三个标准的请求 action，分别代表请求的开始、成功和失败。参见下面的代码清单 8.10。

代码清单 8.10　创建 fetchProjects：src/actions/index.js

```
function fetchProjectsStarted(boards) {
  return { type: 'FETCH_PROJECTS_STARTED', payload: { boards } };
}

function fetchProjectsSucceeded(projects) {
  return { type: 'FETCH_PROJECTS_SUCCEEDED', payload: { projects } };
}

function fetchProjectsFailed(err) {
  return { type: 'FETCH_PROJECTS_FAILED', payload: err };
}

export function fetchProjects() {
  return (dispatch, getState) => {
    dispatch(fetchProjectsStarted());

    return api
      .fetchProjects()
      .then(resp => {
        const projects = resp.data;

        dispatch(fetchProjectsSucceeded(projects));
      })
      .catch(err => {
        console.error(err);

        fetchProjectsFailed(err);
    });
  };
}
```

派发 action 来表明请求已经开始

使用响应体中的项目数据来派发 action

你对这种模式应该看起来很熟悉。在使用 `redux-thunk` 处理异步 action 时，大

部分包含 AJAX 请求的操作都包括这 3 个基于请求的 action。假定响应成功，使用 fetchProjects 派发两个新的 action——FETCH_PROJECTS_STARTED 和 FETCH_PROJECTS_SUCCEEDED。和其他 action 一样，需要在 reducer 中添加代码来处理更新逻辑。

8.3.4 更新 reducer

为了适应项目数据和 store 新的嵌套结构，需要对现有的 reducer 代码进行一些重大更改。首先处理内部代码，将 tasks reducer 重命名为 projects，并更新 reducer 的初始状态以匹配项目结构。更新 reducer 代码，并更新 src/index.js 中的所有导入和引用，如代码清单 8.11 所示。

代码清单 8.11 更新 tasts reducer：src/reducers/index.js

```
...

const initialState = {
  items: [],
  isLoading: false,
  error: null,
};

export function projects(state = initialState, action) {   ← 重命名 reducer
  switch (action.type) {
    ...
    }
  }
...
```

接下来处理两个新的 action(如代码清单 8.12 所示)：

- FETCH_PROJECTS_STARTED——用于处理加载状态。
- FETCH_PROJECTS_SUCCEEDED——这里的负载是从服务器获取的项目列表，需要用 reducer 将它们载入 store。

代码清单 8.12 在 projects reducer 中处理新的 action：src/reducers/index.js

```
...
export function projects(state = initialState, action) {
  switch (action.type) {                        ← 将 isLoading 标记改为 true，
    case 'FETCH_PROJECTS_STARTED': {               这表示请求正在进行
      return {
        ...state,
        isLoading: true,
      };
    }
    case 'FETCH_PROJECTS_SUCCEEDED': {
      return {
```

```
      ...state,
      isLoading: false,
      items: action.payload.projects,    ◄── 当请求完成时将项目数据载入 store
    };
    }
    ...
  }
}
...
```

这是标准的 Redux 流程，所以不在这里多费口舌了。reducer 正确地计算了状态，所以下一步是更新 Redux 到 React 的连接代码。

我们在状态树中添加了新的 `page` 属性，以处理页面级状态，就像处理当前项目和当前搜索词一样。因此，我们需要一个新的 reducer 来处理更新数据以响应 action。添加新的 `page` reducer，如代码清单 8.13 所示。

代码清单 8.13　添加 page reducer：src/reducers/index.js

```
const initialPageState = {
  currentProjectId: null,      │ 声明状态树中这
  searchTerm: '',              │ 部分的初始状态
};

export function page(state = initialPageState, action) {
  switch (action.type) {
    case 'SET_CURRENT_PROJECT_ID': {    ◄── 当用户切换到新项目时更新 currentProjectId
      return {
        ...state,
        currentProjectId: action.payload.id,
      };
    }
    case 'FILTER_TASKS': {              ◄── 当用户过滤任务时更新 searchTerm
      return { ...state, searchTerm: action.searchTerm };
    }
    default: {
      return state;
    }
  }
}
```

如果最终使用 Redux 来处理 UI 相关的状态(如 `searchTerm`)，那么可以考虑增加 `ui` reducer。在这里只会管理几个状态，因此为了方便起见，可以将它们分组到单独的 `page` reducer 中。

`page` reducer 不能独自发挥作用，在 src/index.js 中创建 store 时需要导入才能使用，如下面的代码清单 8.14 所示。

代码清单 8.14　更新 createStore：src/index.js

```
import React from 'react';
```

```
import ReactDOM from 'react-dom';
import { Provider } from 'react-redux';
import { createStore, applyMiddleware } from 'redux';
import { composeWithDevTools } from 'redux-devtools-extension';
import thunk from 'redux-thunk';
import createSagaMiddleware from 'redux-saga';
import { projects, tasks, page } from './reducers';   ◄── 将 page 添加到 reducer 的导入列表中
import App from './App';
import rootSaga from './sagas';
import './index.css';

const rootReducer = (state = {}, action) => {
  return {
    projects: projects(state.projects, action),
    tasks: tasks(state.tasks, action),
    page: page(state.page, action),   ◄── 将 page 添加到 rootReducer 中
  };
};

const sagaMiddleware = createSagaMiddleware();

const store = createStore(
  rootReducer,
  composeWithDevTools(applyMiddleware(thunk, sagaMiddleware)),
);
...
```

8.3.5 更新 mapStateToProps 和选择器

选择器的作用是在 Redux store 和 React 组件之间转换数据。因为更新了 store 的结构，所以需要更新选择器来处理新结构，如下面的代码清单 8.15 所示。连接点是 App 组件中的 mapStateToProps，这是到目前为止 Parsnip 中唯一连接到 Redux 的组件。

代码清单 8.15 将项目连接到 React：src/App.js

```
function mapStateToProps(state) {
  const { isLoading, error, items } = state.projects;   ◄── 从项目状态中获取相关数据

  return {
    tasks: getGroupedAndFilteredTasks(state),   ◄── 使用相同的选择器来获取任务，这会在稍后更新
    projects: items,   ◄── 传入项目列表以最终渲染到下拉菜单中
    isLoading,
    error,
  };
}
```

只需要在 MapStateToProps(Redux 和 React 之间的连接点)中进行很小的更改，但 GetGroupedAndFilteredTasks 在当前状态下无法正常工作，它仍然期望旧的具有单个任务属性的 Redux store。我们需要修改一些现有的选择器来处理新的 store

结构。因为不再只有一列任务，所以还需要添加新的选择器来根据给定的 currentProjectId 查找要传递给 UI 渲染的正确任务。这里最应该注意的是添加的 getTasksByProjectId，它取代了 getTasks。getFilteredTasks 需要两个输入选择器：一个用于检索任务，另一个用于检索当前搜索的任务，如下面的代码清单 8.16 所示。

代码清单 8.16　更新选择器以处理项目：src/reducers/index.js

```
const getSearchTerm = state => state.page.tasksSearchTerm;   ← 更新 getSearchTerm 以使用新的 page reducer

const getTasksByProjectId = state => {   ← 添加新的选择器来根据项目 ID 获取任务数据
  if (!state.page.currentProjectId) {
    return [];                             如果当前没有选择项目，则及早返回一个空的数组
  }

  const currentProject = state.projects.items.find(
    project => project.id === state.page.currentProjectId,   从列表中找到正确的项目
  );

  return currentProject.tasks;
};

export const getFilteredTasks = createSelector(
  [getTasksByProjectId, getSearchTerm],   ← 更新 getFilteredTasks 输入选择器
  (tasks, searchTerm) => {
    return tasks.filter(task => task.title.match(new RegExp(searchTerm,
    'i')));
  },
);
```

现在能够渲染特定项目的任务了，但还需要增加逻辑以找到给定项目的任务。在进行这些更新时，Parsnip 处于不可用的状态，但现在应该又可以运行了。

8.3.6　添加项目下拉菜单

在开始创建和编辑任务之前，还需要做一件事做才能让程序更加完整，就是让用户能够从下拉菜单中选择要显示的项目。到目前为止，只有连接组件 App，也只有一个用来展示任务列表的主要页面区域。现在有了项目，另一个需要维护的主要页面区域也随之而来。

你将在一个新的 Header 组件中添加下拉菜单(参见代码清单 8.17)。在 src/components 目录中创建名为 Header.js 的新文件。根据需求，Header 至少需要两个属性：

- projects——要渲染的项目列表。

- onCurrentProjectChange——当新项目被选择时执行的回调函数。

代码清单 8.17 Header 组件：src/components/Header.js

```
import React, { Component } from 'react';

class Header extends Component {
  render() {
    const projectOptions = this.props.projects.map(project =>    为每一个项目渲染一个选项
      <option key={project.id} value={project.id}>
        {project.name}
      </option>,
    );

    return (
      <div className="project-item">
        Project:
        <select onChange={this.props.onCurrentProjectChange}
➥ className="project-menu">    接上 onCurrentProjectChange 回调
          {projectOptions}
        </select>
      </div>
    );
  }
}

export default Header;
```

既然已经完成 Header 组件，那就渲染它吧！不仅要置于组件树的合适位置，还要给 Header 传递所需的数据。由于 App 是唯一的连接组件，因此需要将项目数据传入并定义 onCurrentProjectChange 处理函数，从而派发相应的 action，如下面的代码清单 8.18 所示。

代码清单 8.18 渲染 Header 组件：src/App.js

```
import React, { Component } from 'react';
import { connect } from 'react-redux';
import Header from './components/Header';
import TasksPage from './components/TasksPage';
import {
  ...
  setCurrentProjectId,
} from './actions';

class App extends Component {
  ...
  onCurrentProjectChange = e => {    添加用于改变当前项目的事件处理函数
    this.props.dispatch(setCurrentProjectId(Number(e.target.value)));
  };

  render() {
      return (
```

```
          <div className="container">
            {this.props.error && <FlashMessage message={this.props.error} />}
              <div className="main-content">
                <Header
使用必要的数据      projects={this.props.projects}
渲染 Header 组件    onCurrentProjectChange={this.onCurrentProjectChange}
                />
                <TasksPage
                  tasks={this.props.tasks}
                  onCreateTask={this.onCreateTask}
                  onSearch={this.onSearch}
                  onStatusChange={this.onStatusChange}
                  isLoading={this.props.isLoading}
              />
            </div>
          </div>
        );
      }
    }
  ...
```

程序不会在当前状态下运行，因为还需要做最后一件事：定义 setCurrentProjectId action 创建器。它是一个简单的同步 action 创建器，接收项目 ID 作为参数，并返回带有正确 type 和 payload 的 action 对象。打开 src/actions/index.js，这里定义了到目前为止所有与 action 相关的内容，请添加以下代码清单 8.19 中的代码。

代码清单 8.19　添加 setCurrentProjectId：src/actions/index.js

```
...
export function setCurrentProjectId(id) {   ← 导出一个同步 action 创建器，它接收项目 ID 作为参数
  return {
    type: 'SET_CURRENT_PROJECT_ID',   ← 设置正确的 action 类型
    payload: {    设置正确的负载：
      id,         一个单独的 ID 属性
    },
  };
}
...
```

现在，可以能通过下拉菜单中的选项来切换项目。此时，App 组件的角色发生了变化：它需要从 Redux 中获取正确的数据，呈现子组件，并对 action 派发进行简单的包装。到目前来看情况还不错，但需要留心。如果 App 组件变得过大，Parsnip 会变得难以维护。

此时，还有两个主要的功能需要更新：创建和更新任务。加载初始项目数据相对简单。从 API 返回的项目数据结构已经十分便于渲染。需要将数据加载到 store 中，再调整连接 Redux 和 React 的部分代码，就大功告成了。

通过创建任务，你将第一次体会嵌套数据的更新。为了获取项目数据，将 API 响应的全部数据直接抛入 store 中。现在，需要将独立的任务找出，并对它们进行操作，

这并不容易。

回想一下，在 store 中使用嵌套数据的主要缺点之一，就是更新嵌套数据的成本有些高。冒着程序被破坏的风险，接下来的几节将直接演示这些问题。

不需要对用户界面进行任何更改，只需要修改底层的逻辑就能使任务创建正常工作。需要进行的两项更改是：

- 确保将当前项目 ID 传递给 `createTask` action 创建器。
- 更新 `projects` reducer，将任务添加到正确的项目中。

你要做的最后一件事变化最大。先回顾一下当前 `CREATE_TASK_SUCCEEDED` 的处理过程，它负责接收新创建的任务并添加到 store 中，简单明了。从 action 的负载中获取新任务，并添加到现有任务列表中，如下面的代码清单 8.20 所示。

代码清单 8.20　现有的处理 CREATE_TASK_SUCCEEDED 的代码：src/reducers/index.js

```
export function projects(state = initialState, action) {
  switch (action.type) {
    ...
    case 'CREATE_TASK_SUCCEEDED': {
      return {
        ...state,
        tasks: state.tasks.concat(action.payload.task),
      };
    }
    ...
  }
}
```

对于项目，还有一步要执行：找到任务所属的项目。作为 action 负载的一部分，首先使用任务中的 `projectId` 查找需要更新的项目。在下面的代码清单 8.21 中，你将开始了解使用数组存储对象列表的真正缺点。

代码清单 8.21　更新 projects reducer：src/reducers/index.js

```
export function projects(state = initialState, action) {
  switch (action.type) {
    ...
    case 'CREATE_TASK_SUCCEEDED': {
      const { task } = action.payload;
      const projectIndex = state.items.findIndex(
        project => project.id === task.projectId,       找到需要更新
      );                                                的正确项目
      const project = state.items[projectIndex];
      const nextProject = {
        ...project,                                     将新的任务数组
        tasks: project.tasks.concat(task),              合并到项目中
      };

      return {
```

```
        ...state,
        items: [
          ...state.items.slice(0, projectIndex),
          nextProject,
          ...state.items.slice(projectIndex + 1),
        ],
      };
    }
    ...
  }
}
```

在数组的正确位置插入更新后的项目

reducer 的不可变性使得 Redux 能够实现很多伟大特性，例如时间旅行，但也会使嵌套数据结构的更新变得更加困难。必须注意要始终创建对象的新副本，而不是就地修改项目的任务数组。使用数组存储对象列表还会带来额外的问题，为了找到要处理的项目，必须遍历整个列表。

8.3.7　编辑任务

通过创建任务，你开始认识到以保持不可变性的方式更新嵌套数据是如何变得棘手的；而编辑任务将变得更加复杂，因为不再将新任务添加到任务列表中。现在，需要先找到正确的项目，再找到正确的任务才能更新所有内容，同时还要避免改变任何现有数据。和之前一样，在引入项目之前，让我们通过下面的代码清单 8.22 了解一下现有的实现方式。在本例中，通过遍历任务列表，找到要更新的任务，同时返回更新后的任务。

代码清单 8.22　现有的 EDIT_TASKS_SUCCEEDED 代码：src/reducers/index.js

```
export function projects(state = initialState, action) {
  switch (action.type) {
    ...
    case 'EDIT_TASK_SUCCEEDED': {
      const { payload } = action;
      const nextTasks = state.tasks.map(task => {
        if (task.id === payload.task.id) {     ← 找到并替换所需的任务
          return payload.task;
        }

        return task;
      });
      return {
        ...state,
        tasks: nextTasks,     ← 返回更新后的任务
      };
    }
    ...
  }
}
```

与创建任务类似，需要找到要更新任务的项目，如下面的代码清单 8.23 所示。

代码清单 8.23　查找项目：src/reducers/index.js

```
export function projects(state = initialState, action) {
  switch (action.type) {
    ...
    case 'EDIT_TASK_SUCCEEDED': {
      const { task } = action.payload;
      const projectIndex = state.items.findIndex(
        project => project.id === task.projectId,
      );
      const project = state.items[projectIndex];        ◄ 找出要更新的项目
      const taskIndex = project.tasks.findIndex(t => t.id === task.id);

      const nextProject = {        ◄ 更新项目数据
        ...project,
        tasks: [
          ...project.tasks.slice(0, taskIndex),
          task,
          ...project.tasks.slice(taskIndex + 1),
        ],
      };

      return {        ◄ 返回更新后的项目列表
        ...state,
        items: [
          ...state.items.slice(0, projectIndex),
          nextProject,
          ...state.items.slice(projectIndex + 1),
        ],
      };
    }
  }
}
```

如果觉得这段代码的逻辑太密集，那么可以

- 查找正在更新的任务的关联项目。
- 在正确的索引处替换更新的任务。
- 在正确的索引处替换更新的项目。

所有这些只是为了更新任务！当然，一些工具(如 Immutable.js)能让嵌套数据结构的更新更加容易。如果发现嵌套数据对你有用，那么可以考虑使用这样的工具来帮助减少模板代码。

在本章的后面部分，使用规范化的状态结构可以将这类逻辑完全消除。

8.3.8　非必要的渲染

显然，更新嵌套数据比更新扁平结构要复杂得多。嵌套数据还有一个缺点，我们在本章前面介绍过，但还没有机会详细介绍：嵌套数据的更新会导致父级数据发生更改。对于 Parsnip 这类应用程序来说，这并不能决定成败，但仍然需要注意。

大多数略有差异的程序设计问题都是 React 社区内争论的热门话题。正如你在本章中看到的，如何在 store 中构建数据就是很大的一个争论话题。一个与此相关但不同的问题是关于 Redux 和 React 的最佳连接策略。应用程序的入口点对整个体系结构和数据流有很大影响。

嵌套数据会使更新变得更困难。回想一下，嵌套数据的另一个大的缺点是性能问题。下面是原因。

图 8.3 是当前组件结构的示意图，并且展示了连接 Redux 的方式。页面上有两个主要部分需要管理——Header 和 TasksPage，而 App 仍然是唯一的连接组件。

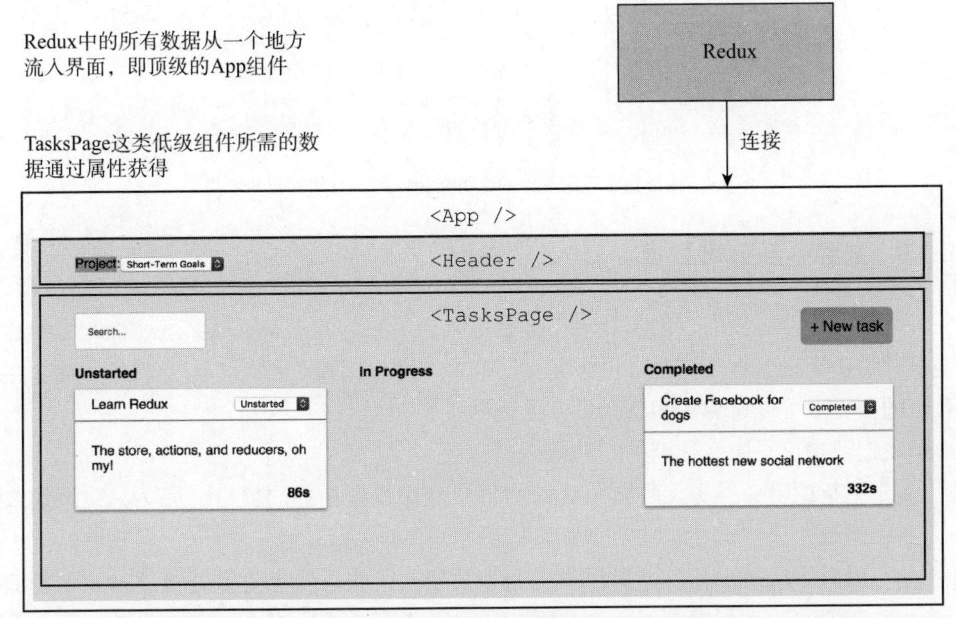

图 8.3 Parsnip 的组件概览以及连接 Redux 的方式

下面从数据依赖的角度看 Header 和 TasksPage 组件。Header 组件需要项目数据，TasksPage 组件需要任务数据。Redux 中有两种资源：项目和任务。如果 state.projects 中包含的内容发生更改(包括任务)，App 就会重新渲染。

假设正在更新一个任务，理想情况下只应重新渲染这个特定的 Task 组件。每当 App 从 store 接收到新数据时，它将自动重新渲染所有子级组件，包括 Header 和 TasksPage 组件，请参阅图 8.4。

因为只有一个连接组件，所以在更改某些数据时，并不能更细粒度地确定应该通知哪些组件。因为数据是嵌套的，所以对任务的任何更新都将自动更新状态树的整个项目部分。

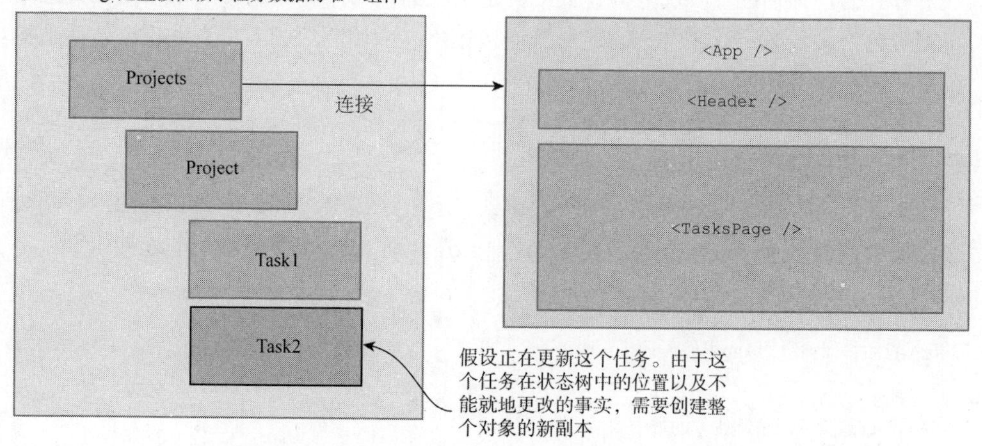
App组件被连接到项目的状态，这意味着每当projects属性下面的嵌套数据发生任何变化时，App、Header和TasksPage组件就会重新渲染。单个任务的更新会导致所有组件重新渲染，即便TasksPage是直接依赖于任务数据的唯一组件
Projects
连接
Project
Task1
Task2
<App />
<Header />
<TasksPage />
假设正在更新这个任务。由于这个任务在状态树中的位置以及不能就地更改的事实，需要创建整个对象的新副本

图 8.4 项目状态任何部分的更新都会导致 App 组件重新渲染

8.3.9 总结——嵌套数据

现在你已经对获取、创建和更新嵌套数据有了很好的了解。从某些方面来说，这是一种构建数据的直观方法。由于数据之间的关系是很难表达的，因此将任务嵌套在各自的项目中可以避免人为管理数据之间的关系。

我们还指出了嵌套数据的一些缺点：

- 更新逻辑变得更加复杂。必须为每个操作找到相关的项目，而不只是添加或更新。
- 因为数据是嵌套的，所以每当与项目相关的状态发生更改时，就必须重新渲染整个应用程序。例如，更新任务也需要更新 `Header` 组件，即使 `Header` 组件并不依赖于任务。

现在我们来看一下规范化，这是 Redux 中管理关系数据最有效的方法之一。

8.4 规范化项目和任务

Redux 中嵌套数据的替代办法是规范化数据。不使用嵌套来表示项目和任务之间的关系，而是将 Redux store 视为关系数据库。与使用 `projects` reducer 不同，而是分成两个 reducer，每个资源一个 reducer。使用选择器来获取和转换 React 组件所需的数据。

数据结构能够保持扁平，这意味着不必费心更新嵌套资源。还意味着可以通过调整 React 组件的连接方式来提高性能。

要实现这一点，可以使用流行的 normalizr 软件包。只要向 normalizer 软件包传递嵌套的 API 响应数据以及用户定义的模式，它就会返回规范化的对象。虽然也可以自己进行规范化，但 normalizer 是一个很好的工具，不必重复造轮子。请注意，我们将使用 8.3 节中已完成的代码作为基础。

图 8.5 的左侧展示了 store 的当前结构，右侧展示了规范化之后的结构。

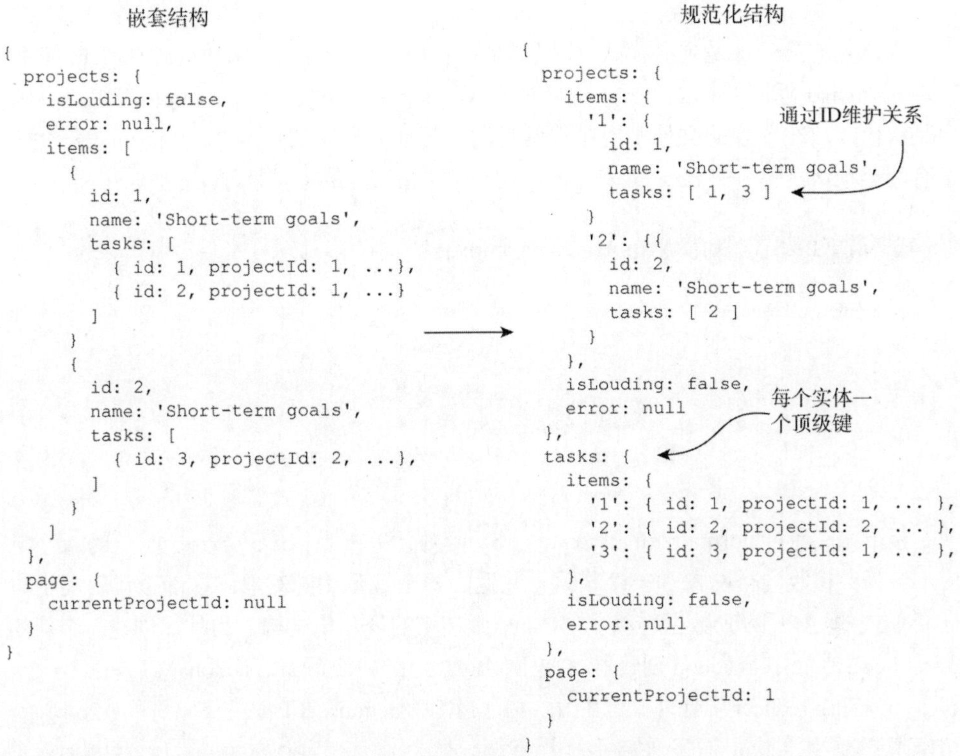

嵌套结构

```
{
  projects: {
    isLouding: false,
    error: null,
    items: [
      {
        id: 1,
        name: 'Short-term goals',
        tasks: [
          { id: 1, projectId: 1, ...},
          { id: 2, projectId: 1, ...}
        ]
      }
      {
        id: 2,
        name: 'Short-term goals',
        tasks: [
          { id: 3, projectId: 2, ...},
        ]
      }
    ]
  },
  page: {
    currentProjectId: null
  }
}
```

规范化结构

```
{
  projects: {
    items: {
      '1': {
        id: 1,
        name: 'Short-term goals',
        tasks: [ 1, 3 ]
      }
      '2': {{
        id: 2,
        name: 'Short-term goals',
        tasks: [ 2 ]
      }
    },
    isLouding: false,
    error: null
  },
  tasks: {
    items: {
      '1': { id: 1, projectId: 1, ... },
      '2': { id: 2, projectId: 2, ... },
      '3': { id: 3, projectId: 1, ... },
    },
    isLouding: false,
    error: null
  },
  page: {
    currentProjectId: 1
  }
}
```


图 8.5　从嵌套数据到规范化数据的转换

请注意，在规范化的状态树中，tasks 被恢复为一个顶级属性。这意味着在创建或编辑任务时，不再需要挖掘项目列表来查找要更新的任务；可以使用任务的 ID 来找到任务。

任务或项目列表也不再使用数组存储。现在，使用以资源 ID 为键的对象。无论选择嵌套数据还是规范化数据，我们通常建议以这种方式存储列表。原因很简单：查找变得极其容易。下面的代码清单 8.24 展示了两者的区别。

代码清单 8.24　为什么以 ID 为键的对象会让查找更容易

```
const currentProject = state.projects.items.find(project =>
  project.id === action.payload.id
```

```
);

//对比

const currentProject = state.projects.items[action.payload.id];
```

这不仅让查找更容易，还能通过去除非必要的循环来提高性能。

8.4.1 定义模式

规范化的第一步是定义模式。模式就是在使用 `normalize` 函数处理 API 响应时，告诉 normalizr 返回结构的方式。可以把模式和 action 一同放在 src/actions/index.js 中，但是将模式放在单独的文件中也是很常见的。下面的代码清单 8.25 让 normalizr 知道了有两个顶级实体——`tasks` 和 `projects`，同时 `tasks` 从属于 `projects`。

代码清单 8.25 添加模式：src/actions/index.js

```
import { normalize, schema } from 'normalizr';

...

const taskSchema = new schema.Entity('tasks');
const projectSchema = new schema.Entity('projects', {
  tasks: [taskSchema],
});
```

接下来，通过 normalizr 的 `normalize` 函数计算来自 `/projects` 端点的 API 响应，该函数接收一个对象和一个模式，并返回一个规范化的对象。这部分代码用于将嵌套形式的 API 响应数据转换为 Redux 中使用的规范化结构。另外，创建一个新的 `receiveEntities` action 创建器，它返回 `RECEIVE_ENTITIES` action。然后，在 `tasks` 和 `projects` reducer 中处理 `RECEIVE_ENTITIES` action，如下面的代码清单 8.26 所示。这能通过减少 action 派发来减少样板代码，如 `FETCH_PROJECTS_SUCCEEDED` 和 `FETCH_TASKS_ SUCCEEDED`。

代码清单 8.26 规范化响应：src/actions/index.js

```
function receiveEntities(entities) {    ← 创建通用的 receiveEntites action
  return {
    type: 'RECEIVE_ENTITIES',
    payload: entities,
  };
}

...

export function fetchProjects() {
  return (dispatch, getState) => {
    dispatch(fetchProjectsStarted());
```

```
    return api
      .fetchProjects()
      .then(resp => {
        const projects = resp.data;

        const normalizedData = normalize(projects, [projectSchema]);

        dispatch(receiveEntities(normalizedData));

        if (!getState().page.currentProjectId) {
          const defaultProjectId = projects[0].id;
          dispatch(setCurrentProjectId(defaultProjectId));
        }
      })
      .catch(err => {
         fetchProjectsFailed(err);
      });
  };
}
```

将响应和模式传入 normalize 函数

派发规范化的结果数据

设置默认的项目 ID

在 fetchProjects action 创建器中，只向现有代码中添加了一个新步骤，但是由于从根本上改变了 store 中数据的结构，因此需要对 reducer 进行彻底的更改。

8.4.2 更新 reducer 以处理实体

我们当前只有一个 projects reducer，它处理与项目和任务相关的所有事情。既然正在对数据进行规范化，并且 tasks 又被恢复为 store 中的顶级属性，那么需要请回 tasks reducer。它并没有离我们而去。

可根据资源拆分现有的 action。与任务相关的 action 将进入 tasks reducer，而与项目相关的 action 将进入 projects reducer。注意，需要修改其中许多 action 的实现，以支持这种新的规范化结构。在这个过程中，你将看到在复杂性方面的巨大改进，特别是处理嵌套任务修改的那些代码。tasks 和 projects reducer 都需要处理 RECEIVE_ENTITIES。为了更加安全，在每个 reducer 中，需要检查 action 负载是否包含相关实体，如果包含，则将它们加载，如下面的代码清单 8.27 所示。

代码清单 8.27　创建 tasks reducer 和 RECEIVE_ENTITES：src/reducers/index.js

```
const initialTasksState = {
  items: [],
  isLoading: false,
  error: null,
};

export function tasks(state = initialTasksState, action) {
  switch (action.type) {
    case 'RECEIVE_ENTITIES': {
      const { entities } = action.payload;
```

创建新的 tasks reducer，包括初始状态

```
    if (entities && entities.tasks) {        ◄── 如果 RECEIVE_ENTITIES action
      return {                                    中包含任务，则将其载入 store
        ...state,
        isLoading: false,
        items: entities.tasks,
      };
    }

    return state;
  }
  case 'TIMER_INCREMENT': {
    const nextTasks = Object.keys(state.items).map(taskId => {
      const task = state.items[taskId];

      if (task.id === action.payload.taskId) {
        return { ...task, timer: task.timer + 1 };
      }

      return task;
    });
    return {
      ...state,
      tasks: nextTasks,
    };
  }
  default: {
    return state;
  }
 }
}

const initialProjectsState = {
  items: {},
  isLoading: false,
  error: null,
};

export function projects(state = initialProjectsState, action) {
  switch (action.type) {
    case 'RECEIVE_ENTITIES': {
      const { entities } = action.payload;
      if (entities && entities.projects) {    ◄── 对于项目重复
        return {                                  这一过程
          ...state,
          isLoading: false,
          items: entities.projects,
        };
      }

      return state;
    }

    ...

    default: {
      return state;
```

```
    }
  }
}
```

在创建 store 时也需要引入新的 `tasks` reducer。打开 src/index.js 并设置 `tasks` reducer。需要导入 reducer 并注意相关状态片段的传递，如下面的代码清单 8.28 所示。

代码清单 8.28　使用 tasks reducer：src/index.js

```
...
import { projects, tasks, page } from './reducers';    ← 导入 reducer

...

const rootReducer = (state = {}, action) => {
  return {
    projects: projects(state.projects, action),    ← 传入相关的状态片段和 action
    tasks: tasks(state.tasks, action),
    page: page(state.page, action),
  };
};
```

还没到渲染任务的时候，还需要将数据从 store 中取出。这时轮到选择器和 `mapStateToProps` 登场了。

8.4.3　更新选择器

store 的结构被再次更改，这意味着需要更新所有引用了过时数据结构的选择器。首先，对连接组件 `App` 中的 `mapStateToProps` 进行一次快速更改，如下面的代码清单 8.29 所示。导入一个新的 `getProjects` 选择器(将在稍后定义)，该选择器将返回一个项目数组。

代码清单 8.29　更新 App：src/App.js

```
import { getGroupedAndFilteredTasks, getProjects } from './reducers/';    ← 导入新的 getProjects reducer

...

function mapStateToProps(state) {
  const { isLoading, error } = state.projects;
  return {
    tasks: getGroupedAndFilteredTasks(state),
    projects: getProjects(state),    ← 使用 getProjects 将项目数组传给界面
    isLoading,
    error,
  };
}

...
```

除了新的 getProjects，所有其他内容都被保留了。不需要改变程序中 React 部分的工作方式，它仍然接收同样的属性。这就是 Redux 和 React 之间的解耦。可以从根本上改变底层状态的管理方式，同时不会影响任何 UI 代码。

接下来，更新现有的 getGroupedAndFilteredTasks 选择器以处理规范化数据并实现 getProjects。数组在 React 中更容易使用，因此我们使用简单的 getProjects 选择器来处理由 ID 键控制的项目对象到项目对象数组的简单转换。

getTasksByProjectId 背后的高级逻辑也是如此，它使用 projects、tasks 和 currentProjectId 并返回当前项目的任务数组。区别在于操作的是规范化数据。不必遍历所有项目来找到正确的对象，而可以按 ID 查找当前项目。然后使用任务 ID 数组来找到每个任务对象，如下面的代码清单 8.30 所示。

代码清单 8.30 更新选择器：src/reducers/index.js

```
...

export const getProjects = state => {
  return Object.keys(state.projects.items).map(id => {   // 创建一个选择器用于将包含所有项目的对象转换回数组
    return state.projects.items[id];
  });
};


const getTasksByProjectId = state => {
  const { currentProjectId } = state.page;

  if (!currentProjectId || !state.projects.items[currentProjectId]) {   // 如果没有当前项目，或没有匹配 currentProjectId 的项目，则及早返回
    return [];
  }

  const taskIds = state.projects.items[currentProjectId].tasks;   // 从项目中获取任务 ID 列表

  return taskIds.map(id => state.tasks.items[id]);   // 对于每个任务 ID，获取相应的对象
};

...
```

8.4.4 创建任务

唯一没有迁移到这种新的规范化结构中的是创建和更新流程。更新任务将作为本章练习留给你。创建任务是一个有趣的例子，因为它是第一个必须在多个 reducer 中处理的单个 action。当派发 CREATE_TASK_SUCCESS 时，需要做一些事情：

- 在 tasks reducer 中，将新任务添加到 store 中。
- 在 projects reducer 中，将新任务的 ID 添加到相应的 reducer 中。

回想一下，因为在 store 的不同部分记录了相关实体，所以需要使用 ID 来维护这

些关系。每个项目都有一个 `tasks` 属性，它指定了属于该项目的一组任务。创建新任务时，需要将任务的 ID 添加到正确的项目中，参见代码清单 8.31。

代码清单 8.31　处理 CREATE_TASK_SUCCESS：src/reducers/index.js

```
...
export function tasks(state = initialTasksState, action) {
  switch (action.type) {
    ...

    case 'CREATE_TASK_SUCCEEDED': {
      const { task } = action.payload;
      const nextTasks = {
        ...state.items,
        [task.id]: task,              添加新的
      };                              任务对象

      return {
        ...state,
        items: nextTasks,
      };
    }

    ...

  }
}

...

export function projects(state = initialProjectsState, action) {
  switch (action.type) {
    ...
    case 'CREATE_TASK_SUCCEEDED': {
      const { task } = action.payload;

      const project = state.items[task.projectId];  ◄── 找到任务所属的项目，
                                                        并添加任务 ID
      return {
        ...state,
        items: {
          ...state.items,
          [task.projectId]: {
            ...project,
            tasks: project.tasks.concat(task.id),
          },
        }
      };
    }
    ...
  }
}
```

虽然不再需要挖掘嵌套数据，但需要在多个 reducer 中处理相同的 action。处理多个 reducer 需要一些复杂性开销，但是以扁平方式存储数据的好处始终大于成本。

8.4.5 总结——规范化数据

注意到没有对 UI 进行任何主要更新吗？这是设计使然!Redux 的核心思想之一是允许将状态管理与 UI 分离。React 组件并不知道或关心背后发生了什么。它们只是接收具有某种结构的数据。可以大张旗鼓地修改存储和更新应用程序状态的方式，而这些更改与 Redux 相隔离。你已经成功地将 Parsnip 的外观和工作方式分开了。这种解耦是一种强大的思维模式，也是扩展任何应用程序的关键之一。

8.5 组织其他类型的状态

到目前为止，本章一直致力于处理关系数据。我们有一系列相关的资源、项目和任务，目标是探索不同的结构，以及它们如何影响创建和更新不同资源的方式。还有一种值得讨论的组织方式，那就是以概念组的方式对 Redux 中的某些数据进行分组。到目前为止，存储的内容被称为应用程序状态。

如果继续开发 Parsnip，store 无疑会继续增长。你会添加新的资源，比如用户，但是也会在 store 中看到新的状态。下面是 Redux 应用程序中一些常见的 reducer 示例：

- 会话——登录状态，处理被动登录的会话持续时长。
- UI——如果在 Redux 中存储了大量的 UI 状态，那么建立独立的 reducer 会有帮助。
- 功能/实验——在生产环境级别的应用程序中，服务器通常会定义激活的功能或实验列表，客户端程序使用这些信息确定渲染的内容。

8.6 练习

为了兼容规范化数据，剩余的一项主要工作是编辑任务。这是规范化数据发挥作用的另一个地方。可以跳过查找任务所关联项目的步骤，并在 `tasks` reducer 中更新相应对象。因为项目已经使用 ID 引用了自己的每个任务，所以在渲染项目的任务时，会自动引用更新的任务对象。

任务：根据 8.4 节中新的规范化的状态结构，修改代码以使编辑任务(修改任务状态)正常工作。

8.7 解决方案

如代码清单 8.32 所示，需要做如下工作：

- 将 `EDIT_TASK_SUCCESS` 处理函数从 `projects` reducer 移动到 `tasks` reducer。

- 更新 reducer 代码以按 ID 查找对象，而不是遍历任务数组，直到找到正确的对象。action 的负载含有要加载到 store 中的任务对象。因为每个任务都由 ID 控制，所以可以用新任务替换旧任务，就是这样！

代码清单 8.32　更新规范化的任务：src/reducers/index.js

```
export function tasks(state = initialTasksState, action) {
  switch (action.type) {
    ...
  case 'EDIT_TASK_SUCCEEDED': {
    const { task } = action.payload;

    const nextTasks = {
      ...state.items,
       [task.id]: task,
      };

      return {
        ...state,
        items: nextTasks,
      };
    }
    default: {
      return state;
    }
  }
}
```

你注意到 tasks reducer 中的 CREATE_TASK_SUCCEEDED 处理函数和 EDIT_TASK_SUCCEEDED 处理函数之间有什么相似之处吗？代码是相同的！如果想要节省几行代码的话，可以组合 action 处理代码，如下面的代码清单 8.33 所示。

代码清单 8.33　重构 tasks reducer：src/reducers/index.js

```
export function tasks(state = initialTasksState, action) {
switch (action.type) {
  ...
  case 'CREATE_TASK_SUCCEEDED':
  case 'EDIT_TASK_SUCCEEDED': {
    const { task } = action.payload;

    const nextTasks = {
      ...state.items,
       [task.id]: task,
    };

      return {
        ...state,
        items: nextTasks,
      };
    }
    default: {
```

```
      return state;
    }
  }
}
```

规范式化数据只是在 Redux 中存储应用程序状态的一种策略。像所有编程工作一样，没有一种工具是银弹。例如，在快速原型中一般不会使用 normalizr 软件包，但希望你能够了解在适当的情况下使用规范化数据的价值。至少，在构建下一个 Redux 应用程序时，你知道有更多的选择。

下一章将完全致力于 Redux 应用程序的测试。最后回到测试组件、action、reducer、saga，以及你在过去 8 章中学到的其他内容。

8.8 本章小结

在本章中，你学习了以下内容：

- Redux 中存储数据的多种策略。
- 规范化数据有助于扁平化深度嵌套的关系并删除重复的资源。
- 在应用程序中使用规范化数据后可以简化选择器。
- normalizr 软件包为 Redux 应用程序中数据的规范化提供了便利的抽象。

第 9 章

测试 Redux 应用程序

本章涵盖：

- 介绍测试工具
- Redux 构建块的测试策略
- 测试 Redux 的高级功能

理想情况下，本章可以作为所有 Redux 测试需求的便捷参考手册。在后续章节中，将介绍用于测试 action 创建器、reducer 及组件的常用测试工具和策略，还将通过示例测试以下高级功能：中间件、选择器和 saga。可以随意根据需要跳跃阅读。

本章旨在让开发人员可以在 Parsnip 应用程序上下文之外更便捷地引用，虽然示例受到 Parsnip 代码的启发，但是我们可以尽量减少依赖，以便更清晰地介绍流程。在此过程中，将获得测试 Parsnip 代码所需的知识和工具，因此本章末尾的练习也与此相关。通过测试特定功能可以验证对所学习内容的理解。在阅读本章的过程中，请思考如何扩展课程以便测试 Parsnip 应用程序或你自己的应用程序中的相关功能。

本章的大部分内容都简单易懂，易于理解和应用。你也许还记得，Redux 具有将应用逻辑与视图渲染分离的巨大优势。当分离为组成部分时，Redux 工作流的每个元素都相对简单，可以独立进行测试。Redux 鼓励尽可能地编写纯函数，对并且纯函数的测试并不会增加复杂度。

有时候测试会不可避免地变得复杂。回顾一下工作流中管理副作用的每个要点，就会清晰地知道哪里可能会出现问题或者需要改进。幸运的是，可以将测试复杂性保留在某个位置，这与实现类似。

关于测试驱动开发的说明

在编写 Redux 应用程序之前，我们都坚信测试驱动开发(TDD)是一条真正的道路。在编写 Ruby、Go 或其他 JavaScript 框架时，仍然主张在某些情况下使用 TDD。尤其是后端开发，进行测试时会为开发提供最快的反馈回路。React 和 Redux 应用程序中的 TDD 价值主张非常不明确。

在本书中，在连接至 Redux 之前，已经实践并介绍了构建 UI 的工作流程。通常情况下，当感觉到某个功能时，新功能的组件组合会发生变化。UI 元素组将被提取到组件树的新组件中。如果在开始实现之前尝试过进行组件测试，通常需要重写这些测试用例。

正如我们期望现在证实的那样，Redux 的开发体验非常出色。模块热替换可以在开发时提供即时的可视反馈，同时保留应用程序状态，Redux DevTools 能详细记录时间轴中的每次状态变更。客户端开发周期从未如此之快，因此，我们不期望在开发组件结构之前编写组件测试代码。

在编写 action 创建器、reducer 和其他测试代码之前，可以进行更多的讨论。如果这些元素是测试驱动开发的，则可以期望拥有这些领域的典型优势：能更好地考虑悲伤路径，拥有更好的代码整体覆盖率和代码质量的基线。关于测试驱动开发(TDD)优势的更深入讨论超出了本书的范围，但是如果 TDD 在组织中具有较高价值，建议最后使用组件进行尝试，以免遇到麻烦，并且在将 TDD 组合到 action 创建器和 reducer 之前退出。

9.1 测试工具介绍

在 JavaScript 测试方面，有很多可选方案。开发人员从另一种编程语言迁移到 JavaScript 生态系统后的常见抱怨是缺乏强有力的约定。可选择意味着灵活性，但是也意味着开销。React 社区已经尝试通过在由 Create React App 脚手架生成的应用程序中添加强大的测试实用工具 Jest 以解决此问题。当使用 CLI 工具创建一个新的应用程序时，Jest 被作为该过程的一部分进行安装和配置。可以自由使用喜欢的任何测试框架，但是在本章中，默认使用 Jest 作为测试运行器和断言库。

Create React App 脚手架作为一个便捷工具对初学者非常友好，它使用 `react-scripts` 软件包抽象出许多应用程序配置和设置。如果想查看这些配置和设置，则需要使用

Create React App 脚手架中的项目发射功能。发射项目后会移除这些抽象，并允许开发人员访问原始配置文件，以便开发人员进行各自的调整。

发射项目的指令是 npm run eject。发射后就无法撤回了，因此 CLI 会在执行发射前给出最后的警告。如果期望查看已发射的应用程序，又不想发射 Parsnip 应用程序，可以使用 create-react-app new-app 创建一个新的应用程序，并对这个应用程序进行发射。

在发射后的应用程序中，查看 package.json 文件中的 jest 键以获取详细的配置信息。首先调整状态，因此有很多内容需要学习。好消息是不需要从头开始编写这些设置，它们都很简单，易于理解。下面的代码清单 9.1 分解了相关设置。

代码清单 9.1　使用 Create React App 发射后的 package.json 文件

```
...
"jest": {
  "collectCoverageFrom": [
    "src/**/*.{js,jsx}"
  ],
  "setupFiles": [
    "<rootDir>/config/polyfills.js"
  ],
  "testMatch": [
    "<rootDir>/src/**/__tests__/**/*.js?(x)",
    "<rootDir>/src/**/?(*.)(spec|test).js?(x)"
  ],
  "testEnvironment": "node",
  "testURL": "http://localhost",
  "transform": {
    "^.+\\.(js|jsx)$": "<rootDir>/node_modules/babel-jest",
    "^.+\\.css$": "<rootDir>/config/jest/cssTransform.js",
    "^(?!.*\\.(js|jsx|css|json)$)":
    "<rootDir>/config/jest/fileTransform.js"
  },
  "transformIgnorePatterns": [
    "[/\\\\]node_modules[/\\\\].+\\.(js|jsx)$"
  ],
  "moduleNameMapper": {
    "^react-native$": "react-native-youb"
  },
  "moduleFileExtensions": [
    "youb.js",
    "js",
    "json",
    "youb.jsx",
    "jsx",
    "node"
  ]
 },
...
```

显示测试将覆盖的与此模式匹配的文件范围（collectCoverageFrom）

在运行测试套件前执行代码（setupFiles）

匹配以下模式的测试文件（testMatch）

将变换作用于拥有特定扩展名的文件（transform）

单独排除 node_modules 目录（transformIgnorePatterns）

即使导入时没有指定文件扩展名，Jest 也应该使用这些扩展名处理模块导入（moduleFileExtensions）

了解幕后发生的事情并非关键所在，这也正是 Create React App 默认隐藏这些细节的原因。关键在于当执行测试指令 npm test 时，Jest 会执行__tests__目录下的或者扩展名为.test.js、.test.jsx、.spec.js 或.spec.jsx 的文件中的测试代码。如果希望调整这些设置，那么这也正是发射项目的原因。

如果有使用 Jasmine 测试框架的经验，Jest 看起来会很熟悉。Jest 是一系列建立在 Jasmine 基础之上的功能。然而，截至 2017 年 5 月，Jest 仍然保留着自己的 Jasmine 分支。目的在于保留对自己测试运行器的最大可控能力，并在满足 Jest 需求时添加、更改或移除功能。

9.1.1 Jasmine 提供了什么

Jasmine(https://jasmine.github.io/)是用于测试 JavaScript 的行为驱动开发(BDD，Behavior-Driven Development)框架。BDD 强调编写可读性强的测试，重点聚焦于正在进行测试的功能所提供的价值。在本章中，你所需要了解的关于 BDD 的全部信息就是这些。此外，Jasmine 提供了编写测试和断言代码的语法。相关语法示例，请查看代码清单 9.2。

describe 函数用于对一系列相关的测试代码进行分组，这些测试代码之间可以嵌套以定义它们之间的微妙关系。不完全的经验法则表明，应尽量为每个测试文件编写一至多个 describe 块。

describe 块包含使用 it 函数声明的一个或多个测试用例。如果 describe 函数定义了待测试的名词，it 函数则定义动词。

代码清单 9.2 Jasmine 测试示例

```
describe('a generic example', () => {          // describe 函数为一系列相关测试提供上下文
  it('should demonstrate basic syntax', () => {          // it 函数表示单元测试
    expect(5 + 1).toEqual(6);          // 断言语法
  });

  it('should also demonstrate inverse assertions', () => {          // 多个单元测试位于 describe 块中
    expect(true).not.toBe(false);
  });
});
```

测试代码的可读性很好，不是吗？这也是 BDD 的目标，使得非技术相关人员也能阅读测试用例。Jasmine 附带了一个命令行测试运行器，它使用 describe 和 it 块来生成可读性极强的测试结果。

如果将代码清单 9.2 中的第一个测试更新为 expect(5 + 3).toEqual(6)，并且使用 Jasmine 运行测试套件，则小型终端会输出如下类似内容：

```
Failures:
1) a generic example should demonstrate basic syntax
  Message:
    Expected 8 to equal 6.
```

友好的测试结果使得运行测试套件变得简单，而且可以像阅读英文文档一样，以便了解应用程序已有或尚未实现的功能。

9.1.2　Jest 提供什么

既然 Jasmine 是一款非常优秀的工具，那么为什么还要使用 Jest 呢？首先，Jest 与 React 一起开箱即用，无须安装和配置类似 `jsdom` 之类的东西。Jest 将语法和测试运行器作为基础，并且在很多方面扩展了 Jasmine 的功能。例如，增强测试运行器，以提供更详细的输出；提供一种监听模式，仅重放受代码变更影响的测试；以及提供代码覆盖工具。

图 9.1 显示了以监听模式测试输出的示例。每次保存文件时都会运行测试，但是，Jest 支持指定运行器的可选项以按照文件或测试名称运行特定测试，这使得我们可以仅运行关注的功能或正在解决的 bug 的测试子集。

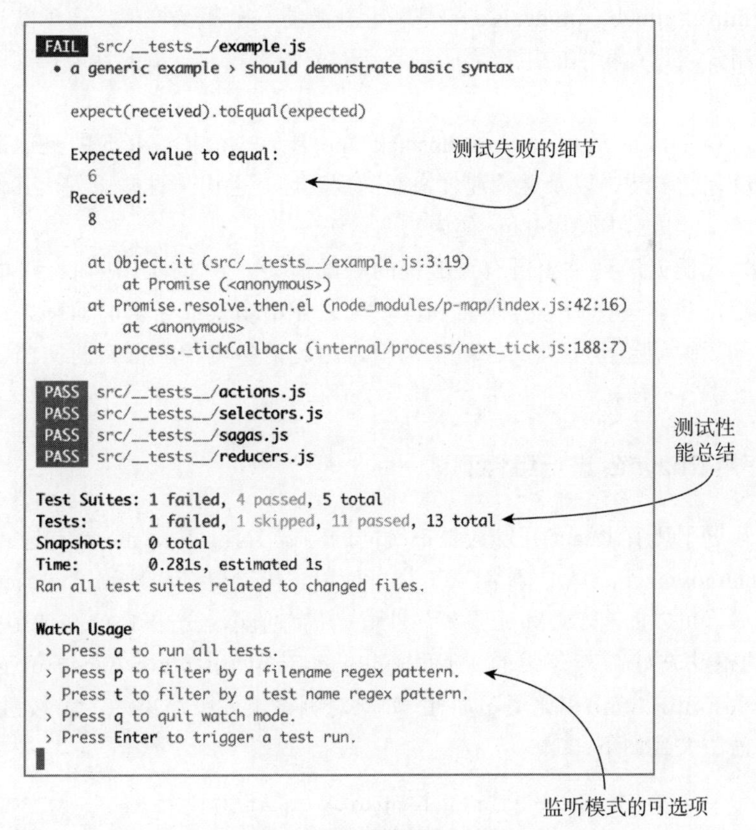

图 9.1　Jest 的监听模式示例

除运行器外，Jest 还实现了性能提升，并且具有称为快照测试的强大功能。快照测试是一个可选工具，在测试组件时可以使用。在本章后续内容中会介绍快照相关内容。

如果尝试在 Parsnip 应用程序中运行测试命令 `npm test`，将发现单个测试会运行失败。这是可预料到的，因为目前还没有处理过测试相关内容。请删除 src/App.test.js 测试文件。

9.1.3 Jest 的替代品

如果更青睐于其他测试框架，也可以使用。一旦安装选择的工具，使用选择的工具替代 Jest 就像更改 package.json 文件中的测试脚本一样简单。Jest 最受欢迎的几种替代品包括 Jasmine、Mocha、AVA 和 Tape。

Mocha 框架(https://mochajs.org)是 JavaScript 社区中最受欢迎的框架之一，但默认功能并不像 Jasmine 吹嘘的那样齐备。因此，Mocha 通常需要与一个额外的断言库搭配使用，例如 Chai(http://chaijs.com/)或 Expect(https://github.com/mjackson/ expect)，以覆盖 Mocha 未能提供的功能。

AVA(https://github.com/avajs/ava)是新近开源的一个测试框架，由于默认情况下并发运行测试，具有简洁的用户界面、灵活的监听模式和一流的性能，因此受到业内关注。

最后，Tape(https://github.com/substack/tape)是另一个新近开源的测试框架，因简洁性、没有过多装饰以及继承速度快而受到欢迎。也出于这些原因，其他开源软件包经常在项目文档中使用 Tape 作为快速示例。

当然，我们无法列举出所有可选择的测试框架。到本书出版时，可能还会出现一系列可选项。选择最适合项目和开发团队使用场景或需求的即可。这些工具的安装和配置说明超出了本章的讨论范围，因此请参考相应框架的文档以获取详细信息。

9.1.4 使用 Enzyme 进行组件测试

说到让近乎所有 React 开发人员都赞同的测试工具，Enzyme 是首选。Enzyme (http://airbnb.io/enzyme/)是一种测试工具，使用它可以更轻松地测试 React 组件的输出。例如，可以断言 DOM 元素、属性值、状态值单点击事件的回调是否存在。Enzyme 的语法友好，与包装的工具程序 React-TestUtils(https://facebook.github.io/react/docs/test-utils.html)相比更是如此。如果对测试组件中渲染的 3 个按钮感兴趣，则使用的语法大致如下：

```
expect(wrapper.find('button').length).toEqual(3);
```

可以将 Enzyme 的语法与 jQuery 进行类比。这种情况下，find 方法基本上与

jQuery 中的 find 方法相似，它们都返回与查询条件匹配的各个条目组成的数组。此时，可以自由地使用 Jest 断言的按钮数量等于 3。在本章后续内容中，将介绍 Enzyme 提供的更多功能。

注意：Enzyme 在 2.x 版本和 3.x 版本之间进行了大量重写，其中包括几个重大变更。3.x 版本引入了适配器，旨在使测试库更易于扩展，以便与类似 React 的库搭配使用，如 Preact 和 Inferno。本书的示例将使用 3.x 版本。

9.2　测试 Redux 和 React 的区别

当然，React 仅包含视图，也就是组件。如果在之前的 React 开发过程中有过组件测试经验，那么可能使用过 Enzyme 以及前面列出的框架和断言库之一。针对连接至 Redux store 的组件进行测试的工作原理基本相同。然而，必须考虑以何种方式实现扩展功能以访问 Redux store，主要有两种方式，本章后面会详细介绍，二选一即可。最后将保存组件测试，以强调不建议使用测试驱动开发方式进行组件测试。

除组件外，其余元素，如 reducer、选择器和 saga 等，都由 Redux 引入，并且需要为每个元素创建单独的测试文件。reducer 和选择器是纯函数，所以对它们的测试很简单。传递数据给它们，然后对结果进行断言。

对 action 创建器的测试必须同时考虑同步和异步 action。前者也是纯函数，因此测试也很简单，但是在处理 AJAX 请求等副作用时，异步函数变得更复杂。

你可能会猜到，对生成器的测试会比较复杂，但需要明白，saga 只输出 effect 对象，这些对象描述中间件将要执行的副作用。因此，生成器比异步 action 创建器更易于测试。

在后续章节中，将从 action 创建器开始，逐步介绍工作流中每个元素的测试示例。在循环回到组件之前，将按照编写功能的顺序进行逐步处理：action 创建器、saga、中间件、reducer 以及选择器。

9.3　测试 action 创建器

本节分为两部分，分别介绍同步和异步 action 创建器的测试。正如前文所述，由于需要管理副作用，因此后者拥有额外的复杂性，但可以很简单地开始使用同步 action 创建器。

9.3.1 测试同步 action 创建器

同步 action 创建器可选地接收参数并返回一个普通对象，称为 action。它们是产生确定性结果的纯函数。以下代码清单 9.3 介绍了一个你十分熟悉的 action 创建器——createTaskSucceeded。请务必导出该函数，以使其在测试文件中可用。

代码清单 9.3 同步 action 示例

```
export function createTaskSucceeded(task) {    ← 导出 action 创建器以用于测试
  return {                                     ← action 创建器返回一个 action 对象
    type: 'CREATE_TASK_SUCCEEDED',
    payload: {
      task,
    },
  };
}
```

当决定在何处编写测试时，请回顾一下 Jest 配置提供的两个选项。Jest 可以运行__tests__目录下所有文件中的测试代码，也可以运行项目中后缀为.test.js(x)或.spec.js(x)的所有文件中的测试代码。选择的具体类型取决于风格偏好以及一些实际问题。

使用专用的测试目录会便于在所有测试之间切换和导航。另一种选择是，将测试文件与正在测试的文件放置在一起，可以轻松查看与特定时刻正在处理的功能相关的测试。协同测试还具有在文件不存在关联的测试文件时显而易见的优点。没有错误的答案，因此可以尝试最有吸引力的选项，并且在以后对选择不满意时重新组织文件。

代码清单 9.4 提供了 createTaskSucceeded action 创建器的示例测试。导入函数后，可以使用 describe 块定义测试上下文。it 函数表示单元测试。测试的目标是执行 action 创建器并断言结果是否符合期望。提取示例任务和 expectedAction 变量是为了提高可读性，但不是必需的。可以根据各自喜好选择组织测试，甚至不一定需要使用 expect 函数。

代码清单 9.4 测试同步 action 创建器

```
import { createTaskSucceeded } from './actions/';    ← 导入 action 创建器进行测试

describe('action creators', () => {    ← 为 describe 函数提供名词
  it('should handle successful task creation', () => {    ← 为 it 函数提供动词
    const task = { title: 'Get schwifty', description: 'Show me what you
➥  got' }
    const expectedAction = { type: 'CREATE_TASK_SUCCEEDED', payload: { task
➥  } };
    expect(createTaskSucceeded(task)).toEqual(expectedAction);    ← 断言 action 创建器的输出是正确的
  });
});
```

如果 Jest 可以无错误地完整执行某个单元测试，它将认为该单元测试已通过；但是，推荐使用测试断言以更加确信代码通过了完整测试。

9.3.2　测试异步 action 创建器

虽然测试异步 action 创建器需要付出相比测试同步 action 创建器更多的努力，但是可以提供良好的效果。异步 action 创建器是可以重用功能的优秀软件包，所以，可以在应用程序的多个位置感知任何错误。通常，重用软件组件越频繁，对单元测试的需求就越强烈。当其他不了解如此多上下文的开发人员期望修改某个 action 创建器时，测试可确保他们放心地进行修改。

想用异步 action 测试什么呢？以 Parsnip 的核心 action 创建器 `createTask` 为例。使用 `createTask` 是发起网络请求的异步 action 的标准示例。假设此次测试会得到成功的服务端响应，如下是 `createTask` 所要担负的职责：

- 派发一个 action，表示请求已开始。
- 使用正确的参数发起 AJAX 请求。
- 请求成功后派发一个 action，它携带服务端响应返回的数据。

听起来似乎可以直接转换为测试断言，并且我们期望这样做。在进行测试之前，先看看将要使用的 `createTask` 的实现，如代码清单 9.5 所示。

代码清单 9.5　createTask 异步 action 创建器

```
export function createTaskRequested() {
  return {
    type: 'CREATE_TASK_REQUESTED'
  }
}

function createTaskSucceeded(task) {
  return {
    type: 'CREATE_TASK_SUCCEEDED',
    payload: {
      task,
    },
  };
}

export function createTask({ title, description, status = 'Unstarted' }) {
  return dispatch => {
    dispatch(createTaskRequested());
    return api.createTask({ title, description, status }).then(resp => {
      ➥ dispatch(createTaskSucceeded(resp.data));
    });
  };
}
```

注释：
- 发起请求并返回由 api.createTask 返回的 promise
- 请求开始时派发一个 action
- 请求成功时派发一个 action

在此需要注意的是，将在 action 创建器内返回由 `api.createTask` 返回的

promise。这不是需求实现所严格要求的，但正如稍后所见，它允许我们在测试中进行断言。这段代码并不仅仅是根据测试要求所做的更改；让异步 action 创建器返回 promise 通常是一种很好的开发实践，因为这可以让调用者灵活响应 promise 的结果。

我们大致知道所需要进行的断言，但是需要什么设置呢？我们需要一个额外的软件包：redux-mock-store。它为我们提供了一个便捷的接口——store.getActions()，该接口返回已经派发至模拟 store 的 action 列表。可以据此断言 createTask 正确派发了用于表示请求开始/成功的 action。另外唯一需要的是 Jest，可以用它手动模拟 API 响应。从配置模拟 store 开始，最终将使用此配置派发 createTask。还可以导入并应用 createTask 依赖的 redux-thunk 中间件，如代码清单 9.6 所示。

代码清单 9.6 配置模拟 Redux store

```
import configureMockStore from 'redux-mock-store'
import thunk from 'redux-thunk';
  import { createTask } from './';

const middlewares = [thunk];
const mockStore = configureMockStore(middlewares);
```

使用 redux-thunk 中间件创建模拟 store

接下来，将模拟负责发起 AJAX 请求的函数：api.createTask。目前我们正在使用 Jest 完整模拟该函数，但你通常会看到使用 HTTP 模拟库用于类似目的，如 nock。HTTP 模拟对于集成测试有更多好处，因为有一个额外组件——API 调用——直接涉及测试。缺点是偶尔会导致创建和维护测试的开销增加。简洁地模拟 API 调用函数意味着更为聚焦于 action 创建器的测试，但是这也意味着不会捕获任何与 AJAX 调用相关的异常。

现在，可以直接使用 Jest 模拟工具模拟 api.createTask，如代码清单 9.7 所示。可以确保 api.createTask 返回在测试中直接控制的 promise，并且不需要担心任何与 HTTP 相关的问题。

代码清单 9.7 模拟 api.createTask

```
...
jest.unmock('../api');
import * as api from '../api';
  api.createTask = jest.fn(
() => new Promise((resolve, reject) => resolve({ data: 'foo' })),
);
...
```

取消 Jest 的自动模拟

导入 api 模块

显式地模拟 api.createTask 函数以返回 promise

到目前为止，我们已经完成了大部分配置，是时候开始测试了。使用模拟的 store 派发 createTask action 创建器并断言在此过程中派发的 action，如代码清单 9.8 所示。

代码清单 9.8　测试 createTask

```
import configureMockStore from 'redux-mock-store';
import thunk from 'redux-thunk';
import { createTask } from './';

jest.unmock('../api');
import * as api from '../api';
api.createTask = jest.fn(
  () => new Promise((resolve, reject) => resolve({ data: 'foo' })),
);

const middlewares = [thunk];
const mockStore = configureMockStore(middlewares);

describe('createTask', () => {
  it('works', () => {
    const expectedActions = [          // 创建期望由 createTask 派发的 action 数组
      { type: 'CREATE_TASK_STARTED' },
      { type: 'CREATE_TASK_SUCCEEDED', payload: { task: 'foo' } },
    ];
    const store = mockStore({          // 创建模拟的 store
      tasks: {
        tasks: [],
      },
    });

    return store.dispatch(createTask({})).then(() => {          // 使用模拟的 store 派发 createTask
      expect(store.getActions()).toEqual(expectedActions);      // 使用 store.getActions 返回已派发的 action 列表
      expect(api.createTask).toHaveBeenCalled();                // 断言 createTask 发起 AJAX 请求
    });
  });
});
```

这需要进行大量的设置，但总而言之，这是用于异步 action 创建器的一个合理的单元测试。它们往往具有重点功能，并且由于具有很多依赖，如 Redux store、AJAX，变得难以测试。可以使用 redux-mock-store 和 jest，生成的测试代码不会太过复杂。

请记住，如果设置开始变得乏味，那么可以始终将常用工作抽象为测试工具。

9.4　测试 saga

快速回顾一下，Redux saga 是 thunk 的一种替代模式，用以处理副作用。saga 最适合用于处理更复杂的副作用，比如长时间运行的进程。在第 6 章中，我们编写了一个 saga 以管理计时器，该计时器负责追踪进程中任务的运行时长。在本节中，我们将学习如何使用 saga 作为测试示例。

为了便于讨论，代码清单 9.9 引入了足够的代码。除了 handleProgressTimer 生成器函数外，还将导入根软件包和 effects 辅助方法。回顾前文，生成器函数接收一个 action，并且当这个 action 的类型为 TIMER_STARTED 时执行代码。当表达式为真时，将初始化一个无限循环，并且在每次循环中，先等待 1 秒，然后才派发 TIMER_INCREMENT action，如代码清单 9.9 所示。

代码清单 9.9 handleProgressTimer saga

```
import { delay } from 'redux-saga';                    导入辅
import { call, put } from 'redux-saga/effects';        助方法
...
export function* handleProgressTimer({ type, payload }) {   ← 导出生成器函数以便测试
  if (type === 'TIMER_STARTED') {
    while (true) {                                  ← 直到类型发生变化，等待1秒，然后派发递增 action
      yield call(delay, 1000);
      yield put({
        type: 'TIMER_INCREMENT',
        payload: { taskId: payload.taskId },
      });
    }
  }
}
```

幸运的是，测试生成器比测试大多数 thunk 更简单。请记住，saga 中间件可以执行 AJAX 请求或其他副作用。你所编写的 saga 会返回一个 effect：一个描述中间件如何处理逻辑的对象。在测试 saga 时，需要断言的是生成器函数是否返回期望的 effect 对象。

导入必要的函数之后，代码清单 9.10 将使用两个不同的 action——TIMER_STARTED 和 TIMER_STOPPED 测试生成器函数。请记住，生成器的每个返回值都是具有 value 和 done 两个键的对象。在测试 TIMER_STARTED 时，每次生成器调用 next 函数时，都将断言 value 键是否符合期望。但可以通过调用 saga 方法来生成预期输出，而非手动输入 effect 对象。

了解上下文可能有助于理解背后的原因。effect 是由 redux-saga 辅助方法生成的，并且不是很完美。以下是一个通过调用 delay 方法来生成 effect 的示例，如 call(delay, 1000)。

```
{
  '@@redux-saga/IO': true,
  CALL: { context: null, fn: [(Function: delay)], args: [1000] },
}
```

可以更轻松地断言生成器函数生成的下一个值和执行 call(delay, 1000)的结果相等，如以下代码清单 9.10 所示。

代码程序 9.10 测试 sega

```
import { delay } from 'redux-saga';                    导入库方
import { call, put } from 'redux-saga/effects';        法和 saga
import { handleProgressTimer } from '../sagas';
```

```
describe('sagas', () => {
  it('handles the handleProgressTimer happy path', () => {
    const iterator = handleProgressTimer({        ← 使用 TIMER_STARTED action 初始化生成器函数
      type: 'TIMER_STARTED',
      payload: { taskId: 12 },
    });

    const expectedAction = {
      type: 'TIMER_INCREMENT',
      payload: { taskId: 12 },
    };

    expect(iterator.next().value).toEqual(call(delay, 1000));
    expect(iterator.next().value).toEqual(put(expectedAction));   ← saga 等待 1 秒，然后派发 action，这将无限执行下去
    expect(iterator.next().value).toEqual(call(delay, 1000));
    expect(iterator.next().value).toEqual(put(expectedAction));
    expect(iterator.next().done).toBe(false);   ← 任何时候，saga 都会指示其未完成
  });

  it('handles the handleProgressTimer sad path', () => {   ← 测试生成器未收到 TIMER_STARTED action 的情况
    const iterator = handleProgressTimer({   ← 使用 TIMER_STOPPED action 初始化 saga
      type: 'TIMER_STOPPED',
    });

    expect(iterator.next().done).toBe(true);   ← 确认 saga 完成
  });
});
```

如果逻辑中有分支，务必确保测试每一个分支。在此种情况下，若 `TIMER_STARTED` action 之外的 action 通过，则需要测试 saga。测试证明很简单，因为生成器函数的函数体被跳过并且 `done` 键立即返回 `true`。

学习写 saga 可能并不容易，但幸运的是，测试它们更简单。最重要的想法是逐步遍历生成器函数的结果。假设 saga 有结论，那么最终可以断言 `done` 的值为 `true`。

关于此主题的最后一点：saga 响应从某个地方派发的 action，所以也需要测试该派发。通常，这是一个同步 action 创建器，需要对纯函数进行简单测试，详见 9.4.1 节。接下来开始介绍中间件的测试。

9.5　测试中间件

中间件在 action 到达 reducer 之前对 action 进行拦截，由具有三层嵌套函数的特殊函数签名编写而成。测试中间件的目标是评估特定 action 被正确处理。在此例中，将引用第 5 章中的数据分析中间件并稍加修改。

代码清单 9.11 介绍了中间件。嵌套函数将使用 analytics 键检测 action。如果 action 没有任何问题，它将随着 `next` 函数一起传递。适当的 action 将继续触发分析 AJAX 请求。

代码清单 9.11　示例中间件：数据分析中间件

```
import fakeAnalyticsApi from './exampleService';

const analytics = store => next => action => {
  if (!action || !action.meta || !action.meta.analytics) {
    return next(action);
  }

  const { event, data } = action.meta.analytics;

  fakeAnalyticsApi(event, data)
    .then(resp => {
      console.log('Recorded: ', event, data);
    })
    .catch(err => {
      console.error(
        'An error occurred while sending analytics: ',
        err.toSting()
      );
    });

  return next(action);
};

export default analytics;
```

如果不存在 analytics 键，则继续传递 action

发起一个 AJAX 请求

总是将 action 传递给下一个中间件或 reducer

出于测试目的，我们模拟了 API 服务。关于示例代码，请参阅下列代码清单 9.12。每次调用都会返回成功解决的 promise。

代码清单 9.12　exampleService.js：模拟数据分析 API 服务

```
export default function fakeAnalyticsApi(eventName, data) {
  return new Promise((resolve, reject) => {
    resolve('Success!');
  });
}
```

模拟 API 调用示例

测试上述代码的机制略显麻烦，但使用官方 Redux 文档中提供的辅助函数 `create` 可以更轻松，参阅 https://github.com/reduxjs/redux/blob/master/docs/recipes/WritingTests.md#middleware，可在代码清单 9.13 中查看。`Create` 辅助函数用于模拟所有重要函数，同时为执行中间件提供便捷的包装器。

这些测试还需要更高级的 Jest 模拟。请模拟 API 服务，以便可以断言它是否被调用。在代码清单 9.13 中，可以看到模块的模拟和导入。`mockImplementation` 函数用于指定模拟函数执行时的处理逻辑。使用的模拟值与实际实现相同。测试的版本可能与此相似，但是实际 API 服务的实现则并非如此。

每个测试都将使用 `create` 辅助函数以开始运行，传递对象给中间件，并断言是否与 API 服务发生交互。因为服务是模拟的，所以可以追踪它是否被调用。

最后，所有 action 都应该作为参数而结束，由 next 函数执行。这是为每个中间件测试编写的重要断言。

代码清单 9.13　分析中间件测试

```
import analytics from '../exampleMiddleware';                     模拟 API 服务

jest.mock('../exampleService');
import fakeAnalyticsApi from '../exampleService';
fakeAnalyticsApi.mockImplementation(() => new Promise((resolve, reject) =>
  ➥ resolve('Success')));  ← 确定模拟服务的响应
  const create = () => {                                          展示 Redux 官方文档中
   const store = {                                                的 create 辅助函数
   getState: jest.fn(() => ({})),
   dispatch: jest.fn(),
  };
  const next = jest.fn();
  const invoke = (action) => analytics(store)(next)(action);
  return { store, next, invoke };
};

describe('analytics middleware', () => {
 it('should pass on irrelevant keys', () => {                     使用 create 辅助函
   const { next, invoke } = create();                             数减少冗余

   const action = { type: 'IRRELEVANT' };                         通过中间件
                                                                  发送 action
   invoke(action);

   expect(next).toHaveBeenCalledWith(action);                     断言 action 被传递
   expect(fakeAnalyticsApi).not.toHaveBeenCalled();               至 next 函数
 })

 it('should make an analytics API call', () => {
   const { next, invoke } = create();

   const action = {
     type: RELEVANT,
     meta: {                                   提供符合中间件规
       analytics: {                            范的 action
         event: 'foo',
         data: { extra: 'stuff' }
       },
     },
   };

   invoke(action);

   expect(next).toHaveBeenCalledWith(action);                     断言服务已执行
   expect(fakeAnalyticsApi).toHaveBeenCalled();
 })
})
```

以上代码较多，请回顾前文提到的 create 辅助函数以确保了解它们的作用。这并不神奇，并且很好地去除了测试套件。有关更多详细信息，请参阅文档 https://github.com/reduxjs/redux/blob/master/docs/recipes/WritingTests.md#middleware。

模拟函数是另一个在前期可能不易阐述的话题。花时间阅读相关文档是很有价值的。可以参阅 https://jestjs.io/docs/en/mock-functions.html 以找到更多内容。

9.6 测试 reducer

测试 reducer 非常简单。后续将进一步在 switch 语句中测试每一个案例。以下代码清单 9.14 包含缩略的 `tasks` reducer，需要为其编写测试。为了便于演示，reducer 将不使用规范化数据。在代码清单 9.14 中，有初始状态对象和 `tasks` reducer，并且带有两个 case 子句和一个 default 子句。

代码清单 9.14 `tasks` reducer

```
const initialState = {        ← 为 reducer 提供初始状态
  tasks: [],
  isLoading: false,
  error: null,
  searchTerm: '',
};

export default function tasks(state = initialState, action) {   ← 导出 reducer 以便于使用和测试
  switch (action.type) {        ← switch 语句处理传入的每一种 action 类型
    case 'FETCH_TASKS_STARTED': {
      return {
        ...state,
        isLoading: true,
      };
    }
    case 'FETCH_TASKS_SUCCEEDED': {   ← 每种 action 类型展示一个 case 子句
      return {
        ...state,
        tasks: action.payload.tasks,
        isLoading: false,
      };
    }
    …
    default: {        ← 未匹配任何 action 类型时触发 default 子句
      return state;
    }
  }
}
```

因为 reducer 是纯函数，所以测试时不需要任何特殊的辅助函数或其他业务逻辑。编写 reducer 测试是加强理解 reducer 的一种很好的方式。如前所述，reducer 接收现有

状态和新的 action 并返回新的状态。测试签名代码如下：

```
expect(reducer(state, action)).toEqual(newState);
```

对于每种 action 类型，需要断言新的 action 将导致的期望状态。以下代码清单 9.15 包含对每种 action 类型的测试。如代码清单 9.15 所示，测试默认状态是否符合预期也是一种好的方式。该测试调用 reducer 函数，但不传递当前状态和空的 action 对象。

代码清单 9.15　测试 tasks reducer

```
import tasks from '../reducers/';

describe('the tasks reducer', () => {          ← reducer 测试位于一个 describe 块中
  const initialState = {          ← 为所有的测试导入或声明初始状态
    tasks: [],
    isLoading: false,
    error: null,
    searchTerm: '',
  };

  it('should return the initialState', () => {          ← 测试初始状态
    expect(tasks(undefined, {})).toEqual(initialState);
  });

  it('should handle the FETCH_TASKS_STARTED action', () => {          ← 定义传递给 reducer 的 action
    const action = { type: 'FETCH_TASKS_STARTED' };
    const expectedState = { ...initialState, isLoading: true };          ← 定义期望 reducer 产生的状态

    expect(tasks(initialState, action)).toEqual(expectedState);
  });

  it('should handle the FETCH_TASKS_SUCCEEDED action', () => {
    const taskList = [{ title: 'Test the reducer', description: 'Very meta'
➥ }];
    const action = {
      type: 'FETCH_TASKS_SUCCEEDED',
      payload: { tasks: taskList },
    };
    const expectedState = { ...initialState, tasks: taskList };

    expect(tasks(initialState, action)).toEqual(expectedState);
  });
});
```

在许多测试中，会在断言之前声明 action 和期望状态的变量。这种模式是为了提高断言的可读性。

在这些测试中，使用 `initialState` 作为正在测试的 reducer 的第一个参数。可以不使用这种模式，但有时候可能需要，以便完整覆盖测试。例如，`FETCH_TASKS_SUCCEEDED` 测试会捕获期望状态下的任务变更，但是不捕获 `isLoading` 值的变更。

可以通过将 `isLoading` 的值初始化为 true 或编写用于捕获功能的额外测试来对此进行测试。

9.7 测试选择器

测试选择器几乎和测试 reducer 一样简单。和 reducer 相似，选择器可以是纯函数，但是使用 reselect 创建的选择器具有附加功能——memoization。代码清单 9.16 引入了两个普通选择器和一个使用 reselect 创建的选择器。测试前两个普通选择器与测试其他任何纯函数类似。给定输入，它们应该总是产生相同的输出。使用标准函数签名即可。代码全部来自初始任务搜索功能的实现。

代码清单 9.16 示例选择器

```
import { createSelector } from 'reselect';

export const getTasks = state => state.tasks.tasks;
export const getSearchTerm = state => state.tasks.searchTerm;      ← 导出普通选择器

export const getFilteredTasks = createSelector(      ← 此选择器依赖于其他选择器的结果
  [getTasks, getSearchTerm],
  (tasks, searchTerm) => {
    return tasks.filter(task => task.title.match(new RegExp(searchTerm,
➥  'i')));      ← 返回任务的过滤列表
  }
);
```

导出 reselect 选择器

使用 reselect 编写的选择器更有趣一些，因此 reselect 提供了额外的辅助函数。除了返回期望的输出外，另一个值得测试的关键功能是，函数在缓存正确的数据并限制其执行的重新计算的次数。辅助函数 `recomputations` 专用于此。同样，普通选择器接收状态作为输入，并产生状态切片作为输出。reselect 选择器执行类似的任务，但会尽其所能避免多余的计算工作。如果 `getFilteredTasks` 函数具有相同的输入，则无须重复计算输出，而是选择返回最近存储的输出。

在不同测试之间，可以使用 `resetRecomputations` 函数将数字重置为 0，如下列代码清单 9.17 所示。

代码清单 9.17 测试选择器

```
import { getTasks, getSearchTerm, getFilteredTasks } from '../reducers/';
import cloneDeep from 'lodash/cloneDeep';

describe('tasks selectors', () => {      ← 构建用于多个测试的状态树
  const state = {
```

```
    tasks: {
      tasks: [
        { title: 'Test selectors', description: 'Very meta' },
        { title: 'Learn Redux', description: 'Oh my!' },
      ],
      searchTerm: 'red',
      isLoading: false,
      error: null,
    },
  };
  afterEach(() => {
    getFilteredTasks.resetRecomputations();
  });

  it('should retrieve tasks from the getTasks selector', () => {
    expect(getTasks(state)).toEqual(state.tasks.tasks);
  });
```

afterEach 函数在每次测试之后执行一个回调函数

普通选择器像其他任何纯函数一样进行测试

在每次测试之后清空测试环境

```
  it('should retrieve the searchTerm from the getSearchTerm selector', ()
➥  => {
    expect(getSearchTerm(state)).toEqual(state.tasks.searchTerm);
  });

  it('should return tasks from the getFilteredTasks selector', () => {
    const expectedTasks = [{ title: 'Learn Redux', description: 'Oh my!'
➥  }];

    expect(getFilteredTasks(state)).toEqual(expectedTasks);
  });

  it('should minimally recompute the state when getFilteredTasks is
➥  called', () => {
    const similarSearch = cloneDeep(state);
    similarSearch.tasks.searchTerm = 'redu';

    const uniqueSearch = cloneDeep(state);
    uniqueSearch.tasks.searchTerm = 'selec';

    expect(getFilteredTasks.recomputations()).toEqual(0);
    getFilteredTasks(state);
    getFilteredTasks(similarSearch);
    expect(getFilteredTasks.recomputations()).toEqual(1);
    getFilteredTasks(uniqueSearch);
    expect(getFilteredTasks.recomputations()).toEqual(2);
  });
});
```

准备新的状态以测试选择器输出

验证选择器执行了最少次数的重新计算

选择器通常在专门的文件内或与 reducer 一起进行测试。访问 reducer 函数并为选择器生成下一个重新计算的状态，就可以形成完美的集成测试。我们可以自由决定期望的单元测试的粒度。

9.8 测试组件

目前，虽然不鼓励对组件执行 TDD(测试驱动开发)，但并不意味着不建议对组件进行测试。组件测试对于探测当添加或删除状态时，对应 UI 如何变更很有价值。本节分为两部分：测试展示型组件和测试容器组件。

同样，我们将使用测试工具 Enzyme 进行这些测试。如果之前有过 React 开发经验，则很可能已经使用 Enzyme 对常见的 React 组件进行过测试。Enzyme 的目的是促进 React 测试，但是添加 Redux 到项目中对此并没有什么影响，仍然可以使用 Enzyme 测试展示型组件和容器组件。

9.8.1 测试展示型组件

展示型组件不能访问 Redux store。它们是标准的 React 组件；它们接收属性、管理局部组件状态和渲染 DOM 元素。回顾一下，展示型组件可以是无状态组件，也可以是有状态组件。我们的第一个示例将分析一个无状态的展示型组件，通常也称为函数式无状态组件。

代码清单 9.18 显示了 `TaskList` 组件。它接收 props，然后渲染 `status` 属性和一个 Task 组件数组。

代码清单 9.18 测试展示型组件

```
import React from 'react';
import Task from '../components/Task';

const TaskList = props => {          ← 从父组件接收props
  return (
    <div className="task-list">
      <div className="task-list-title">
        <strong>{props.status}</strong>          ← 渲染 status 属性
      </div>
      {props.tasks.map(task => (          ← 为每一个 task 属性渲染一个 Task 组件
        <Task key={task.id} task={task} onStatusChange={props.onStatusChange}
      />
        ))}
    </div>
  );
}

export default TaskList;          ← 导出组件以便使用和测试
```

测试这类组件的重点在于期望重要的部分被渲染至 DOM。代码清单 9.19 演示了一些可以进行测试的组件类型。这两个示例包括检查特定元素的文本值以及属性值对应期望渲染的元素数量。

此处有一个实现值得重点强调。Airbnb 为每个最新版本的 React 维护了一个适配器，因此，我们将使用 React 16 适配器配置 Enzyme。这些适配器均独立安装，我们需要使用的是 enzyme-adapter-react-16 软件包。

为了遍历组件并进行断言，需要使用 Enzyme 来虚拟地绘制组件。为此，Enzyme 中最常用的两个方法是 shallow 和 mount。不同于 shallow，mount 渲染所有子组件，允许模拟事件(比如单击)，并且可以用于测试 React 生命周期回调(比如 componentDidMount)。根据使用经验，为了提高性能，在需要使用 mount 方法提供的额外功能之前，尽量使用 shallow 方法进行测试。使用 shallow 方法的第一个示例如代码清单 9.19 所示。

使用 Enzyme 绘制的组件通常保存在名为 wrapper 的变量中。需要注意的是，find 方法可以查找多种元素类型。可以使用类名和 ID 选择元素：wrapper.find('.className')或 wrapper.find('#id')。

代码清单 9.19　测试展示型组件

```
import React from 'react';
import Enzyme, { shallow } from 'enzyme';          ← 从 enzyme 导入 shallow 方法以绘制组件
import Adapter from 'enzyme-adapter-react-16';
import TaskList from '../components/TaskList';     ← 导入组件以便测试

Enzyme.configure({ adapter: new Adapter() });

describe('the TaskList component', () => {
  it('should render a status', () => {
    const wrapper = shallow(<TaskList status="In Progress" tasks={[]} />);   ← 使用 Enzyme 绘制组件用于测试

    expect(wrapper.find('strong').text()).toEqual('In Progress');   ← 断言 DOM 包含正确的文本值
  });

  it('should render a Task component for each task', () => {
  const tasks = [
    { id: 1, title: 'A', description: 'a', status: 'Unstarted', timer: 0 [CA]},
    { id: 2, title: 'B', description: 'b', status: 'Unstarted', timer: 0 [CA]},
    { id: 3, title: 'C', description: 'c', status: 'Unstarted', timer: 0 [CA]}
  ]
    const wrapper = shallow(<TaskList status="Unstarted" tasks={tasks} />);

    expect(wrapper.find('Task').length).toEqual(3);   ← 使用 Enzyme 查找期望元素的数量
  });
});
```

有关 wrapper 的其他可用 API 列表，请参阅文档 http://airbnb.io/enzyme/docs/api/shallow.html。

9.8.2 快照测试

正如之前提到的，Jest 带有称为快照测试的强大功能。快照测试可用于在粒度级别捕获UI的任何变更。快照测试的工作原理是：在第一次运行测试时捕获组件的JSON展示，然后，后续每次运行测试时，都会对组件新的渲染和保存的快照进行比较。无论组件的任何内容相对于快照发生了变更，都有机会修复无意的更改或确认期望的更新。如果变更符合期望，保存的快照将会更新。

快照测试在某些方面和现有的测试范例不同。无法使用快照测试执行 TDD。根据定义，在记录第一张快照之前必须编写好组件。这个概念也与本书的建议相吻合，可以测试驱动除组件外的所有开发事项。

快照测试引入了一种新的工作流程。编写快照测试非常简单，并且前期几乎不费力。因此，编写测试的速度可以提高。另外，这些新测试提供了很多不习惯处理的输出。对 UI 进行的每一个调整，都会经过测试套件。这可能让人感到厌恶或者难以接受，直至能展示出真正的价值并成为正常工作流的一部分。

Jest 精心设计的监听模式是简化快照测试的关键。如果需要将快照更新至组件的最新测试版本，只需要一次按键即可。按“u”键会更新保存的快照，继续阅读，你很快就会看到输出示例。

我们需要使用一个额外的软件包，以无缝接入快照测试过程。可使用以下指令，在 devDependencies 中安装 enzyme-to-json：

```
npm install -D enzyme-to-json
```

见名知意，enzyme-to-json 软件包将 Enzyme 绘制的组件转换为 JSON。如果不进行转换，则组件 JSON 总是会包含动态调试值，使得快照发生不期望的失败。

现在开始编写快照测试，继续使用 TaskList 组件作为示例。在同一 describe 块中，添加代码清单 9.20 所示的快照测试。

如前所述，这些测试的编写非常简单。绘制组件后，我们期望使用 toMatchSnapshot 方法将 JSON 转换后的版本与保存的快照进行匹配。首次调用 toMatchSnapshot 时，将保存新快照。此后，每次调用都会将组件与上次保存的快照进行比较。

代码清单 9.20 快照测试示例

```
...
import toJson from 'enzyme-to-json';          ← 导入 toJson 用于转换 enzyme wrapper 组件

describe('the TaskList component', () => {
  ...

  it('should match the last snapshot without tasks', () => {
    const wrapper = shallow(<TaskList status="In Progress" tasks={[]} />);
    expect(toJson(wrapper)).toMatchSnapshot();    ← 使用 toMatchSnapshot 方法创建并比较快照
```

```
  });

  it('should match the last snapshot with tasks', () => {
    const tasks = [
      { id: 1, title: 'A', description: 'a', status: 'Unstarted', timer: 0 },
      { id: 2, title: 'B', description: 'b', status: 'Unstarted', timer: 0 },
      { id: 3, title: 'C', description: 'c', status: 'Unstarted', timer: 0 }
    ]
    const wrapper = shallow(<TaskList status="In Progress" tasks={tasks} />);
    expect(toJson(wrapper)).toMatchSnapshot();
  });
});
```

可以使用特定属性对组件进行多次快照测试

首次运行时，Jest 将在控制台上输出以下信息：

```
2 snapshots written in 1 test suite.
```

再次运行时，将在控制台上产生额外输出，可以看到快照测试的运行和通过过程，如图 9.2 所示。

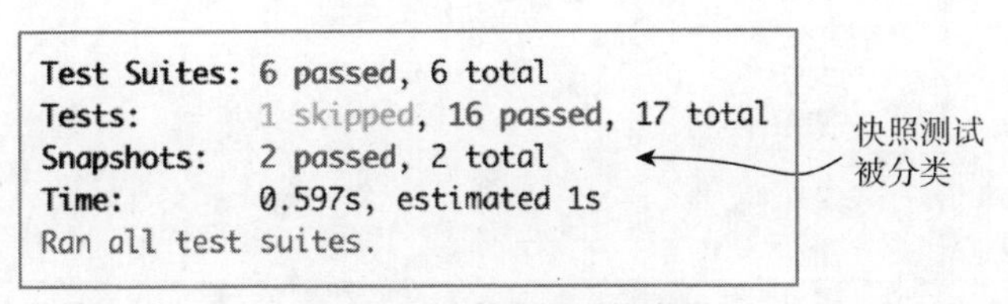

图 9.2　Jest 快照测试的输出

如果变更了用户界面，你肯定期望快照测试能监听到。为 strong 元素添加类名，strong 元素用于在 TaskList 组件中渲染 status 名称：

```
<strong className="example">{props.status}</strong>
```

在监视模型运行时，保存 TaskList 组件会触发 Jest 再次运行测试。这一次，快照测试将会失败，如图 9.3 所示，将突出显示新代码与预期输出之间的差异。

后续，Jest 将在控制台上输出结果：两次失败的测试。但如果测试是故意的，可以按“u”键更新快照：

```
2 snapshot tests failed in 1 test suite. Inspect your code changes or press
  `u` to update them.
```

如果期望这些变更发生，则可以按 “u”键来监视测试套件的再次运行。输出结果中，所有测试都已经通过，可以确认快照已更新：

```
2 snapshots updated in 1 test suite.
```

使用 Jest 进行快照测试可以让我们高度信任用户界面不会意外地发生变更。根据经验，应该使用快照测试对单个组件进行单元测试。包含整个应用程序的快照测试并不那么有价值，因为失败会来自应用程序的边缘，异常杂乱，并且需要频繁地更新快照。

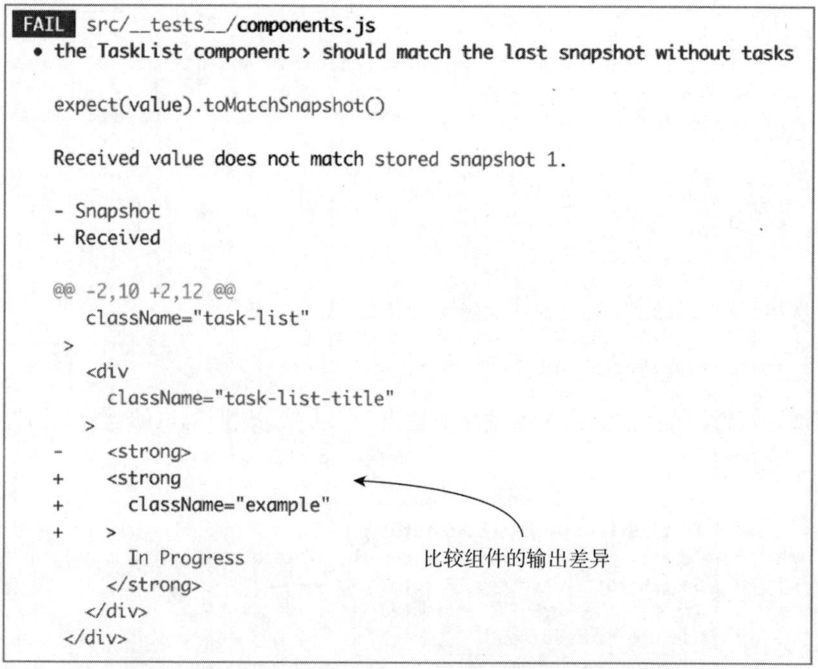

```
FAIL src/__tests__/components.js
  • the TaskList component › should match the last snapshot without tasks

    expect(value).toMatchSnapshot()

    Received value does not match stored snapshot 1.

    - Snapshot
    + Received

    @@ -2,10 +2,12 @@
        className="task-list"
      >
        <div
          className="task-list-title"
        >
    -     <strong>
    +     <strong
    +       className="example"
    +     >
            In Progress
          </strong>
        </div>
      </div>
```

比较组件的输出差异

图 9.3 快照测试失败示例，对比展示已有的与期望的输出差异

刚开始你可能会觉得工作流程不太自然。可以给自己留一些时间来了解多少快照测试是合适的，以及如何将它们集成到工作流程中。正是因为考虑到编写简单，有时候可能需要避免过度使用快照测试。随着时间的推移，你会找到合适的平衡点。

虽然 Jest 是第一个引入和推广快照测试的框架，但此项功能并非 Jest 独有。其他框架，如 Ava，也支持这项功能。实现快照测试的易用性的关键在于找到合适的、健壮的测试运行器。在撰写本书时，Jest 处于领先，但是可能不久之后，其他框架就会追赶上并提供类似质量的功能。

9.8.3 测试容器组件

容器组件是可以访问 Redux store 的组件。当使用来自 `react-redux` 的 `connect` 方法包装组件并导出时，表明组件是容器组件。

测试容器组件时需要考虑普通组件之外的一些额外问题。例如，除了 `dispatch` 方法和 `mapStateToProps` 函数中指定的任何其他属性，组件将获取额外的可用属性。另一个更乏味的问题是，实际导出的组件并非编写的组件，而是增强后的组件。接下来用一个示例验证以上几个想法。

代码清单 9.21 包含第 7 章中决议的 `App` 组件。这个组件使用 `connect` 方法增强

了。在绘制时，使用 dispatch 方法派发 action 至 store。

代码清单 9.21　容器组件示例

```
import React, { Component } from 'react';
import Enzyme, { connect } from 'react-redux';
import Adapter from 'enzyme-adapter-react-16';
import TasksPage from './components/TasksPage';
import FlashMessage from './components/FlashMessage';
import { createTask, editTask, fetchTasks, filterTasks } from './actions';
import { getGroupedAndFilteredTasks } from './reducers/';

Enzyme.configure({ adapter: new Adapter() });

class App extends Component {
  componentDidMount() {
    this.props.dispatch(fetchTasks());
  }

  onCreateTask = ({ title, description }) => {
    this.props.dispatch(createTask({ title, description }));
  };

  onStatusChange = (id, status) => {
    this.props.dispatch(editTask(id, { status }));
  };

  onSearch = searchTerm => {
    this.props.dispatch(filterTasks(searchTerm));
  };

  render() {
    return (
      <div className="container">
        {this.props.error && <FlashMessage message={this.props.error} />}
        <div className="main-content">
          <TasksPage
            tasks={this.props.tasks}
            onCreateTask={this.onCreateTask}
            onSearch={this.onSearch}
            onStatusChange={this.onStatusChange}
            isLoading={this.props.isLoading}
          />
        </div>
      </div>
    );
  }
}

function mapStateToProps(state) {
  const { isLoading, error } = state.tasks;

  return {
    tasks: getGroupedAndFilteredTasks(state),
    isLoading,
```

connect 方法允许组件访问 Redux store

绘制组件时，调用 action 创建器

详细说明组件可以读取哪些 Redux store 状态

```
    error
  };
}

export default connect(mapStateToProps)(App);   ◄── 使用 connect 方法增强 App 组件
```

接下来开始编写第一个测试。当 Redux store 在 tasks 键中包含错误时，我们希望使用错误信息渲染一个 FlashMessage 组件。如果尝试按照测试展示型组件的方式测试此组件，很快就会遇到问题，下面开始详细剖析。

下列代码清单 9.22 尝试进行简单测试。必须绘制 App 组件，提供 error 属性，并且断言 FlashMessage 组件已渲染。

代码清单 9.22　尝试测试容器组件

```
import React from 'react';
import { shallow } from 'enzyme';
import App from '../App';          ◄── 导入组件用于测试

describe('the App container', () => {
  it('should render a FlashMessage component if there is an error', () => {
    const wrapper = shallow(<App error="Boom!" />);   ◄── 使用 error 属性绘制组件
    expect(wrapper.find('FlashMessage').exists()).toBe(true);   ◄── 断言错误信息已渲染
  });
});
```

运行后会产生一条有趣的描述性错误信息：

```
Invariant Violation: Could not find "store" in either the context or props
of "Connect(App)". Either wrap the root component in a <Provider>, or
explicitly pass "store" as a prop to "Connect(App)".
```

上述错误信息显示了到目前为止出现的错误。值得注意的是，虽然引用了 App 组件，但导入的却是增强后的组件 connect(App)。该增强组件需要与 Redux store 实例进行交互，当未发现实例时，会抛出错误。

至少有两种方法可以解释上述错误信息。最简单的方式是导出未连接的 App 组件以及连接的组件。所有这些都需要在类声明中添加 export 关键字，比如：

```
export class App extends Component {
```

一旦导出未连接的 App 组件，之后就可以导入增强组件或普通组件。增强组件会被默认导出，需要使用时，可以使用默认导入语法，与示例测试中的一致。如果期望导入未连接的组件，则需要使用花括号指定：

```
import { App } from '../App';
```

对组件和测试文件进行修改后，测试套件应该可以运行通过。可以自由测试 App 组件，就像不再连接到 Redux 一样。当然，实际上是连接到 Redux 的。如果期望测试

App 组件从 Redux store 接收到的任何属性，就必须主动传递这些属性，与前面示例中的 error 属性类似。

为未连接的组件添加另一个测试。代码清单 9.23 添加了一个测试来验证组件在绘制时是否执行了 dispatch 方法。回想一下，Enzyme 的 mount 方法需要测试 React 生命周期方法，如 componentDidMount。你需要导入 mount 而非 shallow 方法用于此测试。

Jest 提供了使用 jest.fn()创建 spy 的简单方式。spy 能追踪它们是否已执行，所以需要使用 spy 来验证 dispatch 方法是否被调用。Jest 提供了 toHaveBeenCalled 断言方法，另外还添加了一个空的任务数组至组件以防止组件出现渲染错误。

代码清单 9.23　尝试测试容器组件

```
import React from 'react';
import { shallow, mount } from 'enzyme';      ← 在 enzyme 导入中添加 mount
import { App } from '../App';                 ← 导入未连接的组件

describe('the App container', () => {
  ...
  it('should dispatch fetchTasks on mount', () => {
    const spy = jest.fn();                    ← 创建 spy
    const wrapper = mount(<App dispatch={spy} error="Boom!" tasks={[]} />);   ← 添加 dispatch 和 tasks 属性

    expect(spy).toHaveBeenCalled();           ← 断言方法被调用
  });
});
```

以这种方式测试容器组件通常足以满足期望的测试覆盖率。但是，你可能会对测试 Redux 功能感兴趣，此时需要使用一个包含 store 实例的 Provider 组件包装容器组件。

访问 store 实例是使用工具软件包的一种常见需求。可使用以下指令安装 redux-mock-store 到 devDependencies：

```
npm install -D redux-mock-store
```

至此，已经安装完其余必需的依赖项，可以开始编写测试了。代码清单 9.24 使用这些依赖测试 FETCH_TASKS_STARTED action 在绘制组件时是否派发。需要导入一些新的模块：Provider 组件、configureMockStore 方法、应用程序中使用的所有中间件以及连接的组件。

在单元测试中，需要绘制由 Provider 组件包装的已连接组件。与实际实现类似，Provider 组件需要通过 store 属性来传递 store 实例。为了创建 store 实例，需要提供中间件和初始状态。

初始化模拟 store 后，可以用它查看收到的任何 action。模拟 store 追踪一系列已派发的 action，可以用于断言这些 action 的内容和数量。

代码清单 9.24 使用模拟 store 测试容器组件

```
import React from 'react';
import { shallow, mount } from 'enzyme';
import { Provider } from 'react-redux';
import configureMockStore from 'redux-mock-store';
import thunk from 'redux-thunk';
import ConnectedApp, { App } from '../App';

describe('the App container', () => {
  ...
  it('should fetch tasks on mount', () => {
    const middlewares = [thunk];
    const initialState = {
      tasks: {
        tasks: [],
        isLoading: false,
        error: null,
        searchTerm: '',
      },
    };
    const mockStore = configureMockStore(middlewares)(initialState);
    const wrapper = mount(<Provider store={mockStore}><ConnectedApp
➥ /></Provider>);
    const expectedAction = { type: 'FETCH_TASKS_STARTED' };

    expect(mockStore.getActions()[0]).toEqual(expectedAction);
  });
});
```

添加新的导入模块以包装连接的组件

添加所有应用程序中使用的中间件

为 store 创建初始状态

创建模拟 store

绘制包装后的容器组件

测试 action 被派发到模拟 store

虽然这种策略相比测试未连接的组件明显需要做更多的工作、付出更多努力，但这种测试风格集成了很多模块，因此可以进行更高质量的集成测试。

注意：本书建议以不连接的方式编写大部分组件单元测试，并使用模拟 store 编写少量的集成测试。

在继续进行组件测试之前，需要关注调试策略。如果对测试通过或意外失败的原因感到困惑，可以将组件的内容输出到控制台日志。debug 方法支持可视化地审查虚拟 DOM 中的每一个元素：

```
console.log(wrapper.debug());
```

在任何测试中，使用该行代码都可以比较实际 DOM 元素和期望的 DOM 渲染效果。通常都能够很顺利地完成测试工作。

9.9 练习

要练习测试每个组件，可以为本章到目前为止尚未涉及的 Parsnip 的任意功能编写额外测试。使用本章示例作为指导并根据需求调整每个单独的测试。

现在，开始尝试为 editTask action 创建器编写另一个异步 action 测试。下面的代码清单 9.25 显示了 editTask action 的一个简单实现，可以直接使用，而不需要额外处理。

代码清单 9.25 editTask action创建器

```
function editTaskStarted() {
  return {
    type: 'EDIT_TASK_STARTED',
  };
}

function editTaskSucceeded(task) {
  return {
    type: 'EDIT_TASK_SUCCEEDED',
    payload: {
      task,
    },
  };
}

export function editTask(task, params = {}) {
  return (dispatch, getState) => {
    dispatch(editTaskStarted());

    return api.editTask(task.id, params).then(resp => {
      dispatch(editTaskSucceeded(resp.data));
    });
  };
}
```

鉴于 editTask 是标准的基于请求的异步 action 创建器，测试重点如下：

- EDIT_TASK_STARTED action 被派发。
- 使用正确的参数调用 API。
- EDIT_TASK_SUCCEEDED action 被派发。

9.10 解决方案

测试的实现流程如下：

(1) 使用 redux-thunk 中间件创建模拟 store。

(2) 模拟 api.editTask 函数。

(3) 创建模拟 store。

(4) 派发 editTask action 创建器。

(5) 断言 editTask 派发了正确的 action，并且发起了请求。

这和本章前面编写的 createTask 测试相似。通常，这类策略适用于任何基于

thunk 的异步 action。以下代码清单 9.26 显示了解决方案。

代码清单 9.26 测试 editTask action 创建器

```
import configureMockStore from 'redux-mock-store';
import thunk from 'redux-thunk';
import { editTask } from './';                    ← 导入需要测试的异步 action

jest.unmock('../api');                             ← 使用决议的 promise 模拟 API 调用
import * as api from '../api';
api.editTask = jest.fn(() => new Promise((resolve, reject) => resolve({
➥ data: 'foo' })));

const middlewares = [thunk];
const mockStore = configureMockStore(middlewares);  ← 添加 redux-thunk 中间件到模拟 store

describe('editTask', () => {
  it('dispatches the right actions', () => {
    const expectedActions = [                       ← 创建在后续测试中断言需要使用的 action 列表
      { type: 'EDIT_TASK_STARTED' },
      { type: 'EDIT_TASK_SUCCEEDED', payload: { task: 'foo' } }
    ];

    const store = mockStore({ tasks: {            ← 创建模拟 store
      tasks: [
        {id: 1, title: 'old' }
      ]
    }});

    return store.dispatch(editTask({id: 1, title: 'old'}, { title: 'new'
➥ })).then(() => {                                ← 派发 editTask action
      expect(store.getActions()).toEqual(expectedActions);         ← 断言派发了正确的 action
      expect(api.editTask).toHaveBeenCalledWith(1, { title: 'new' });  ← 断言使用正确的参数发起 API 请求
    });
  });
});
```

值得注意的是，后续会继续直接模拟 `api.editTask` 方法，这意味着完全绕过与处理 HTTP 请求相关的任何测试设置。诸如 nock 之类的 HTTP 模拟库总是一种可用的选择，可以提供更多帮助，以及练习发起 HTTP 请求。

JavaScript 开发人员一直以来并不需要编写测试代码，为什么现在开始引入呢？当然，这只是玩笑之谈，但众所周知，测试 JavaScript 是很困难的。这在很大程度上缘于深度耦合的“面条式”代码，这种代码通常是以前客户端应用程序的特点。但是，如果缺少健壮的测试套件，将很难保证新增的代码不会引入破坏性的变更。

幸运的是，Redux 通过将许多部件分离成小的可测试单元，使我们向前迈进了一大步。还有什么困惑吗？我们目前是否朝着正确的方向前进呢？本书当然认为是肯定的。

下一章中，将继续讨论与 Redux 执行性能相关的话题。你将产生一些优化 React 以及减小 Redux 应用程序规模的想法。

9.11 本章小结

- Jest 建立在 Jasmine 的测试运行器和断言库的基础之上，并且在使用 Create React App 脚手架创建的应用程序中作为标准。
- 测试纯函数(如 reducer 或同步 action 创建器)是最简单的。
- 测试 saga 是一个事关发送至中间件的 effect 对象的问题。
- 测试连接组件的两种方式是：导入并包装 `Provider` 组件以及导出未连接组件。

第 10 章 性　　能

本章涵盖：

- 使用工具测量 Redux/React 的性能
- 高效地使用 connect 和 mapStateToProps
- 使用 memoization
- 批量处理 action

Redux 从一开始就是很快的，作为一个非常轻量级的库，即使(应用程序)规模扩大，Redux 也不会有拖累性能的问题。请记住，Redux 提供的全部内容，是一种存储状态和广播变化的方式。不用担心，因为会有很多“机会”消耗应用程序的性能。无论是以非最佳的方式使用 Redux 功能，还是允许 store 中的更改过于频繁地重新渲染 React 组件等视图，作为 Redux 用户，都需要确保正在做的事情可以使应用程序的运行保持流畅。

本章重点关注保持 Redux 应用程序快速运行的策略。为了与本书其余部分保持一致，将在 React 上下文中讲述 Redux。维护高性能React/Redux 应用程序的关键，在于减少或消除不必要的计算和重绘。

接下来，我们将查看 React 应用程序中的性能分析工具。清理浪费的第一步是定位浪费和损耗。然后，你将深入了解针对 Redux 的性能策略，例如使用 `connect` 避免不必要的重新渲染、使用记忆型选择器、批处理 action 以及缓存。

如果对特定于 React 的优化不感兴趣，请跳到 10.3 节。但请注意，如果底层堆栈的实现效率低下，那么优化 Redux 对应用程序性能的提升将十分有限。

10.1 性能评估工具

要解决任何效率低下的问题，首先必须识别它们。有一些不同的工具可以完成这项工作。开始之前，需要注意的一个重要事项是：在开发模式下，React 会做额外的工作来产生有用的警告。对于真正的性能评估，需要分析生产环境中构建压缩后的版本。

注意 通常，本节提供的工具将在开发模式下使用，因此它们旨在辨别相对开销较大的渲染，而非终极度量。

10.1.1 性能时间线

第一个工具就是性能时间线，它利用许多浏览器已实现的用户时间 API(User Timing API)来可视化 React 组件的生命周期。这个工具的用法非常简单，只需要在 URL 末尾加上`?react_perf`。当在开发环境中查看应用程序 Parsnip 时，只需要将`localhost:3000/?react_perf`作为 URL 访问，然后查看 Google Chrome 开发者工具里的 Performance(性能)标签页。

这个工具对于可视化地识别过度重绘的组件特别有用。在图 10.1 中，可以看到

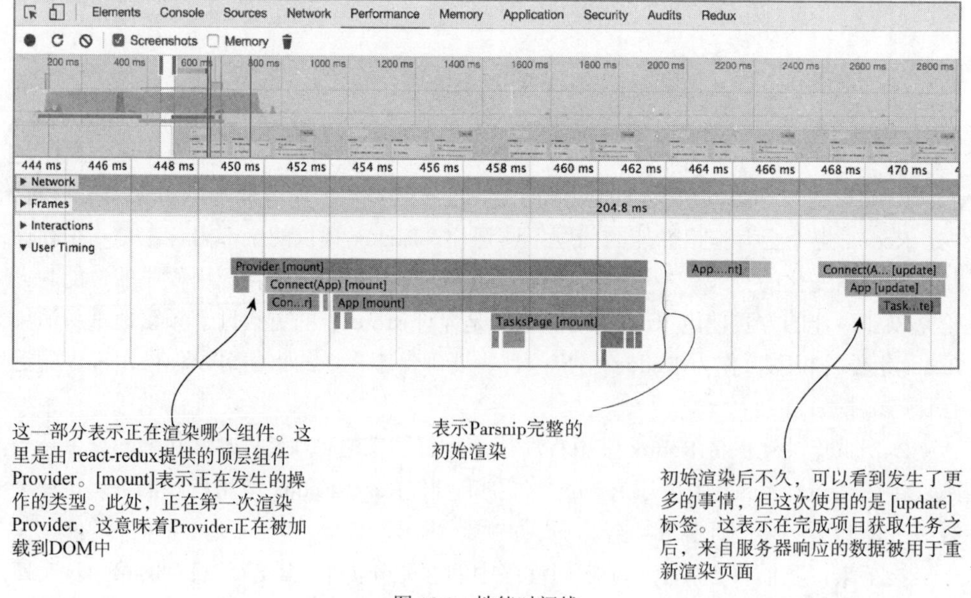

图 10.1 性能时间线

react-redux 的 Provider 组件、已连接的 App 组件，以及其他正在加载的组件的时间线。每个条形图代表一个组件处理过程。在每个条形图里，可以找到组件的名称以及发生的生命周期方法。堆叠的条形图列表用来表示组件树的更新序列。

通常，图表的深度可以揭示不必要的重绘。组件每渲染一次，都会在图表中新添加一行。如果由于某些原因导致一个组件重绘多次，这种图表展现形式可以让问题诊断更容易，另外还会关注渲染每个组件所需的时间。图表中的行越长，对应组件渲染所需的时间就越长。可以使用此功能分析应用程序的不同页面，看看是否有任何突出的问题。

10.1.2　react-addons-perf

react-addons-perf 软件包出自 React 团队，它提供了在性能时间线中发现相似数据的备用窗口。请注意，在撰写本书时，该工具还不支持 React 16。使用 react-addons-perf 需要更多的手动配置，以指定想要进行基准测试的内容，但随之而来的是，你对要测量的内容有了更多的控制。

导入 Perf 对象后，就可以将想要测量的内容包裹在 Perf.start()和 Perf.stop()之间。打印测量结果时可以有多种选择，但其中的 printWasted 方法更有意思，它会显示不必要的渲染次数和所花费的时间。有关 API 的详细信息，请参阅文档以及 https://facebook.github.io/react/docs/perf.html 上与实现相关的几篇文章。

10.1.3　why-did-you-update

why-did-you-update 软件包是一个能够提供可借鉴反馈的诊断工具，对于识别不必要的组件渲染特别有用。安装完成后，如果对具有相同属性的组件进行重新渲染，控制台日志将会发出提醒。有了这些信息，就可以采取适当的行动。图 10.2 提供了一个注释版的示例，出自这个软件包的 README 文件。

why-did-you-update 备选工具会对比传递给既定组件的属性差异，并且如果这些属性相同或可能相同，就会给出提示。该功能适用于基础数据类型(例如数字和字符串)以及对象(包括嵌套对象！)。另一方面，对于函数之间的对比差异，可信度不是很高，所以用生成警告来代替。此工具可以检查对象的每个单独属性，以查看两个对象是否具有相同的值，但是函数(即便使用 Function.prototype.bind 绑定相同的参数)无法进行相等性检查。有关安装和使用说明，请参阅 https://github.com/maicki/why-did-you-update 上的自述文件包。如果仍无法完全满足需求，Mark Erikson 维护了一份类似的工具列表：https://github.com/markerikson/redux-ecosystem-links/blob/master/devtools.md#component-update-monitoring。

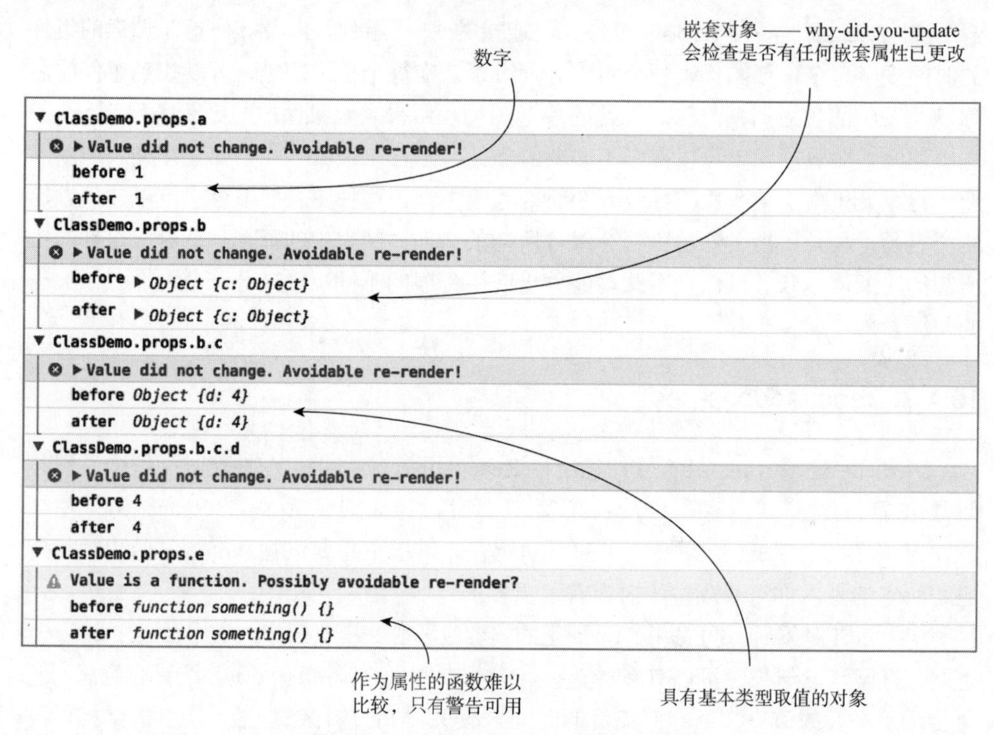

图 10.2 why-did-you-update 的输出示例

10.1.4 React 开发者工具

React 开发者工具被打包在 Chrome 或 Firefox 扩展中，可以深入了解每个组件要渲染的数据。单击某个组件会显示属性值，并且允许在浏览器中直接编辑属性值，以帮助查找 bug。一个有用的性能特性是“高亮显示更新”(Highlight Updates)，从而帮助我们查看哪些组件经常发生重绘。

打开 React 开发者工具后，选择 Highlight Updates 选项。现在，每当与应用程序交互时，每个组件的周围都会出现彩色的框。颜色从浅绿色变到深红色，表示组件更新的相对频率：框的颜色越红，重绘的频率越高。

请注意，红色并不一定表示存在问题。例如在 Parsnip 中，当快速地在搜索框中输入时，输入框和其他几个组件会迅速从绿色变为红色。但这是符合预期的，因为我们希望输入到文本框的每个字符都能立即更新任务列表。有关示例展示，请参见图 10.3。

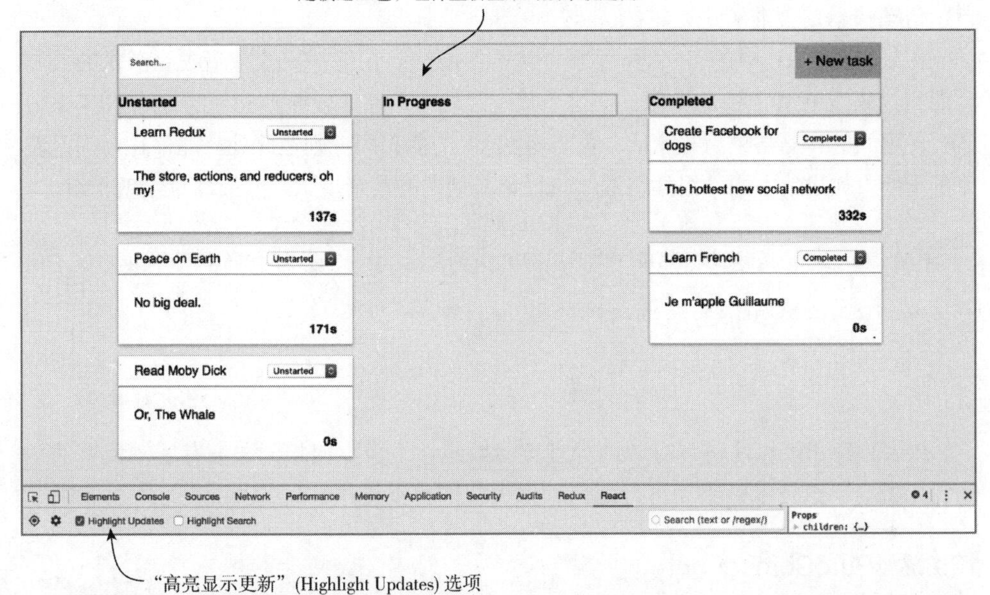

图 10.3 “高亮显示更新”(Highlight Updates)选项提供了更新频率的颜色编码表示形式

10.2 React 优化

既然有工具能识别有问题的组件，下面就介绍如何解决它们。在使用 Redux 前，总有办法从视图库中获得更多东西。在当前的例子中，指的就是React。在本节中，将会快速介绍 React 组件的一些优化技巧。再次重申，如果坚持最佳实践并将重绘的次数保持在最低水平，React 的性能将会非常优异。

10.2.1 shouldComponentUpdate

生命周期方法 `shouldComponentUpdate` 是防御不必要的组件渲染的首批防线之一。当 `setState` 被调用或父组件被渲染时，React 组件的默认行为是进行重绘。可以使用 `shouldComponentUpdate` 这个生命周期方法来防止这样的情况超范围发生。重新渲染父组件很常见，但会将相同的属性传递给前一次渲染的子组件。如果没有人为干预，子组件将使用相同的数据进行重绘。

当重绘操作被触发后，会调用如下一些生命周期方法：`componentWillReceiveProps`、`shouldComponentUpdate`、`componentWillUpdate`、`render` 和 `componentDidUpdate`。组件在使用 `componentWillReceiveProps` 了解了传入的属性后，在 `shouldComponentUpdate` 中就会有机会取消剩余的更新周期。组件可以访问潜在

的下一个属性和状态，有机会将它们与当前的属性和状态进行比较，并最终返回一个布尔值来指示是否继续进行重绘。

假设只要 URL 中的 ID 保持不变，就希望能够阻止组件重绘。完成此操作的代码可能与代码清单 10.1 中的类似。在这个代码片段中，在比较参数 id 的当前值和未来值之后，返回的计算结果为布尔值。如果参数 id 的值相同，则在此处立即停止，而且避免了重绘。如果值不同，组件将继续执行更新周期的其余步骤，并最终重绘整个组件。

代码清单 10.1 shouldComponentUpdate 示例

```
shouldComponentUpdate(nextProps, nextState) {

return nextProps.params.id !== this.props.params.id;
}
```

React 的 diff 算法可以有效地处理大多数组件更新，但却无法拥有用例特有的全部优化机会。该技术是手动进行应用程序调优的优秀策略。

10.2.2 PureComponent

`React.PureComponent` 与 React 15.3 一起引入，是 `React.Component` 的替代品。可以使用 `PureComponent` 轻松获得简单的 `shouldComponentUpdate` 实现。使用 `PureComponent` 可以对渲染间的状态和属性进行浅层相等性(shallow equality)检查。如果没有可感知的变化，就会退出更新周期。

什么时候应该使用 `PureComponent` 呢？某些团队更喜欢尽可能频繁地编写函数式的无状态组件，并将纯函数的简单性视为最有价值。其他人则支持尽可能多地编写 `PureComponents`，十分关注性能影响。函数式的无状态组件没有生命周期回调，因此每当父组件渲染时它们都会渲染。但是，没必要让所有的组件都实现 `shouldComponentUpdate`，战略性地将一些组件放置在组件树的上层就可以了。

在实践中，我们喜欢找到更有收益的方案。`PureComponent` 和函数式的无状态组件之间通常不会有显著的差异，但对于一些罕见的情形，请考虑 `PureComponent`。确保不要改变 `PureComponent` 中的属性和状态，否则可能会导致 bug。有关 `PureComponent` 的更多详细信息，请参阅官方文档，网址为 https://reactjs.org/docs/react-api.html# eactpurecomponent。

10.2.3 分页和其他策略

分页——将内容(通常是列表)作为单独的页面进行展示的过程——并不是 React 或 Redux 所特有的。但如果要渲染潜在的大量内容，分布将是十分有用的工具。通常，如果正在渲染列表，而且可以预见列表可能会很长，就请使用分页。毕竟，提高渲染性能的最佳方法就是渲染更少的东西。

如果正在使用足够大的数据集，那么在某一时刻就会发现标准的优化技术是不够用的。这个问题并非React独有，但是有多个针对React的方法可用来处理大型数据集。

某些 React 软件包(例如 `react-paginate`)提供了相关逻辑和组件以便进行分页。可以在项目的GitHub页面(https://github.com/AdeleD/react-paginate)上查看示例和实现详情。另外，Redux文档中的示例项目(https://github.com/reactjs/redux/tree/master/xamples/real-world)包含更多指导，它们专门针对Redux的分页实现。

有关分页的最近动向是无限滚动技术。例如，在大多数带有活动信息流(activity feed)的应用程序中，无限滚动是一种流行的功能特性，当滚动到当前列表的末尾时会加载更多的条目。一些流行的软件包使编写该功能变得更简单，但从GitHub的星星数来看，`react-infinite` 是最受欢迎的(请参阅 https://github.com/seatgeek/react-infinite)。

如果分页和无限滚动都没有降低性能开销，`react-virtualized` 或许能够做到。这个软件包与其优异的渲染能力一样好，支持表格、栅格、列表以及其他格式。如果需要预先渲染大型数据集，请在项目的GitHub页面(https://github.com/bvaughn/react-irtualized)上参阅更多信息。

10.3 Redux优化

使用 `PureComponent` 这样的工具可以走得更远，但在Redux中同样有很多非常有用的工具。事实上，`connect` 有类似的功能，首先有助于避免使用 `shouldComponentUpdate`。这两者类似，但使用 `connect` 时，大部分工作已经完成了。可以在 `mapStateToProps` 中定义组件所需的数据，而不是比较新旧属性，而且 `connect` 会在适当的位置做正确的检查。

你还可以更少地派发不必要的action，这类action可能会导致连接的组件尝试重绘。稍后你将学习一些缓存相关的知识，缓存可以通过复用存储在浏览器中的数据，来极大地减少服务器上的负载。

10.3.1 连接正确的组件

示例应用程序Parsnip没有足够大到值得深入讨论应该连接哪些组件，但实际生产中的应用程序会不可避免地需要这么做。本书之前，描述过一种决定何时连接组件的简单策略：默认情况下从展示型组件开始，一旦它们变得过于臃肿，不访问Redux store就无法维护，就用 `connect` 将它们包装起来。

现在，我们将提供如下更具指导性的原则：如果能够避免开销很大的重绘，就连接组件。运用本章学习或复习的React基础知识，默认情况下，更新的组件将会重新渲染子组件，除非子组件使用自定义的 `shouldComponentUpdate` 方法或使用

PureComponent 防止重绘。

10.3.2　自上而下的方法

Redux 带来的一个好处是，数据对所有组件都是潜在可用的，这意味着对于数据如何在应用程序中流动具有很大的灵活性。到目前为止，你已经使用一种简单的策略来连接单个组件 App，该组件可以传递子组件所需的任何数据，参见图 10.4。

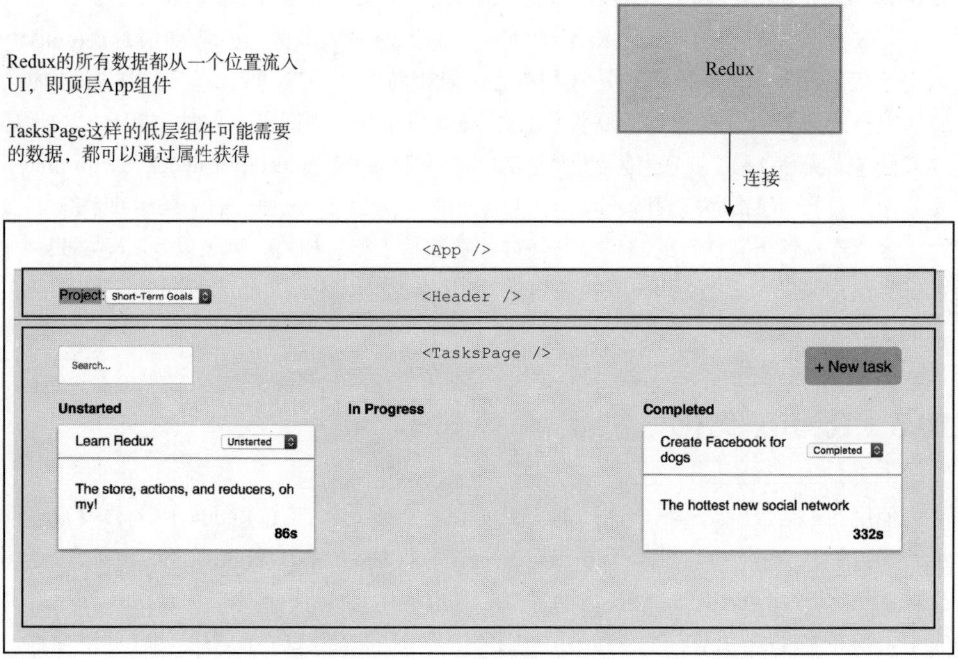

图 10.4　Parsnip 中主要的 React/Redux 配置

这种方法虽然简单，但到目前为止仍然很实用。拥有单一进入点(也就是在顶层组件中使用 connect)的主要优势是简单易用。Redux和React之间的绑定占用空间很小，应用程序的其余部分可以像任何 React 应用程序一样通过接收属性来运行。

但这种方法也有两个缺点。首先，随着应用程序规模的增长，它们会不可避免地持续从连接的其他组件中获益，主要是为了避免组件之间变得难以理解和维护的巨型属性传递链。

更重要的是，就本章的目的而言，这种方法还具有性能成本。由于只有一个入口点，因此只要 Redux 中的数据发生更改(例如，projects 或 tasks 正在被更新)，整个应用程序就会试图重新渲染。以图 10.4 中的两个主要组件为例。因为它们都是 App 组件的子组件，所以每次 App 重绘(在某个 action 派发后)时，Header 和 TasksPage 也都会尝试重新渲染。下面来看一种特定的交互：更新任务。图 10.5 展示了单个“循环”可能是什么样子，数据借助用户交互从 React 流到 Redux，然后流回组件树。请思考一下 Header 和 TasksPage 组件，以及它们为了成功履行自己职责所需的条件。Header 需要将一个项目列表渲染到一个下拉列表框中。TasksPage 需要渲染任务。

这里的主要问题是，Header 在不相关的数据发生更改时也试图进行重绘。Header 不需要任务来履行自身的职责，但由于是 App 的子组件，因此每当任务更新时 Header 将会重绘，除非添加 shouldComponentUpdate 进行检查。如上所述，解决此问题的一种方法是，使用 shouldComponentUpdate 告诉 React，在非 Header 相关的数据发生更改时不对 Header 进行渲染。这是个非常好的解决方案，但思考一下，是否可以在上游使用 Redux 解决这个问题呢？

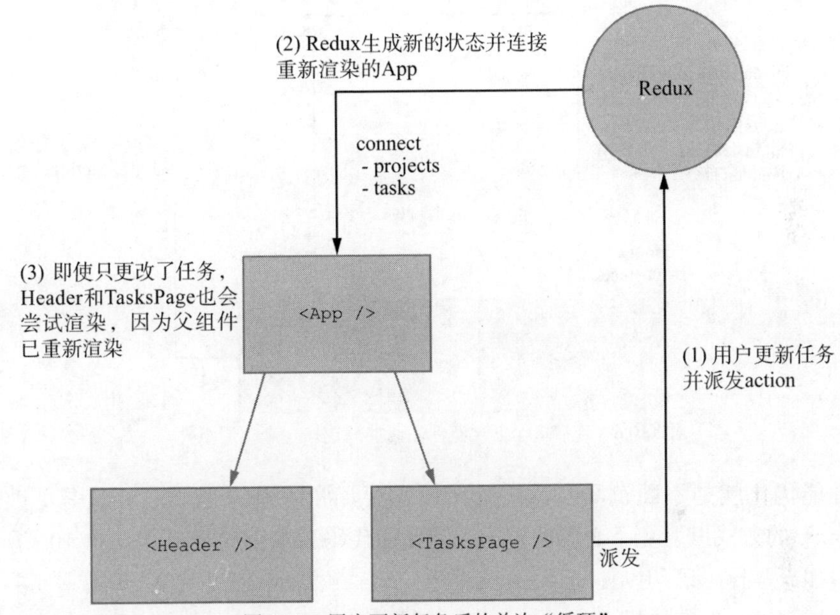

图 10.5　用户更新任务后的单次“循环”

10.3.3　将其他组件连接到 Redux

在内部，与 shouldComponentUpdate 相似，connect 和 mapStateToProps 会对新旧属性进行浅层对比，如果没有相关数据发生更改，则绕过渲染。若能正确使用 connect，就不必编写自己的 shouldComponentUpdate 逻辑。如果将 Header 和 TasksPage 直接连接到 Redux，会怎样？每个组件都将使用选择器来获取它们自己所需的数据——不多也不少。

稍后会编写相关代码，首先更新图 10.5 中的图表以匹配正要使用的设置(参见图 10.6)。我们喜欢从数据依赖的角度思考——组件需要哪些数据才能实现预期的角色？请注意，Header 和 TasksPage 仅连接到它们特别需要的数据。使用 connect 将组件限定于仅自身需要的数据是一种非常强大的理念：可以使用 connect 来提高性能而不是使用自定义的 shouldComponentUpdates，而且这也非常适合组织及解耦规模不断增长的应用程序。

当修改状态树中的任务时，Header 将不会重新渲染。原因如下：此更改没有引起父组件重新渲染；Header 未订阅 Redux store 的任务部分。添加 connect 将导致运行 Header 的 mapStateToProps 函数，可以看到使用浅层对比查看到的新旧结果是相同的，然后退出，从而避免不必要的重绘。

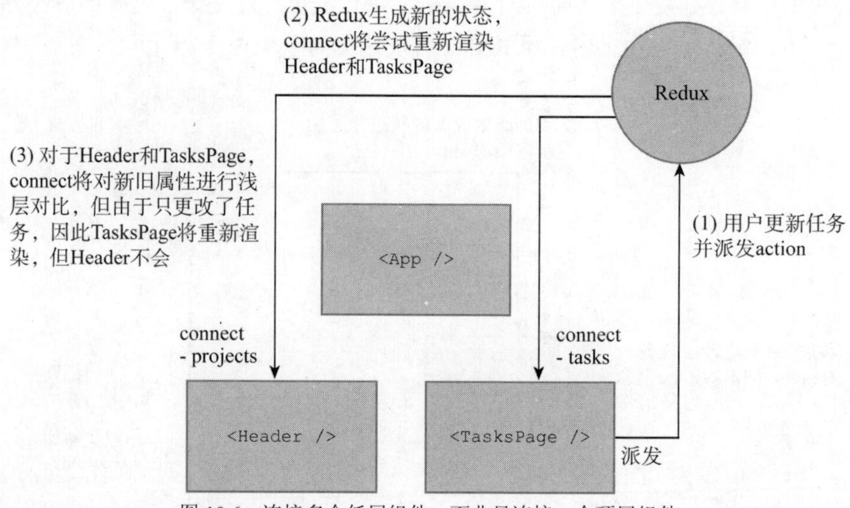

图 10.6　连接多个低层组件，而非只连接一个顶层组件

性能优化就是不断测量和改进，所以需要测量一些东西。目标就是更改使用 connect 的方式以避免不必要的重绘，因此如代码清单 10.2 和代码清单 10.3 所示，可以添加一些日志语句以便知道 Header 与 TasksPage 何时渲染。有许多工具可以帮助调试渲染，但在这里 console.log 就足够好用了。

代码清单 10.2　在 TasksPage 中记录渲染日志：src/components/TasksPage.js

```
...
class TasksPage extends Component {
  ...
  render() {
    console.log('rendering TasksPage')

    if (this.props.isLoading) {
      return <div className="tasks-loading">Loading...</div>;
    }

    return (
      <div className="tasks">
      ...
      </div>
    );
```

```
  }
}
```

代码清单 10.3　在 Header 中记录渲染日志：src/components/Header.js

```
...
class Header extends Component {
  render() {
    console.log('rendering Header')
    ...
  }
}
```

刷新浏览器，可以看到这两个组件正在渲染。可通过将它们移到“In Progress”或“Completed”来更新任务。虽然仅更改了状态树的任务部分，但高级日志调试确认这两个组件都已重新渲染。让我们看看可以做些什么。

10.3.4　将 connect 添加到 Header 和 TasksPage

主要改动如下：

- 从 App 删除大部分功能。
- 将针对 Header 的数据和 action 移到 Header。
- 将针对 TasksPage 的数据和 action 移到 TasksPage。

合理吗？这些改动是由性能推动的，但从职责分离的角度看，这样也更有意义。当应用程序随着时间推移而规模增长时，以即将进行的方式连接其他组件，可以防止任何模块变得臃肿与混乱。

从 App 开始，删除大部分与 Header 和 TasksPage 有关的代码，如代码清单 10.4 所示。对于导入项，除了一项之外，将删除所有 action/selector 导入项。之后，将这些导入项移入各自对应的组件。保留的导入项是 fetchProjects，它负责获取初始页面加载的数据。

至于 Header 和 TasksPage，将删除所有属性。它们仍然需要同样的数据，但不是由父组件 App 传递属性，而是使用 connect 直接从 Redux 注入数据，如代码清单 10.4 所示。

代码清单 10.4　从 App 中重构 header/tasks 代码：src/App.js

```
import React, { Component } from 'react';
import { connect } from 'react-redux';
import Header from './components/Header';
import TasksPage from './components/TasksPage';
import FlashMessage from './components/FlashMessage';
import { fetchProjects } from './actions';

class App extends Component {
  componentDidMount() {
```

移除大部分 action/selector 导入项

```
    this.props.dispatch(fetchProjects());  ◄── 继续进行初始
  }                                            项目的获取
  render() {
    return (
      <div className="container">
        {this.props.error && <FlashMessage message={this.props.error} />}
        <div className="main-content">
          <Header />                       更新 Header/TasksPage
          <TasksPage />                    的属性
        </div>
      </div>
    );
  }
}

function mapStateToProps(state) {
  const { error } = state.projects;
                                           彻底简化
  return { error };                   ◄──  mapStateToProps
}

export default connect(mapStateToProps)(App);
```

Header 是目前唯一可以渲染项目相关内容的组件，因此将其主要功能从 App 迁移出来是有意义的：从 store 中查询项目并在用户选择新项目时派发 action，如下面代码清单 10.5 所示。

代码清单 10.5 为 Header 添加 connect：src/components/Header.js

```
import React, { Component } from 'react';
import { connect } from 'react-redux';
import { setCurrentProjectId } from '../actions';   添加从 App 抽取的
import { getProjects } from '../reducers/';          导入项

class Header extends Component {
  onCurrentProjectChange = e => {
    this.props.setCurrentProjectId(Number(e.target.value));
  };

  render() {
    console.log('rendering Header');
    const projectOptions = this.props.projects.map(project => (
      <option key={project.id} value={project.id}>
        {project.name}
      </option>                                      当选择新项目时派发
    ));                                                          action

    return (
      <div className="project-item">
        Project:
        <select onChange={this.onCurrentProjectChange} className="project-
➥ menu">
          {projectOptions}
        </select>
```

```
      </div>
    );
  }
}

function mapStateToProps(state) {
  return {
    projects: getProjects(state),     ← 使用选择器获取项目列表
  };
}
                                       将所需的 action 传给 connect
export default connect(mapStateToProps, { setCurrentProjectId })(Header);
```

现在，Header 负责派发 SET_CURRENT_PROJECT_ID action，之前这是 App 的职责。我们已经将 Header 从接收属性的展示型组件转换成完全感知 Redux 的容器组件。通常，容器组件直接与 Redux 数据挂钩，而不是依赖于父组件传递属性，并且大部分的 action 处理逻辑也在容器组件中。

下面对 TasksPage 执行类似的一组更改。要完成工作，TasksPage 至少需要来自 store 的任务，以及以 Redux action 形式创建、编辑和过滤任务的行为。App(之前 Parsnip 内的主要容器组件和功能中心)以前负责向 TasksPage 传递属性，包括派发 action 的回调函数。与 Header 相同，现在要将 TasksPage 转换为容器组件，以处理针对 Redux 任务的逻辑，包括选择器和 action。和 Header 中一样，我们将会添加 connect 和 mapStateToProps，使用选择器从 Redux store 中检索正确的数据。此外，还要将所有任务相关的 action 处理从 App 中移入 TasksPage。

两个值得注意的新增功能是 bindActionCreators 和 mapDispatchToProps，将它们一同使用可以方便地将派发绑定到导入的 action。不在组件中直接使用 dispatch，如 this.props.dispatch(createTask(...))，因为 connect 接收的第二个参数是一个通常名为 mapDispatchToProps 的函数，可以在此处直接绑定 dispatch，以便组件使用更通用的属性名。请参阅代码清单 10.6。

代码清单 10.6 为 TasksPage 添加 connect：src/components/TasksPage.js

```
import React, { Component } from 'react';
import { connect } from 'react-redux';
import { bindActionCreators } from 'redux';     ← 导入 bindActionCreators，用来将派发绑定到 action
import TaskList from './TaskList';
import { createTask, editTask, filterTasks } from '../actions';
import { getGroupedAndFilteredTasks } from '../reducers/';
                                                  添加从 App 中提取出来的任务相关的导入项
class TasksPage extends Component {
  ...
```

```
  onCreateTask = e => {
    e.preventDefault();

    this.props.createTask({
      title: this.state.title,
      description: this.state.description,
      projectId: this.props.currentProjectId,
    });

    this.resetForm();
  };

  onStatusChange = (task, status) => {
    this.props.editTask(task, { status });
  };

  onSearch = e => {
    this.props.onSearch(e.target.value);
  };

  renderTaskLists() {
    const { tasks } = this.props;

    return Object.keys(tasks).map(status => {
      const tasksByStatus = tasks[status];

      return (
        <TaskList
          key={status}
          status={status}
          tasks={tasksByStatus}
          onStatusChange={this.onStatusChange}
        />
      );
    });
  }

  render() {
    ...
  }
}

function mapStateToProps(state) {
  const { isLoading } = state.projects;

  return {
    tasks: getGroupedAndFilteredTasks(state),
    currentProjectId: state.page.currentProjectId,
    isLoading,
  };
}

function mapDispatchToProps(dispatch) {
```

更新创建/编辑处理程序

定义 mapStateToProps 函数，该函数接收 store 的 dispatch 方法作为参数

```
    return bindActionCreators(
      {
        onSearch: filterTasks,
        createTask,
        editTask,
      },
      dispatch,
    );
  }

  export default connect(mapStateToProps, mapDispatchToProps)(TasksPage);
```

将所需的 action 作为对象传给 bindActionCreators

10.3.5　mapStateToProps 和记忆型选择器

在完成上述所有代码后，你是否已经达成当更新任务时避免重绘 Header 的目标？如果在更新任务后检查浏览器控制台，并查找来自每个组件的 render 方法的 console.log 语句，就会看到在每个任务更新后对 Header 进行了重绘。

你已经成功地在 store 中将状态拆分成项目和任务两部分，而且 Header 和 TasksPage 现在成功变成了自包含组件。这部分似乎运作正常，所有答案在于更基础的部分——JavaScript 中的引用检查和 connect 的浅层对比。代码清单 10.7 显示了 getProjects 选择器，在 Header 中用来查找并准备项目数据。这是一个简单的选择器，用于将项目对象(在 Redux store 中以 ID 为键)转换为对组件渲染更友好的数组。

代码清单 10.7　getProjects 选择器：src/reducers/index.js

```
...
export const getProjects = state => {
  return Object.keys(state.projects.items).map(id => {
    return projects.items[id];
  });
}
...
```

当考虑 connect 如何检查任意属性是否已经改变时，问题就来了。我们使用 connect 存储 mapStateToProps 的返回值，并且当渲染操作被触发时与新的属性进行比较。这是一种浅层相等性比较，意味着将会遍历每个字段，并检查 oldPropA 是否完全等于 newPropA，而不会深入任何内嵌对象。JavaScript 中的值类型(如数字和字符等基础类型)，以===操作符进行比较的结果与我们预期的一致，2===2 和 "foo"==="foo"都返回 true。引用类型(例如对象)则是不同的。可以在 JavaScript 控制台中尝试运行{}==={}，你应该会看到返回 false，因为对象的每个新副本都有完全独立的对象引用。

这与 Header 有何关系？为什么组件仍然会进行不必要的重绘？Redux 中的每个状态在发生更改后都会运行 getProjects，但返回值没有被记忆。每次调用

getProjects 时，无论数据是否已更改，都将返回一个新的对象。因此，connect 的浅层相等性检查永远不会通过，而 react-redux 会认为 Header 有新的数据需要渲染。

解决方案是使用 reselect 将 getProjects 更改为记忆型选择器，如代码清单 10.8 所示。从 store 中检索项目的大部分逻辑是相同的，但现在要记住返回值。reselect 将根据给定的参数记忆或缓存返回值。如果 getProjects 第一次看到一组参数，它将计算一个返回值，并存储在缓存中，然后返回这个返回值。当使用相同的参数再次调用 getProjects 时，reselect 将首先检查缓存并返回现有值。这样将返回相同的对象引用，而不是为每个调用返回一个新的对象。

代码清单 10.8 将 getProjects 更改为记忆型选择器：src/reducers/index.js

```
export const getProjects = createSelector(     ◄── 使用 reselect 的 createSelector
  [state => state.projects],                       创建记忆型选择器
  projects => {
    return Object.keys(projects.items).map(id => {
      return projects.items[id];
    });
  },
);
```

下面再看看更新任务。最有效的性能优化是“做更少的东西”，这就是此处达成的效果。现在，你应该可以看到仅当页面初始加载时 Header 会渲染，但在后续更新任务时不会。对于 Header，通过添加 connect 并使用 mapStateToProps 仅返回所需的数据，这样繁重的工作就会由 react-redux 执行，Header 仅在相关的数据发生改变时进行重绘。关于哪些数据应该导致组件进行重绘，使用 connect/mapStateToProps 可以声明更清楚。无须手动检查新旧属性，只需要声明什么数据是有关的，剩下的事交由框架处理。

10.3.6 connect 高级用法的经验法则

我们已经涉猎很多 connect 相关的内容，这里有一些通用的经验法则：

- 通过 connect 可以避免使用 shouldComponentUpdate。使用 connect，尝试仅为组件提供所需的数据，有助于消除手动使用 shouldComponentUpdate。
- 以相比 Header/TasksPage 中更精细的方式使用 connect，这对于规范化数据最有效。由于受 Redux 的(数据)不可变性限制，如果项目和任务是嵌套的，对任务的更新将导致树中的所有祖先(项目)更新。新的对象引用意味着浅层对比(例如 shouldComponentUpdate)将失败。即使以这样的方式更多地使用 connect，嵌套数据的更新也仍会导致不需要的渲染。
- 以这样的方式使用 connect 是一种架构选择，而在某些情况下可能产生一些

问题。让 App 成为 Redux 数据的唯一入口点，这意味着可以对主要页面部分自由地进行更改而不会产生太多的重构成本。应用程序越稳定，通常就越容易引入这样的 connect 优化。

10.3.7　批量处理 action

如你所见，优化 Redux 的核心目标之一是尽量减少不必要的渲染。我们已经研究了一些策略，例如，使用 shouldComponentUpdate 来检查在执行渲染之前属性是否更改了，并且有效地使用 connect 来确保组件不依赖于不相关的数据，当给定的数据不会对组件的输出有任何影响时，这些不相关的数据也可能导致组件重绘。

另一种尚未涉及的情形是，在一段很紧的时间里一起派发多个 action。以初始页面加载为例，此处派发两个 action，一个用于将请求响应中的任务加载到 store 中，另一个用于选择默认的项目。请记住，每次派发都会在任何已连接的组件中触发重新渲染。当逐个发送 RECEIVE_ENTITIES 和 SET_CURRENT_PROJECT_ID 时，就会在几分之一秒内触发两次渲染。在这里它们并没有明显的区别，因为 Parsnip 仍然很小。但是，在很短的时间内发送太多的 action，这种情况值得关注。这可能发生在任何地方，但经常发生的一个地方是处理成功的请求时，如代码清单 10.9 所示。例如，可以将数据加载到多个 reducer 中，设置错误状态以及根据服务器响应做出决策。

代码清单 10.9　fetchProjects action：src/actions/index.js

```
export function fetchProjects() {
  return (dispatch, getState) => {
    dispatch(fetchProjectsStarted());

    return api
      .fetchProjects()
      .then(resp => {
        const projects = resp.data;

        const normalizedData = normalize(projects, [projectSchema]);

        dispatch(receiveEntities(normalizedData));    ◀── 使用响应体派发 action

        // Pick a board to show on initial page load
        if (!getState().page.currentProjectId) {
          const defaultProjectId = projects[0].id;
          dispatch(setCurrentProjectId(defaultProjectId));    ◀── 选择默认的项目
        }
      })
    .catch(err => {
      fetchProjectsFailed(err);
    });
  };
}
```

我们自己也可以实现批量处理 action，但为了简单起见，也可以使用名为 `redux-batched-actions` 的依赖包。代码清单 10.10 显示了如何在 `fetchProjects` 异步 action 创建器中批量派发 action 以减少不必要的重新渲染。在处理 Parsnip 大部分配置的 src/index.js 文件中，从 `redux-batched-actions` 导入 `enableBatching`，并在配置 store 时对 `rootReducer` 进行包裹。

代码清单 10.10　配置批量的 action 处理：src/index.js

```
...
import { enableBatching } from 'redux-batched-actions';   ← 导入高阶的 reducer enableBatching
...

const store = createStore(
  enableBatching(rootReducer),   ← 包裹 rootReducer 以支持批量派发
  composeWithDevTools(applyMiddleware(thunk, sagaMiddleware)),
);
```

用 `enableBatching` 方法对 `rootReducer` 进行包裹后，就可以使用 `batchActions` 方法了，我们将会在 `fetchProjects` 中导入并用到。请注意，在前面的示例中，我们是在批量处理两个同步的 action，无须关注异步流程控制。这里，进行批处理与获取每个 action 对象同样简单直接，从 reducer 中取得新的状态，并使用组合结果派发 action，如我们代码清单 10.11 所示。

代码清单 10.11　派发批处理的 fetchProjects：src/actions/index.js

```
  import { batchActions } from 'redux-batched-actions';   ← 导入 batchActions，它接收一个 action 数组
...

export function fetchProjects() {
  return (dispatch, getState) => {
    dispatch(fetchProjectsStarted());

    return api
      .fetchProjects()
      .then(resp => {
        const projects = resp.data;

        const normalizedData = normalize(projects, [projectSchema]);

        dispatch(
          batchActions([
            receiveEntities(normalizedData),
            setCurrentProjectId(projects[0].id),   使用一个同步的 action 数组调用 batchActions
          ]),
        );
      })
      .catch(err => {.
        fetchProjectsFailed(err);
```

```
    });
  };
}
```

图 10.7 显示了 batchActions 生成的最终 payload 的效果——结合了派发 RECEIVE_ ENTITIES 和 SET_CURRENT_PROJECT_ID 的结果，并派发了单个的 BATCHING_ REDUCER.BATCH action。

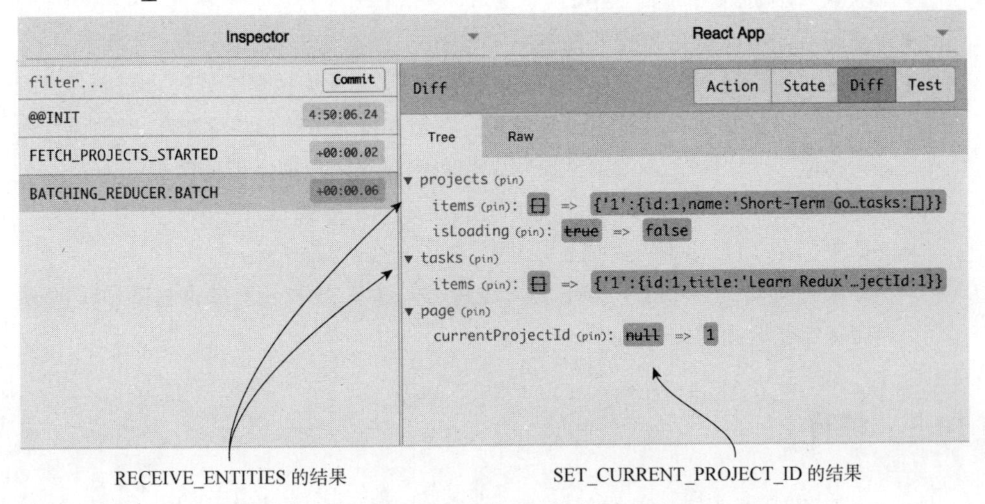

图 10.7　了解批量 action 如何将状态更改融为单个派发

这里的一个小缺点是，这样会失去 Redux DevTools 的部分优势，因为不会再记录单个的 action 了——代价很小。批处理 action 当然不是 Redux 的强制要求，而且对于不存在频繁派发问题的用例根本不需要这样做。当遇到频繁派发的问题时，简单的批处理策略(例如，redux-batched-actions 提供的策略)就足够了。

10.4　缓存

网络请求是 Web 应用程序中的一大瓶颈。数据传输速度很快，但当网络请求正在进行时，将会发生用户能明显感知的延迟。通常，这是在获取数据来填充页面，没有人喜欢加载耗时。用户在一定程度上对其有所期待和容忍，但过于频繁意味着应用程序将会被视为是无响应的。避免这种情况的一种可靠办法是，最开始不要进行无关的请求。通过确定哪些数据是可缓存的(意味着有向用户展示旧数据的可能性)，以及较低频次地请求数据，可以极大地减轻服务器负载并使用户体验更具响应性。

如何确定哪些数据是可以缓存的取决于开发人员和具体用例。以财务数据为例，依靠缓存可能不是个好主意，因为准确性至关重要。用户会等待额外的一秒时间(以加载最新数据)，而不是看到旧的银行余额。这是用户不经常访问的东西，他们不会介意发生额外的等待。

但是对于 Facebook 这样的社交网站上的新闻呢？生成这种内容的开销可能较大，虽然元素很可能有服务器级别的缓存，但仍然可以通过使用 Redux 在客户端缓存数据以提高性能。

下面这种在客户端缓存数据的方法，基于从服务器获取资源的时间：

- 获取一项资源，例如 `tasks`。
- 在最后一次从服务器提取任务后，给 store 添加 `lastUpdated` 字段。
- 定义“生存时间”(TTL，time To Live)，可以是 1 秒到 1 分钟之间的任何时间值，用来表示可以缓存任务多久而不会变得太过陈旧。将 TTL 设置成什么值将取决于上下文。数据重要吗？是否可以向用户显示旧的数据？
- 后续调用获取任务时，请针对 TTL 检查 `lastUpdated` 字段。
- 如果仍在 TTL 范围内，请不要进行请求。
- 如果时间太长了(例如，TTL 为 1 分钟，但已经 70 秒没有获取任务了)，请从服务器获取新数据。

10.5 练习

在本章的前面部分，我们研究了一些减少不必要的重绘的不同方法。例如，使用 `connect`，并在适当的地方添加 `shouldComponentUpdate` 生命周期方法。针对列表，减少额外计算的另一种流行的策略是连接每个列表项，而不是连接公共的父项。目前，任务数据通过 `App` 组件进入 UI，并通过属性传递给每个单独的 `Task`。与之相反，我们希望只将任务 ID 作为属性传递，并允许每个任务使用 `connect` 和 `mapStateToProps` 获取自己的数据。

以 Parsnip 中的任务列表为例。每次更新任务列表中的单个任务时，整个任务列表都必须进行调整。请添加更多日志记录并亲自查看。将代码清单 10.12 中的 `console.log` 添加到 `Task` 组件。

代码清单 10.12 用日志记录 Task 组件的渲染：src/components/Task.js

```
import React from 'react';

import { TASK_STATUSES } from '../constants';

const Task = props => {
  console.log('rendering Task: ', props.task.id)
  ...
}
```

我们将要查找哪个 `Task` 组件正在渲染及其渲染频率。在浏览器中刷新 Parsnip，你将会看到初始装载每个 Task 组件时的输出。可通过更新状态来更新对象，回看控制台，你应该会看到每个任务都重绘了，即使只有一个任务的数据发生了变化。这就是由于组件层级结构，以及将 Redux 中的数据连接到 React 后导致的结果。TasksPage 通过 connect 接收新的任务列表(包括被更新的那个任务)，并渲染 TaskList，TaskList 则渲染每个 Task。

怎么解决这个问题呢？可以只传递任务的 ID，而不是将任务作为属性传递给 Task。然后，可以添加 connect 到 Task，并使用任务的 ID 从 store 中拉取正确的任务。因此，当列表项发生更改时，将只有一个列表项被重新渲染。

图 10.8 显示了现状。由于数据从 TasksPage 向下流动，每当任务发生更改时，每个 Task 组件都会尝试重新渲染。

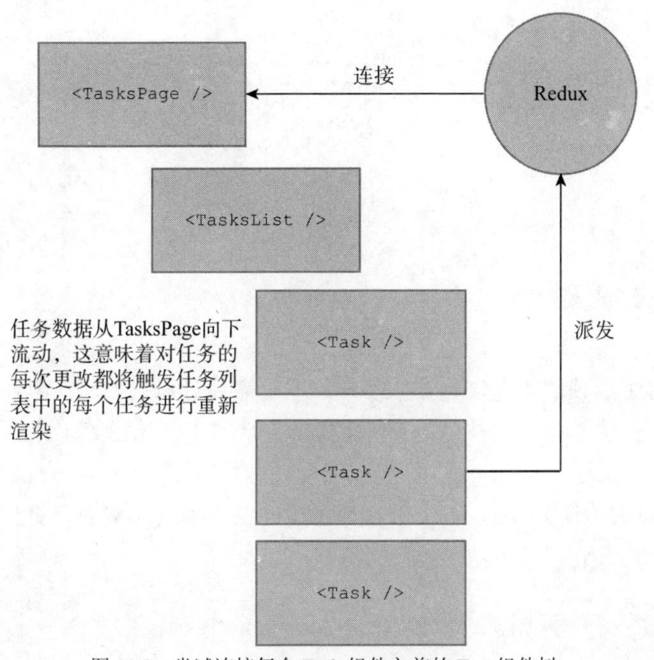

图 10.8　尝试连接每个 Task 组件之前的 Tast 组件树

像这样的结构不一定是坏事。事实上，大多数 React/Redux 应用程序都以这种方式呈现列表。这是处理列表最直接简单的方法。Redux 提供了一次可以高度优化列表的机会，并且几乎没有浪费渲染。

图 10.9 就是我们想要的 Redux/React 配置，总结如下：

- 停止将任务从 Redux 传递到 TasksPage。
- 让 TasksPage 获取 ID 列表，并作为属性传递给子项。
- 为每个 Task 添加 connect，其中的 mapStateToProps 以传入的任务 ID 作为属性，从 Redux store 中找到合适的任务。

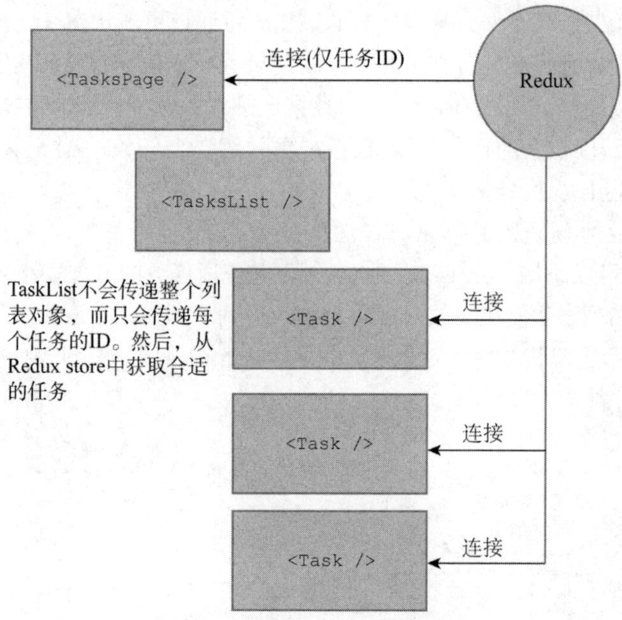

图 10.9 想要的 Redux/React 配置

10.6 解决方案

无须对每个单独的组件进行重大更改，但是需要对数据如何在组件树中流动进行较大更改。首先，要在 Task 中进行较大改动，并从这里开始后续工作。代码清单 10.13 向 Task 组件添加了 connect。你将获取两项数据：由 TaskList(稍后对其进行处理)作为属性提供的任务 ID，以及来自状态树的任务列表。然后，将使用任务 ID 在 mapStateToProps 中获取正确的任务。

代码清单 10.13 连接 Task 组件：src/components/Task.js

```
import React from 'react';

import { connect } from 'react-redux';              ← 导入 connect
import { TASK_STATUSES } from '../constants';
const Task = props => {
  return (
    <div className="task">
      <div className="task-header">
        <div>
          {props.task.title}
        </div>
        <select value={props.task.status} onChange={onStatusChange}>
          {TASK_STATUSES.map(status => (
            <option key={status} value={status}>
              {status}
```

```
          </option>
        ))}
      </select>
    </div>
    <hr />
    <div className="task-body">
      <p>
        {props.task.description}
      </p>
      <div className="task-timer">
        {props.task.timer}s
      </div>
    </div>
  </div>
  );

  function onStatusChange(e) {
    props.onStatusChange(props.task, e.target.value);
  }
};

function mapStateToProps(state, ownProps) {    ◄── 接收 state 和 ownProps 作为参数
  return {
    task: state.tasks.items[ownProps.taskId]   ◄── 使用作为属性提供的任务 ID，从
  };                                               Redux store 中找到正确的任务
}

export default connect(mapStateToProps)(Task);   ◄── 应用 connect
```

关于标签(上述代码中的 HTML 标签)，有没有注意到一些有意思的地方？不需要改变它们！到目前为止，你已经在本书中多次看到这一点，而这也是使用 Redux 来处理大部分状态逻辑和行为的好处之一。可以通过使用 `connect` 来调整管道，以获取正确的任务，而不是使用属性传递对象，但 `Task` 不需要知道或关心数据的来源。UI 的主干可以由这些与数据无关的组件组成，由于它们与 Redux 是解耦的，因此很容易尝试新的数据模式。

这里的许多概念对你来说都是比较熟悉的，例如 `connect` 和 `mapStateToProps`。作为 `mapStateToProps` 的参数，`ownProps` 是新的，它是一个由父项传递给组件的任何属性对象。本例中，我们使用的是由 `TaskList` 传递的任务的 `taskId`。

现在需要向上查看组件树，并确保 `TaskList` 和 `TasksPage` 传递正确的属性。从 `TaskList` 开始，代码清单 10.14 进行以下了两处更改：

- `TaskList` 现在应该期望将 `taskId` 作为属性而不是任务。
- 现在只传递 ID，而不是将整个任务对象传递给每个 `Task` 组件。

这里的主题是，之前在组件间传递完整任务对象的地方，现在只传递 ID。

代码清单 10.14　更新 TaskList：src/components/TaskList.js

```
import React from 'react';
import Task from './Task';

const TaskList = props => {
  return (
    <div className="task-list">
      <div className="task-list-title">
        <strong>{props.status}</strong>
      </div>
      {props.taskIds.map(id => (        ← 现在，不是映射到 task 上，而是映射到 taskId 上
        <Task key={id} taskId={id} onStatusChange={props.onStatusChange} />   ← 给每个 Task 传递 ID
      ))}
    </div>
  );
};

export default TaskList;
```

我们已经完成了 Task 和 TaskList，最终的更改将在组件树中更高一级的 TasksPage 上进行。代码清单 10.15 中的主要更改涉及导入新的 getGroupedAndFilteredTaskIds 选择器，该选择器与现有的 getGroupedAndFilteredTasks 类似。唯一的区别是：前者将会返回一个 ID 数组，而非一个任务对象数组。在 TasksPage 中，导入选择器并应用于 mapStateToProps，然后在渲染 TaskList 时，用 taskIds 替换任务属性。

代码清单 10.15　更新 TasksPage：src/components/TasksPage.js

```
...
import { getGroupedAndFilteredTaskIds } from '../reducers';   ← 导入选择器

class TasksPage extends Component {
  ...
  renderTaskLists() {
    const { taskIds } = this.props;        ← 当渲染 TaskList 时，操作 taskIds 而非任务

    return Object.keys(taskIds).map(status => {
      const idsByStatus = taskIds[status];
      return (
        <TaskList
          key={status}
          status={status}
          taskIds={idsByStatus}        ← 当渲染 TaskList 时，操作 taskIds 而非任务
          onStatusChange={this.onStatusChange}
        />
      );
    });
  }

  render() {
    ...
  }
```

```
}

function mapStateToProps(state) {
  const { isLoading } = state.projects;

  return {
    taskIds: getGroupedAndFilteredTaskIds(state),   ◄── 应用选择器
    currentProjectId: state.page.currentProjectId,
    isLoading,
  };
}
...

export default connect(mapStateToProps, mapDispatchToProps)(TasksPage);
```

由于仍然需要实现选择器，因此最终的更改将发生在主reducer 文件中，如代码清单 10.16 所示。新的选择器与现有 getGroupedAndFilteredTasks 选择器之间的唯一区别是：返回 ID 而非原始任务对象。

代码清单 10.16　添加新的选择器：src/reducers/index.js

```
...
export const getGroupedAndFilteredTaskIds = createSelector(
  [getFilteredTasks],
  tasks => {
    const grouped = {};

    TASK_STATUSES.forEach(status => {
      grouped[status] = tasks
        .filter(task => task.status === status)
        .map(task => task.id);   ◄── 对原始对象列表应用了搜索过滤器后，映射并仅返回 ID
    });

    return grouped;
  }
);
...
```

为了快速回顾一下这些变化，我们采用另一种从外到内的方法，从最后一个要渲染的组件 Task 开始，然后沿着组件树向上到达 TaskList 和 TasksPage。

- 在 Task 中，接收 ID 作为属性，并使用 connect 从 Redux 获取正确的任务。
- 在 TaskList 中，接收 taskIds 作为属性而非任务，并将每个 ID 传递给 Task。
- 在 TasksPage 中，使用新的 getGroupedAndFilteredTaskIds 选择器将原始 ID 列表传递给 TasksPage。
- 在 src/reducers/index.js 中，实现新的选择器，仅返回 ID 列表。

一切就绪后，刷新浏览器并关注 Task 在控制台中的渲染频率。之前，在更新一个任务后，你会看到每个 Task 都会重绘。实际上这意味着对单个列表元素的更新，

将导致整个列表进行调和并重新渲染。通过连接每个 `Task` 组件，并仅传递 ID 作为属性，可以保证当任意一个任务发生更改时，只有与之对应的 `Task` 组件会重新渲染。这里的关键在于提升潜在的性能和改进可维护性，而不只是让组件仅对自己所需的数据有感知。通过有效地使用 `connect`，可以消除手动检查 `shouldComponentUpdate` 的需要。

有关 React 和 Redux 的最大好处之一，是每当状态发生变化时的刷新理念。当 Redux 中的数据发生变化时，不必担心查找和更新单个 UI 元素，只需要声明式地定义模板和它们所需的动力。数据输入，UI 输出。

与 React 一起使用时，优化 Redux 的主要目标就是“少做事情”，或者在不相关的数据发生变化时避免组件重新渲染。

10.7 本章小结

- 浏览器中的渲染性能是可以度量的。
- 常见的与前端性能相关的最佳实践。
- 如何控制数据流以防止不必要的渲染。

第 11 章

组织 Redux 代码

本章涵盖：

- 理解组织 Redux 代码的常用方式
- 扩展 Redux 程序结构

在本章中你只需要记住一件事，那就是：Redux 完全不关心组成部件放在了何处。Redux 有一个有趣的动态特性：虽然仅带有少量 API 用于存储和更新状态，但却在应用程序中引入了一种全面的设计模式。由 Redux 架构图可知，Redux 提供的用于连接所有部件的方法并不多。图 11.1 重点展示了这些方法的位置。如你所知，在将一些功能暴露给 Web 应用程序方面，react-redux 库发挥了重要作用。

这里的重点是，Redux 没有任何理由，也没有能力来规定代码的结构。只要有 action 对象回到 store，就完成了 Redux 工作流。至于用何种方法来推动这一过程，则完全取决于你。

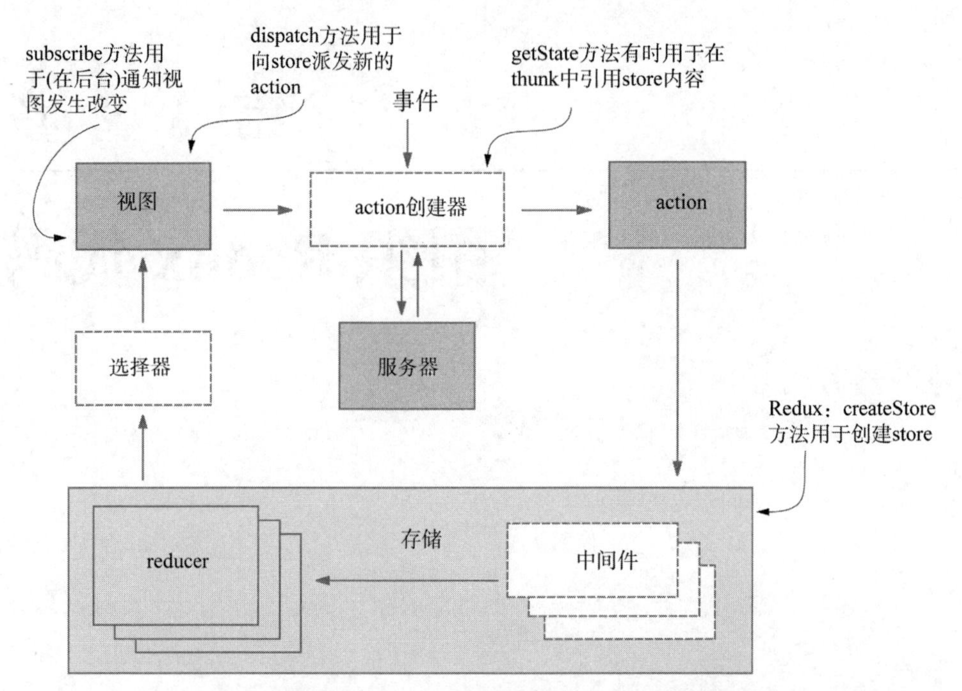

图 11.1 借助 react -redux，Redux 公开了一些用于管理状态的方法

文档和官方示例提供有简单的选择方案，本章将探讨一些最流行的代码结构方案。对于如何组织代码这个问题，虽然没有错误的答案，但却可能有多个正确的答案。归根结底，项目的正确决策取决于正在构建的内容。对于程序原型、小型移动应用程序和大型 Web 应用程序，它们都有不同的需求，因此可能需要独特的项目布局。

11.1 Rails 风格模式

文档、示例项目和许多教程(包括本书)中使用的默认组织方式有时被称为 Rails 风格。Rails 是用于 Ruby 编程语言的一种流行的 Web 框架，有着定义清晰的目录布局，其中每种文件类型都被分组在相应的目录中。例如，模型会在 `model` 目录中，控制器会在 `controller` 目录中，等等。

回忆一下，Parsnip 项目中并没有模型或控制器，但是每种文件类型同样保存在适当命名的目录中：actions、reducers、components、containers 和 sagas。与 Parsnip 项目中的一样，图 11.2 展示了这种结构。

Rails 因为简单，所以成了一种默认策略。当一名熟悉 Redux 的开发人员加入团队时，不需要任何解释，因为 action 就在 `actions` 目录中。

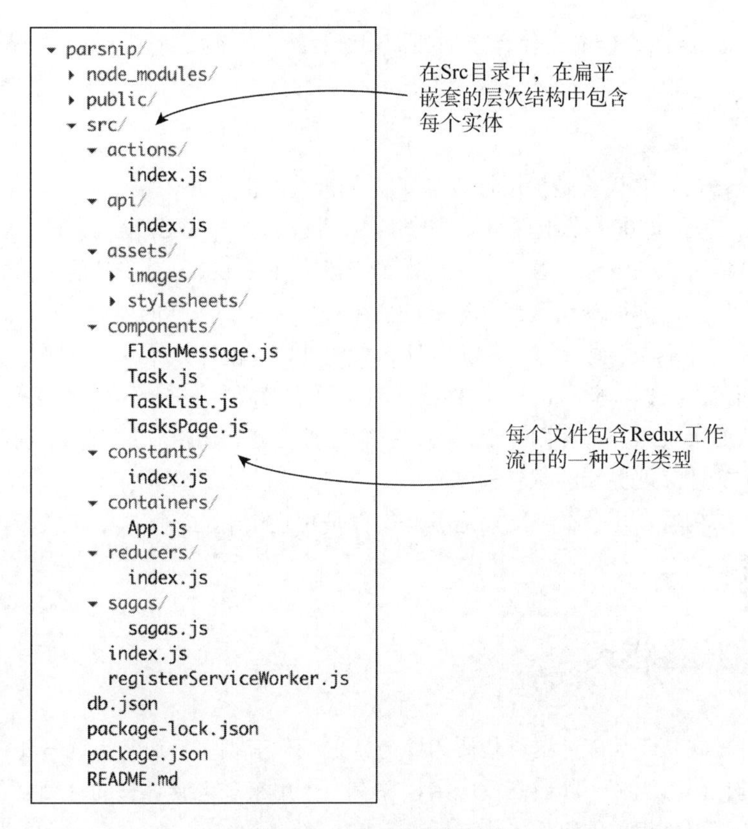

图 11.2　Rails 风格的组织模式

11.1.1　优势

Rails 风格模式的优点已经足够清晰了。首先，对于教学，这是最简单的策略。如果想要指导新加入团队的一名开发人员，只需要解释容器组件在 containers 目录中，容器组件会派发 action，action 可以在 actions 目录中找到，以此类推。这种简单性减少了开发人员的上手时间。

Rails 风格模式的另一个优势是大家都熟悉它。任何加入团队的 Redux 开发人员都可能使用相同的模式学习过 Redux。同样，这也会减少开发人员的上手时间。Rails 风格模式对于程序原型、hackathon 项目[1]、培训计划和其他类似情况的应用来说都是很好的选择。

随着本章的进行，最后这个想法会显得更有意义：action 和 reducer 之间的关系是多对多。一个 action 被多个 reducer 处理的情况十分常见。可以说，Rails 风格的组织

1　译者注：hackathon 可译为编程马拉松，在这项活动中，计算机程序员以及其他与软件开发相关的人员，如图形设计师、界面设计师与项目经理，相聚在一起，以紧密合作的形式开发某软件项目。

模式通过将 action 和 reducer 保存在单独的同级目录中，很好地展示了这一关系。

11.1.2 劣势

这种风格模式的代价是扩展性降低了。最极端的例子是，截至 2017 年 4 月，Facebook 由超过 30 000 个组件组成。你能想象仅在 `components` 或 `containers` 目录中包含所有这些组件吗？公平地说，如果没有 Facebook 对工具的大量投入，无论架构有多周到，都很难在这么大规模的应用程序中找到想要的内容。

事实是，并不需要达到 Facebook 这么大的规模，就可以感受到这种风格模式带来的成长痛苦。根据经验，Rails 风格模式将项目规模限制在 50～100 个组件范围内，而每个团队的极限点并不相同。让人头疼的核心原因是，由于添加某个小功能的而引起大约 6 个文件夹被更新的频繁程度。

从目录结构看，几乎不可能知道哪些文件是相互作用的。域风格模式将试图解决这一问题。

11.2 域风格模式

域风格模式基于功能，这类代码组织方式的变体有很多。通常，这些变体的目标是将相关的代码组织在一起。假设应用程序有一个用来登记新客户的订阅工作流，基于域的模式提倡将相关的组件、action 和 reducer 统一放在 `subscription` 目录中，而不是分散放在多个目录中。

域风格模式的一种可能实现是将每个容器组件松散地标记为功能。如图 11.3 所示，再次以 Parsnip 为例。在 `containers` 目录中，你会找到一个功能目录的列表，例如 `task`。每个目录可能包含组件、action、reducer 以及更多与此功能相关的内容。

域风格模式对于某些应用程序来说很适用。它无疑适于扩展，因为每个新功能都会形成新目录。然而，问题在于，action 和状态通常是跨域共享的。在电子商务类程序中，产品、购物车和其他结账工作流都是单独的功能，但它们却严重依赖于彼此的状态。

单个容器组件可能从多个域中提取状态来渲染结账过程中的页面，这并不罕见。例如，如果用户向购物车中添加一件商品，就可能会在产品页面、标题和购物车侧边栏中看到更新。那么如何才能更好地组织共享数据呢？

另一种域风格模式是将容器和组件保留为 Rails 风格模式，但按域组织 action 和 reducer。图 11.4 重构了上一个示例以展示这种模式。通过这种修改，容器不再存在于单个特定的域中，而是从其他几个域导入状态。

如果愿意，特定于域的文件可以位于 `data` 目录而不是 `store` 目录中。你将面临的一些项目会有这类微小变化。这些调整是开发团队就什么对他们的项目最有意义达成共识的自然结果(或者尝试一些东西并使用它们)。

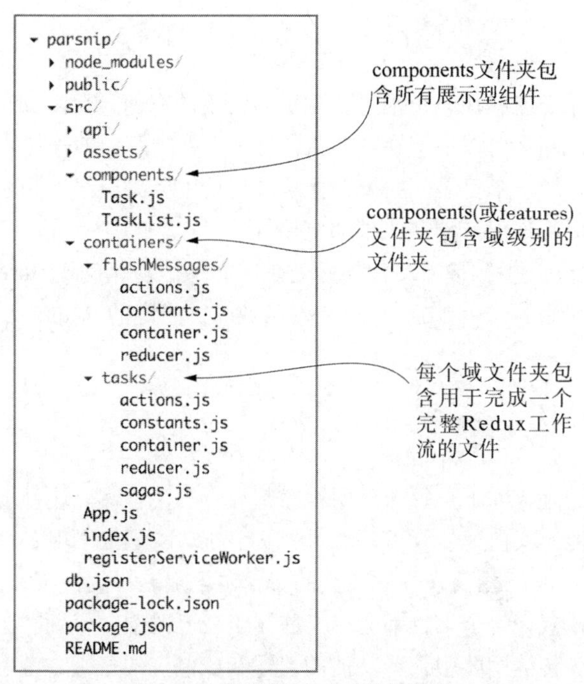

图 11.3　域风格或基于功能的模式

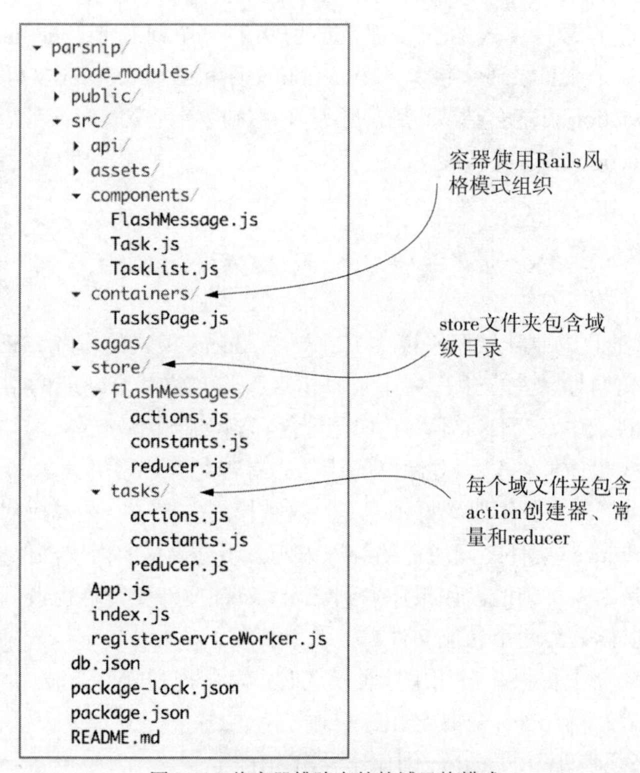

图 11.4　将容器排除在外的域风格模式

11.2.1 优势

最大的优势在于能够在一个地方找到更多需要的东西。例如，如果需要向 `Header` 组件添加新功能，那么可以期望在 Header 目录中找到所需的一切。每当需要添加新功能时，只需要添加一个目录。如果选择从域目录中分离出组件和容器，那么这种分离就可以很好地提醒你保持这些组件的复用性。

在 `store` 文件夹中维护域文件的好处是，文件结构能反映 store 中的顶级键值。当在容器组件中使用 `mapStateToProps` 函数时，指定的 Redux store 片段将与文件结构相对应。

11.2.2 劣势

你应该理解的是，并不是每个应用程序都只有一个答案。这种模式的一个潜在弱点是缺乏域或功能定义的确定性或清晰性。某个新功能是位于现有目录还是应该创建新目录，这种争论时有发生。在开发人员的工作中增加这样的决策和开销是不理想的。

对于域风格模式，每个项目都会有一些属于自己的细微差别。在团队中引入新的开发人员时，需要传达团队引入新功能的习惯和已制定的规则。考虑到这一点，这至少也是一小部分开销。

我们讨论过的这种模式的变体都不能解决的一个问题是，action 可以由多个 reducer 处理。一个域目录通常包含一个 action 文件和一个 reducer 文件。在不同域的 reducer 中观察 action 可能会造成混乱。这是在权衡应用程序时应该考虑的一点。一种选择是为共享 action 创建域目录。

11.3 ducks 模式

ducks 模式的目的是让域风格模式更进一步。ducks 模式的作者 Erik Rasmussen 观察到，成组的相同导入在应用程序中反复出现。与其将某个功能的常量、action 和 reducer 保存到目录中，为什么不将它们全部保存到文件中呢？

把所有这些实体放在一个文件里曾让你心有苦楚？许多开发人员会问的第一个问题是：是否可管理文件膨胀？好消息是，这种模式去掉了一些模板代码。首先去掉的是 action 和 reducer 文件之间所需的导入语句。不过，总的来说，保持 store 的每一部分尽量扁平是很有帮助的。如果注意到一个 ducks 文件变得特别大，记得反问自己该文件是否可以拆分为两个功能文件。

回到 Erik 最初的提议，在使用这种模式时，有些规则需要遵循。

- 模块必须将 reducer 默认导出。
- 模块必须将其中的 action 创建器导出为函数。

● 模块必须具有 npm-module-or-app/reducer/ACTION_TYPE 形式的 action 类型。

● 模块可以将 action 类型导出为 UPPER_SNAKE_CASE 形式。

当把所有这些元素保存在一个文件中时，不同类型的内容之间导出方式的一致性是很重要的。这些规则就是为此而设置的。ducks 模块默认导出的应该始终是 reducer。这得以一次导入所有 action 创建器，例如，在容器中使用语法 import * as taskActions from './modules/tasks'。

ducks 文件长什么样子？代码清单 11.1 是一个基于 Parsnip 的简短示例。你会在一个地方看到所有的老朋友：常量、action 创建器和 reducer。因为它们只在本地使用，所以多余的上下文信息得以删除以缩短 action 类型常量的长度。你会注意到，不需要太多行代码，就能覆盖对资源的标准 CRUD 操作。

代码清单 11.1　ducks 文件示例

```
const FETCH_STARTED = 'parsnip/tasks/FETCH_STARTED';
const FETCH_SUCCEEDED = 'parsnip/tasks/FETCH_SUCCEEDED';
const FETCH_FAILED = 'parsnip/tasks/FETCH_FAILED';
const CREATE_SUCCEEDED = 'parsnip/tasks/CREATE_SUCCEEDED';
const FILTER = 'parsnip/tasks/FILTER';
const initialState = {
  tasks: [],
  isLoading: false,
  error: null,
  searchTerm: '',
};

export default function reducer(state = initialState, action) {
  switch (action.type) {
    case FETCH_STARTED:
      return { ...state, isLoading: true };
    case FETCH_SUCCEEDED:
      return { ...state, tasks: action.payload.tasks, isLoading: false };
    case FETCH_FAILED:
      return { ...state, isLoading: false, error: action.payload.error };
    case CREATE_SUCCEEDED:
      return { ...state, tasks: state.tasks.concat(action.payload.task) };
    case FILTER:
      return { ...state, searchTerm: action.searchTerm };
    default:
      return state;
  }
}

export function fetchTasks() {
  return { type: FETCH_STARTED };
}
```

在单个文件的上下文中，action 类型常量的长度得以缩短

模块默认导出的是 reducer

导出每个 action 创建器以便在容器组件中使用

```
export function createTask({ title, description, status = 'Unstarted' }) {
  return dispatch => {
    api.createTask({ title, description, status }).then(resp => {
      dispatch(createTaskSucceeded(resp.data));
    });
  };
}

export function createTaskSucceeded(task) {
  return { type: CREATE_SUCCEEDED, payload: { task } };
}

export function filterTasks(searchTerm) {
  return { type: FILTER, searchTerm };
}
```

在自己写 ducks 文件时，大可不必这么教条。例如，action 类型的冗长命名约定(如 `parsnip/tasks/FILTER`)是为了模块能够打包为 npm 模块并在其他项目中导入使用。假如不是这样的话，程序可能就不需要这样做。

在不同的应用程序中，这些文件的名称不止一个。根据经验，`ducks` 和 `modules` 似乎是最受欢迎的。如果只是因为名称更直观，我们更倾向于使用 `modules`，特别是对于代码库的新成员；看到 `ducks` 肯定会让人惊奇。

下面来看一个 ducks 项目布局示例，如图 11.5 所示。`modules` 目录中的每个文件都是 ducks 文件。

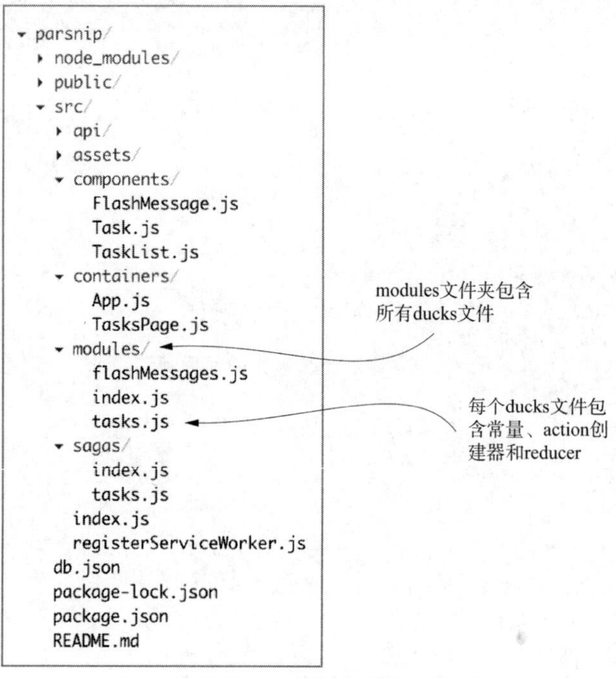

图 11.5 使用 ducks 模式组织的项目结构

在 modules 文件夹中，index.js 文件很适合处理每个独立 reducer 的导入并应用于 combineReducers。

11.3.1 优势

ducks 模式在可扩展性方面之所以如此出色，主要有几个原因，其中最重要的一个原因是创建的文件显著减少。鉴于域风格模式会为每个常量、reducer 和 action 创建器生成单独的文件，ducks 模式只会产生一个文件。

ducks 模式还拥有域风格模式的优点———能够在一个地方找到更多相关功能的代码。不仅如此，ducks 模式还做得更好，在单个文件中就能找到 action 创建器和 reducer 之间的关系。添加功能时可能只需要更改一个文件。

如前所述，ducks 模式还有一个额外优势，就是删除了一些模板代码，更重要的是，减少了处理某个功能或理解 bug 上下文时所需的思维开销。当使用 saga 管理副作用时，action 创建器可以简化为同步函数，并使模块更简洁。

11.3.2 劣势

最明显的是，根据定义规则，这些模块文件将比它们替换的任何单个文件都大。文件更大与 JavaScript 更加模块化的趋势相悖，这无疑会引起某些开发人员的关注。

与域风格模式一样，如果应用程序在域之间共享大量状态，就可能会遇到相同的问题。域之间边界的决策取决于集体知识，而这些知识必须传递给代码库的新成员。如果有被多个 reducer 处理的 action，那么可以使用相同的策略为共享的 action 创建单独的模块。

11.4 选择器

选择器的放置似乎是容易达成一致的一项内容：它们所在的文件与对应的 reducer 所在文件的相同，也可能属于同一目录中的单独文件。Redux 创建器 Dan Abramov 鼓励使用这种模式将视图和 action 创建器与状态结构解耦。换句话说，容器组件不需要知道如何正确计算所需状态，但是可以导入用于进行此项工作的函数。将选择器与 reducer 放在一起还能提醒你在 reducer 状态发生更改时对选择器进行更新。

11.5 saga

saga 对于复杂副作用的管理很有用，这在第 6 章中有详细介绍。当谈到 saga 时，你会找到不少常用的组织模式。例如，在 src 目录中创建 sagas 目录，如第 6 章所述。这符合 Rails 风格的组织模式，也具有与之相同的优势：可预测性和熟悉性。

处理 saga 的另一种选择是将它们放在域风格模式的域目录中。这通常适用于已经使用域风格模式的项目。在本章的前面部分，图 11.3 演示了这种模式。你会在 tasks 目录中找到 saga.js 文件。

在我们的学习之旅中，没有在 ducks 模块中应用 saga。这当然可行，但如果这样的话，一个文件中的内容就太多了。如前所述，saga 是一种常用的瘦身 ducks 模块的方法。当所有的副作用都由 saga 处理时，action 创建器通常会变成简单的同步函数，从而保持 ducks 文件的整洁性。

11.6 样式文件

对样式表位置的权衡类似于 saga。大多数情况下，选择归结为要么将它们与应用样式的文件放在一起，要么将它们集中到一个专用的、类似 Rails 风格模式的目录中。让样式表与相应的组件在一起，会便于引用和导入，但也会使 components 或 containers 目录的大小增加一倍。有几个场景更应该考虑一同放置样式表：小的原型项目或将组件包含在域目录内的域风格模式。

11.7 测试文件

对于测试文件，与用于 saga 和选择器的方案类似：要么将它们与要测试的文件放在一起，要么将它们集中到专用的测试目录中。坦率地说，这两个选择都有充分的理由。

在专用目录中存储测试文件时，可以根据自己的需要自由地组织它们。最常用的选择是按文件类型(例如，reducer)、测试类型(例如，单元测试)、功能(例如，任务)或某种嵌套组合对它们进行分组。

一同放置测试文件也日益流行。与其他一同放置的文件一样，好处在于：便于在同级目录中引用和导入。除此之外，还有如下重要的价值：一同放置的文件如果缺少，就说明组件、action 文件或 reducer 没有经过测试。

11.8 练习和解决方案

花点时间将 Parsnip 应用程序从 Rails 风格的组织模式重构为域风格模式或 ducks 模式的变体。这项练习的目的是收获可用模式的使用经验，并形成更强大可靠的观点。

虽然很接近，但现在还不是完全的 Rails 风格模式。App 容器组件被留在了 src 目录的根目录中，还没有处理。让我们把它归档到 containers 目录中，并确保更新相关文件中 import 语句的文件路径。

一些样式表被随意放置在 `src` 目录中。可以决定它们是随组件一起还是属于专用的 `stylesheets` 目录。如果更喜欢一同放置，请将 `App.css` 与 `App.js` 一起移到 `containers` 目录中。如果愿意更彻底地清理 `src` 目录的根目录，可以参考本章前面部分的图 11.2 中涉及的 Rails 风格目录结构。

可以花点时间权衡下最终的代码结构。这是否适合程序？如果再添加一些功能，还适合吗？你会关注哪些压力点？

想完之后，继续实现域风格的代码模式。使用图 11.3 和图 11.4 作为指南。完成练习后，请回答以下问题：

- 应用程序的结构是否更直观？
- 如果要添加新功能来标记或“收藏”任务，新逻辑的处理是否清晰？
- 如果想添加功能来登录或创建用户账户呢？

考虑清楚后，再试试 ducks 模式。ducks 模式与抽出容器的域风格模式相差不多(参见图 11.4)。将每个特定于域的 action、常量和 reducer 移动到模块或 ducks 文件中。

- 文件的大小过大还是可管理？
- 如果很棘手，能减小文件的大小吗？
- 你对每个策略的最初印象是什么？

诚然，对于这个问题，答案之多令人崩溃，值得用一章的篇幅来讨论。Redux 的这种灵活性是一把双刃剑：自由和负担并重，可以随意构建应用程序。幸运的是，大部分决策在每个应用程序中只需要做一次。如果想深入了解这个主题，请查看官方文档 http://redux.js.org/docs/faq/CodeStructure.html#code-structure 中的文章和资源列表。

在下一章，将探索在 React Web 应用程序之外使用 Redux。

11.9　本章小结

- Redux 不规定代码的组织方式。
- 组织 Redux 程序代码和文件的几种流行模式，它们都各有利弊。
- 使用域风格模式或 ducks 模式能够提高程序的可扩展性。

第 12 章

React 之外的 Redux

本章涵盖：

- 在 React Web 应用程序外使用 Redux
- 在移动和桌面应用程序中实现 Redux
- 在其他 Web 框架中使用 Redux

JavaScript 面条式代码并不特定出现在某个框架中。这是跨框架的应用程序的通病。在 React 应用程序中，Redux 通常被认为是解决混乱状态管理的方案，但其一大卖点在于与许多 JavaScript 框架和环境的兼容性。只要 Redux 和框架存在绑定，就可以使用。

由于拥有较高的价值和灵活性，许多主要的 JavaScript 框架都实现了与 Redux 的绑定。在 Redux 不兼容之处，经常会有 Redux 风格的软件包存在，以便使用这些创意和模式。由于 Redux API 的简单性，因此为新框架编写绑定的工作负载仍在可控范围内。

再次声明贯穿于本书的一个观点：首先将 Redux 看作一种设计模式可能会有所帮助。从 npm 导入的软件包仅包含一些有用的方法，以便于在应用程序中使用设计模式。很难找到无法使用设计模式的客户端应用程序。

React 类型的库很适合 Redux，因为接口简单；对于如何在宏观上管理状态，则几乎没有限制。更多固执己见的框架通常需要更多地考虑 Redux 模式如何适应它们的范式。但是正如所有绑定软件包所证实的，绑定包即可完成工作且带来开发效率的提升。

本章将探讨在 React Web 应用程序之外的开发环境中使用 Redux。首先介绍 React 的兄弟框架 React Native，这是一个移动端开发框架。然后，将使用桌面端开发框架 Electron 探索 Redux。最后，将讨论其他 JavaScript 框架。

12.1 移动 Redux：React Native

React Native 是由 Facebook 和社区贡献者维护的一种流行的移动端开发框架。该开源框架支持使用 JavaScript 和 React 构建原生 Android 和 iOS 应用程序。React DOM 和 React Native 是替代渲染器，使用相同的比较算法：React 的调和算法。该算法的作用是监视组件状态的变更，然后谨慎地只触发需要它们的元素的更新。

因为它们共享相同的底层机制，所以 React Native 的开发体验类似于 React Web 开发。React Native 使用跨平台的本地移动端组件，而非 HTML 标签。方便的是，大多数 React Web 开发技能都可以转换为 React Native 开发技能，包括 Redux 的使用。

在 React Native 应用程序中，顶级入口文件看起来类似于 Web 应用程序中的 index.js 文件。在该文件中，应该能看到从 `react-redux` 导入的 `Provider` 组件，用于包装应用程序的主体。与 Web 应用程序类似，`Provider` 组件接收 `store` 属性，所以可以将 store 中的内容供特定子组件使用。关键之处在于无需额外的软件包，即可让 Redux 和 React Native 应用程序兼容。只需要安装 Redux、`react-redux` 以及需要的任何中间件，之后就可以开始工作了！

12.1.1 处理副作用

移动开发具有独特性，但是 Redux 不会妨碍处理这些问题。假设期望与设备硬件进行交互，如相机和加速度计。这些副作用与其他副作用类似，可以使用与处理 React Web 应用程序中副作用类似的方式进行处理。action 创建器、saga 和中间件可用于将应用逻辑保持在组件之外。

与 Web 应用程序类似，许多移动应用程序与远端服务器和本地存储进行交互。类似于在 Parsnip 中使用 API 服务，可以在 React Native 应用程序中执行相同的操作。为每个域或副作用类型提供单独服务很有用：远端服务器调用、本地存储 getter 和 setter，以及硬件交互。这些抽象服务都是可选的且取决于团队偏好。

12.1.2 网络连接

移动应用程序通常无法保证网络始终连接。因此，移动应用开发人员通常比 Web

开发人员需要更加关注应用程序的离线用户体验。构建无缝离线体验的策略因应用程序的不同而不同，应用程序可以拉取缓存数据以填充应用，直到网络连接恢复。

根据第 2 章中的讨论，你可以回忆起使用从本地存储获取的数据初始化 Redux store 的方式吗？牢记 `createStore` 方法接收至多 3 个参数。第 2 个参数是可选的 `initialState` 值：

```
const store = createStore(reducers, initialState, enhancers);
```

可以在启动应用时从设备的本地存储中获取 `initialState` 值。使用应用程序时，相关的数据可以与本地存储同步，以便下次启动应用时数据可用。例如，假设正在开发日历应用，即使未连接到网络，用户喜欢的事件也可以存储在本地存储中，以便稍后查看。

12.1.3　性能

移动开发高度关注性能。虽然移动设备每周都在变得更加强大，但它们的性能自然落后于笔记本电脑和台式机等大型设备。同样，硬件的大小也会影响设备性能，无线网络连接也会。

性能优先使得遵循 React 和 Redux 最佳实践变得更加重要。本书第 10 章专门介绍了这些最佳实践。如果正在使用 React Native 开发应用程序，请尤为注意可以限制不必要的计算次数的机会。正如你想象的那样，React Native 应用程序也受框架特有的一些性能问题的影响。更多性能信息请查阅官方文档 https://facebook.github.io/react-native/docs/performance.html。

12.2　桌面 Redux：Electron

Electron 是一个框架，它支持使用 JavaScript 编写原生桌面应用程序。GitHub 团队创建了此框架，以便于编写他们的文本编辑器 Atom(https://atom.io/)。幸运的是，对于社区而言，Atom 和 Electron 都是开源项目，任何人都可以学习，拉出分支或做出贡献。

12.2.1　需要原生桌面应用程序的原因

在深入了解实现细节之前，先进行简单的说明：为什么要编写原生桌面应用程序呢？Web 应用程序很可能足以满足需求。除了例外情况，可以期望只编写一次应用程序并使其适用于任何浏览器、操作系统或设备。此外，需要大量的 Web 开发人员才能构建并维护系统。

但是，仍有几个很好的理由需要编写桌面应用程序。原生应用更贴近用户。一旦启动应用，应用就开始使用操作系统的菜单、边栏或其他功能，它们也许始终可见。通过访问原生通知系统，可以提醒用户重要事件，并让用户与应用程序保持交互。如果应用程序需要频繁或高效地使用以产生价值，则原生应用程序的质量不容低估。消息、计时器、待办事项和日历应用程序都是典型示例，非常适合原生环境，但是创造性地使用相同的工具可以将我们的产品与竞品区分开。

12.2.2 Electron 的工作方式

在《Electron in 实战》的第 1 章中，作者 Steve Kinney 对 Electron 框架进行了精彩的深入介绍(https://livebook.manning.com#!/book/electron-in-action/chapter-1/v-11/point-452-75-83-0)。从应用开发人员的视角看，Electron 从主进程开始，主进程往往是一个 Node.js 应用程序。通过 package.json 文件，可以自由导入应用程序需要的任何模块。在主进程中，可以创建、隐藏并显示应用程序窗口、托盘或菜单图标。

出于安全原因，渲染的每个窗口都是沙盒环境。自然，我们不期望授予用户与 API 密钥或主进程需要追踪的其他敏感变量进行交互的任何权限。因此，单独的客户端应用程序通常保存在 Electron 应用内的目录下。例如，可以将 Parsnip 应用程序的内容移到这样的目录下，并期望在 Electron 窗口中对它们进行最小化修改。

Electron 在底层使用 Google 的开源浏览器 Chromium 来渲染这些窗口的内容。这对开发体验而言有巨大的好处。Chrome 开发者工具在每个窗口中都可用，因此 ReduxDevTools 也是如此，甚至带 webpack 的热加载也是可用的。

如果应用程序要提供任何实际值，则主进程和渲染器进程之间需要有一种通信机制。Electron 将主进程和渲染器进程之间的通信系统命名为 IPC 或进程间通信。IPC 方法允许在某个进程中发出事件，同时在另一个进程中监听并响应这些事件。

例如，假设用户期望在 Electron 应用程序中上传视频。当用户选择他们的视频并单击“提交”按钮时，会发出一条携带视频路径的 IPC 消息，代码如下所示：

```
ipcRenderer.send('upload-video', '/path/to/video');
```

另一方面，主进程会监听事件类型并做出相应响应：

```
ipcMain.on('upload-video', (event, path) => {
  // handle the upload and return a success or failure response
}
```

图 12.1 展示了进程间的这种通信。

这和本书中讨论的 Electron 内部细节一样深入。更多相关细节，推荐阅读《Electron in Action 实战》。

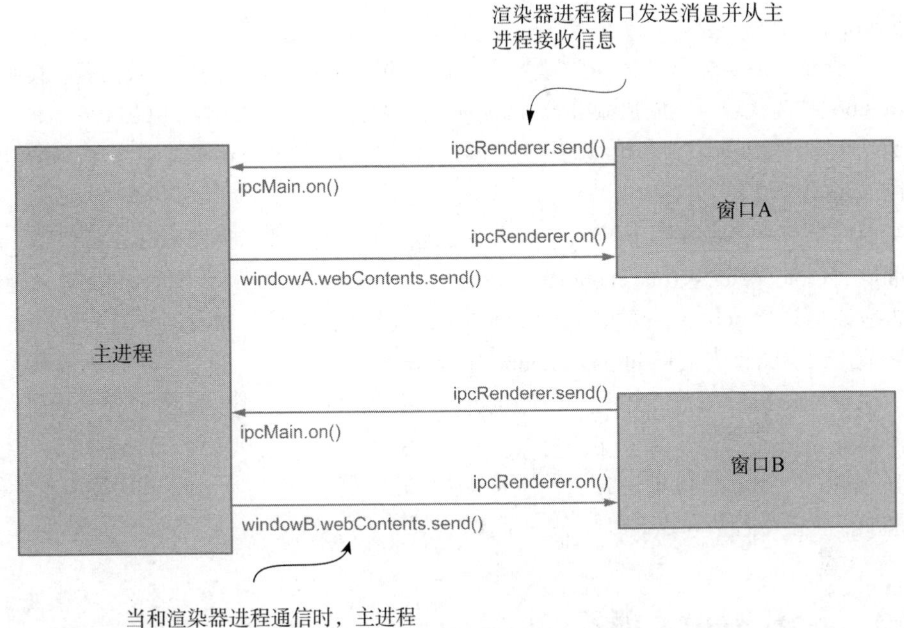

图 12.1 Electron 进程间的 IPC 通信

12.2.3 引入 Redux 至 Electron

Electron 应用程序的客户端可以在任何框架中编写。每个窗口或渲染器进程中运行的代码可以利用期望的任何视图库。React 恰好是主流选择，适用于 Electron 应用架构。React 负责处理视图层，它很适合在渲染器进程中运行。同样，渲染器进程的作用是与主进程通信，其中大部分业务逻辑保持在主进程中。关注点的分离很好地符合了 React 范式。

在渲染器进程中，Redux store 扮演与 Web 应用程序中相同的角色：将应用程序的逻辑与视图层分离，并组织副作用的交互。就实现而言，与 Web 应用程序中所需的设置并无差别。也许在副作用管理类型方面有所差异，但它们的处理位置依然不变。可以改用 IPC 方法在主进程中启动计算，而非在 action 创建器中与本地存储进行交互。

值得一提的细节是，渲染器进程的 Redux store 独立于上下文。多窗口可以有独立的 Redux store，在每个窗口中都完全独立地运行。在主进程中运行时，主进程也可以使用单独的 Redux store。每个 store 都有价值，但是必须明确保持每个 store 同步更具有价值。好消息是，许多开源软件包提供了该功能。

`electron-redux` 和 `electron-redux-store` 软件包提供了两个类似的实现，用于保持多个沙盒 store 同步，在底层都是使用 IPC 来实现进程间的通信。每个软件包都为进程中已派发的 action 提供了一种方式，以使 action 通过另一个进程的

reducer。

electron-redux 软件包声明将主进程中的 Redux store 作为真实数据源。其他进程将 store 作为代理。当创建渲染器 store 时，需要使用 getInitialStateRenderer 函数从主进程 store 获取初始状态。使用该软件包时，所有 action 都需要符合 FSA(Flux 标准 action)规范。

前面章节中已经介绍了 FSA，本节将快速提示一遍，要求所有 action 都使用一组标准键名：payload、error、metadata 和 type。electron-redux 使用 meta 键来确定是否应该将某个 action 保存至本地渲染器 store 中，亦或将其派发给主进程。有关更多细节，请参阅官方文档 https://github.com/hardchor/electron-redux。

electron-redux-store 软件包更易于使用。安装步骤更少，并且派发的 action 不需要符合 FSA 规范。更新主进程 Redux store 时，可以使用过滤器将渲染器进程订阅到 store 值变更的子集。有关更多详细信息，请参阅官方文档 https://github.com/samiskin/redux-electron-store。

12.3 其他 Redux 绑定

如前所述，Redux 绑定有很多种。到目前为止，本书仅介绍了 react-redux 软件包，提供了连接 React 组件和 Redux store 的方式。在本节中，将快速浏览几种最受欢迎的替代方案。如果对更完整的替代方案列表感兴趣，请参阅 https://github.com/markerikson/redux-ecosystem-links/blob/master/library-integration.md。

12.3.1 Angular

Angular 是要介绍的最流行的 JavaScript 框架之一。凭借 Google 的支持及其项目的成熟程度，Angular 是企业级应用程序的常规选择。最近，Angular 发布了重写版本 2.0.0，克服了大量的冲突。在 Angular v1 中使用 Redux 是可以的，如果确实需要，可以查阅相应的 Redux 绑定库，详见 https://github.com/angular-redux/ ng-redux。鉴于新项目不太可能选择 Angular v1，本节中不会介绍实现细节。

Angular 2 引入了更贴近 React 组件的组件。在解耦这些新的 Angular 组件和其他应用程序逻辑方面，Angular 已经成为引入 Redux 时更受欢迎的环境。然而，受欢迎也是相对而言。

如果在学习 Angular 开发之前，有过 React 开发经验，学习难度将令人生畏。Angular 应用程序使用添加了可选静态类型的 JavaScript 超集 TypeScript(https://www.typescriptlang.org/)编写而成。该框架也利用了 RxJS 的可观察特性并实现了自己的变更探测器，类似于 React 的调和算法。

Angular 的覆盖意图也比 React 更广。Angular 负责 MVC 架构中的模型和控制器，而不仅仅是视图。由于与架构体系相关，Angular 的 Redux 绑定外观和操作均与 react-redux 不同。

在 Angular 应用程序中使用 Redux 时需要安装 Redux 软件包。另外，还需要安装 @angular-redux/store 软件包。与 React 类似，需要使用顶级组件接收 Redux store。从组件开始，可以将 NgRedux 注入期望和 Redux 功能建立连接的组件中。dispatch 方法在注入的对象中可用，通常称这种对象为 ngRedux：

```
this.ngRedux.dispatch({ type: FETCH_TASKS' });
```

至于如何显示 Redux store 数据，绑定使用方法或装饰器来实现，称为 select。select 利用 Observables 在 store 更新时对 DOM 进行更新。正如 RxJS 文档所述，“Observables 是多个值的懒推送集合。”Cycle.js 的创建者 André Staltz 鼓励将其视为“异步不可变数组”。

Angular 经常使用 Observables 来处理异步事件。如果不熟悉 Observables 并且期望了解更多关于 Observables 的细节，推荐访问 RxJS 文档：http://reactivex.io/rxjs/ manual/overview.html#observable。有关详细实现的说明，请参阅 angular-redux 绑定代码仓库：https://github.com/angular-redux/store。

12.3.2　Ember

Ember 是另一个流行的 JavaScript 框架，被经常在博客文章和会议谈话中与 Angular 和 React 进行对比。Ember 的作用范围与 Angular 类似，也提供模型、视图和控制器。Ember 从 Ruby 的 Rails 框架中获取灵感，针对客户端应用程序架构提供了一种独立的方式，能对许多常见的配置选择进行处理，因此，我们不需要做额外的工作。

Ember 的 Redux 绑定使用方式与 React 类似。需要安装 ember-redux 插件，在安装时还需要安装 redux、redux-thunk 和其他依赖项。在 Ember 中，组件由两个文件组成：HTML 入口模板文件以及负责渲染数据至模板的 JavaScript 文件。引入 Redux 的目的是简化 JavaScript 文件中组件所需的逻辑。

连接组件的方法看起来很熟悉。从 ember-redux 导入 connect 并传递组件所需的状态片段。stateToComputed 是一个 Ember 友好的函数名，但是其实现与 mapStateToProps 不同：

```
connect(stateToComputed, dispatchToActions)(Component);
```

许多其他 Redux 元素看起来与 react-redux 中的大致相同。将 Redux 服务注入路由后，可用来在 API 调用成功后返回一个 action：

```
redux.dispatch({ type: 'FETCH_TASKS', payload });
```

之后，reducer 基本与习惯使用方式保存一致。可以，使用 reselect 选择器功能。

combineReducers 也可以从 redux 软件包中引用。但是，在 Ember 应用程序中无法找到 createStore。在内部，createstore 的职责由 ember-redux 负责处理。

准备开始深入了吗？代码仓库(https://github.com/ember-redux/ember-redux)和官方文档(http://www.ember-redux.com/)信息丰富。文档站点内包含视频教程和一些拥有高级功能的示例应用程序。可以通过查看 Redux saga 案例来熟悉中间件配置示例。saga 的使用与 React 上下文一致，但是由于 ember-redux 隐藏了创建的 store，因此对于初始化中间件有了新的入口。

12.4 没有框架的 Redux

虽然不常见，但是没有什么能阻止我们将 Redux 引入普通的旧有 JavaScript 应用程序。我们已经知道，Redux 绑定使得在流行框架中使用 Redux 变得简单，但这并非必需的。如果是手动编写的 JavaScript 代码库，Redux 至少可以在可预测的位置处理所有更新，从而提高调试和测试应用程序的能力。

在模块紧密耦合的 JavaScript 应用程序中，将业务逻辑分解为较小的、有组织的单元(例如 action 创建器和 reducer)，可以使应用程序更清晰明了。正如你在第 9 章所了解到的，对应用程序的这些组件进行单元测试有比较明确的方式。

将 Redux 引入此类应用程序的另一个理由是 Redux DevTools 提供的潜在洞察力。对于难以调试的应用程序而言，派发和监听 action 的方案并不成熟。将 DevTools 作为日志聚合器会比现有方式更加及时和方便。

因为这不是传统或主流选择，所以并不能在线找到许多教程或官方文档形式的学习资料。另外我们应该注意，将 Redux 引入应用程序并不能保证状态管理问题就会消失。但若使用得当，Redux 可以帮助解决“面条式”代码问题，而无须使用绑定。

12.5 练习和解决方案

作为理解 Redux 如何兼容其他技术栈的拓展练习，请查看本节介绍的一个或多个入门工具包。目标应该是通读现有代码，以确定 Redux store 的配置方式和位置。接下来，在构建 React Web 应用程序 Parsnip 时，对看见的使用模式与本书中介绍的使用模式进行比较，应该可以回答以下问题：

- 在此环境下，Redux store 的创建是否与 React Web 应用程序的创建有所不同？如果不同，如何处理？
- store 中保存的是什么数据？
- 副作用在何处以及以何种方式处理？
- 使用什么文件组织模式？

如果在追踪提到的任何仓库中的 Redux store 初始化时遇到问题，可以尝试使用 GitHub 中的全局搜索功能查找 `createStore` 方法。

如果有兴趣探索 React Native 应用程序中的 Redux，可以查看一下入门工具包。两者都是强大的选项，可以使应用程序的生产质量获得飞跃，并且包含 Redux 之外的许多功能。首次使用代码库时，应尽量专注于 Redux 实现。可以选择 Matt Mcnmee 的入门工具包 https://github.com/ mcnamee/react-native-starter-app 和 Barton Hammond 的 SnowFlake 应用程序 https://github.com/bartonhammond/snowflake。

如果更喜欢 Electron 的风格，可以尝试 C. T. Lin 创建的入门工具包 https://github.com/chentsulin/electron-react-boilerplate。同样，可以在仓库中找到很多 Redux 之外的功能，因此在尝试回答前面的问题时，应尽量忽略这些功能。

寻找 Redux 的 Angular 2+实现很简单，可以在仓库 https://github.com/angular-redux/example-app 中找到官方支持示例。在这种情况下，是找不到 `createStore` 方法的。可以通过搜索 store.configureStore 找到 Redux 工作流的入口。

如果在寻找 Ember，可以尝试在仓库 https://ember-twiddle.com/#/4bb9c326a7e54c739b1f5a5023ccc805 中查看 TodoMVC 实现。同样，也无法找到 `createStore` 方法，因为 `ember-redux` 负责在内部初始化 store。

在 JavaScript 应用程序中，对 Redux 的使用几乎没有限制。很多时候，Redux 是处理应用程序混乱状态的完美工具。你会在将状态管理分解为可预测、可测试的单向数据流的过程中发现乐趣。但对于开发实践而言，需要清楚的是，如果 Redux 是一把锤子，那么并不是每个应用程序都是钉子。

如果想更深入了解可用的 Redux 绑定或无数的其他漏洞，请查看官方生态系统文档页面 http://redux.js.org/docs/introduction/Ecosystem.html。

12.6　本章小结

- Redux 具有足够的灵活性和通用性，可用于各种应用程序。
- React Native 应用程序具有独特的约束，但是可以使用 Redux，而无需任何其他依赖。
- Electron 应用程序可以像 Web 应用程序一样在渲染器进程中使用 Redux，但是每个 store 都是沙盒。存在用于同步多个 Redux store 的开源选项。
- 除 React 外，Redux 还存在于许多主要的 Web 框架中。
- 无须绑定也可以享受 Redux 带来的好处。

附录

安　　装

本章涵盖：

- 搭建服务器
- 安装 axios
- 设置 redux-thunk
- 更新 Redux DevTools

搭建服务器

在能够派发异步 action 前，需要进行如下操作：

- 安装和配置 json-server，json-server 是一个快速生成 REST API 的常用工具。毕竟这是一本以 Redux 为主题的书，没必要花太多精力写一个全功能的后端服务。json-server能够定义一套资源(如任务)并创建一套标准的端点以供使用。
- 安装 axios，axios 是一个常用的 AJAX 库。并不是因为其他流行的 AJAX 库有什么缺点，包括新的浏览器原生 APIwindow.fetch，但是我们选择了 axios，因为它有可靠的功能集和简单的 API。
- 安装和配置 Redux Thunk。我们需要向 Redux store 添加中间件。

安装和配置 json-server

重要的事情先做，在终端窗口中运行下面的命令来全局安装 json-server：

```
npm install -global json-server
```

接下来在根目录中创建 db.json 文件，并添加代码清单 F.1 中的内容。

代码清单 F.1 db.json

```
{
  "tasks": [
    {
      "id": 1,
      "title": "Learn Redux",
      "description": "The store, actions, and reducers, oh my!",
      "status": "Unstarted"
    },
    {
      "id": 2,
      "title": "Peace on Earth",
      "description": "No big deal.",
      "status": "Unstarted"
    },
    {
      "id": 3,
      "title": "Create Facebook for dogs",
      "description": "The hottest new social network",
      "status": "Completed"
    }
  ]
}
```

最后，使用下面的命令启动服务器。注意我们指定服务器运行在 3001 端口，那是因为 Create React App 开发服务器已经运行在 3000 端口：

```
json-server --watch db.json --port 3001
```

就是这样！随着向 Parsnip 添加更多的功能，你将开始使用新添加的端点。

安装 axios

服务器调试完毕后，需要安装另一个软件包 axios。axios 是让 AJAX 使用更简便的众多选项之一，它将成为本书中从浏览器发起 HTTP 请求的工具。确保在 parsnip 目录中并使用 npm 安装 axios：

```
npm install axios
```

如果看到标准的 npm 成功输出，就说明设置好了。

redux-thunk

执行下面的命令，使用 npm 安装 redux thunk：

```
npm install redux-thunk
```

通过 Redux 导出的 `applyMiddleware` 函数添加中间件，如代码清单 F.2 所示。

代码清单 F.2 src/index.js

```
import React from 'react';
import ReactDOM from 'react-dom';
import { createStore, applyMiddleware } from 'redux';    ← 从 Redux 中导入 applyMiddleware
import { Provider } from 'react-redux';
import thunk from 'redux-thunk';    ← 从 redux-thunk 中导入中间件
import { tasks } from './reducers';
import App from './App';
import './index.css';

const store = createStore(
  tasks,
  applyMiddleware(thunk)    ← 在创建 store 时应用中间件
);

ReactDOM.render(
  <Provider store={store}>
    <App />
  </Provider>,
  document.getElementById('root')
)
```

在回归正题之前，还有更重要的关于 Redux DevTools 的更新。

更新 Redux DevTools

既然已经介绍了中间件，那么旧的 `devToolsEnhancer` 函数将不再发挥作用。你需要从同一个开发者工具库中导入另一个可以容纳中间件的方法，名为 `composeWithDevtools`，如代码清单 F.2 所示。

代码清单 F.3 src/index.js

```
import { composeWithDevTools } from 'redux-devtools-extension';    ← 导入 composeWithDevTools
...
const store = createStore(
  tasks,
  composeWithDevTools(applyMiddleware(thunk))    ← 包装 applyMiddleware 函数
);
```

现在可以回归正题了！别忘了使用 Chrome DevTools 插件来查看系统中的每一个 action。API 相关内容可回顾第 4 章。

安装 lodash

lodash 是一个流行的函数式编程库，可通过下面的命令安装：

```
npm install lodash
```

安装 Enzyme

Enzyme 是一种用于 React 组件测试的测试工具。Enzyme 一般需要特殊配置才能与 Jest 一起使用，但 Jest 自从版本 15 以后，就不需要额外配置了。可使用 npm 安装 Enzyme：

```
npm install -D enzyme
```

安装脚本

本书的源代码中包含一个 bash 脚本，可以帮助你快速启动和运行，但要求在运行之前安装一些软件：

- Git——https://git-scm.com/book/en/v2/Getting-Started-Installing-Git
- Node/npm——https://nodejs.org/en/

对于 OS X 和 Linux 系统，可下载 install.sh 脚本，并运行以下命令：

```
chmod +x install.sh
./install.sh
```

对于 Windows 系统，可下载 install.ps1 脚本并查看运行 PowerShell 脚本的说明(https://docs.microsoft.com/powershell/scripting/core-powershell/ise/how-to-write-and-run-scripts-in-the-windows-powershell-ise)。

就是这样！该 bash 脚本将从 GitHub 克隆本书的代码库，安装 json-server(从第 4 章开始使用)，并通过新安装的 Create React App 启动本地开发服务器。这将完全足够你从第 2 章开始编码。